U0314842

煤基还原熔分短流程
硼铁精矿提质利用新工艺

王 广　王静松　薛庆国　钟 强　著

本书数字资源

北 京

冶 金 工 业 出 版 社

2025

内 容 提 要

　　本书是一本具有我国特色的关于辽-吉地区硼铁矿资源短流程高效利用的专著，以硼资源的最大化综合利用为中心，兼顾其余组分的全量化利用，系统阐述了硼铁精矿碳热还原、复合球团熔分调控、熔分渣提硼、硼泥利用等方面的基础研究和最新进展。希望此书的出版为促进冶金化工领域新质生产力的发展和我国复合铁矿资源的综合利用以及煤基直接还原工艺的进步做出一定贡献。

　　本书具有较强的技术性和针对性，可供高等院校冶金工程、矿物加工等相关专业本科生、研究生阅读，也可供广大冶金、矿产资源综合利用、硼化工等相关设计院、研究院的技术人员参考。

图书在版编目 (CIP) 数据

煤基还原熔分短流程硼铁精矿提质利用新工艺/王广等著 . -- 北京：冶金工业出版社，2025. 3. -- ISBN 978-7-5240-0102-7

Ⅰ. P578. 93

中国国家版本馆 CIP 数据核字第 2025RH1358 号

煤基还原熔分短流程硼铁精矿提质利用新工艺

出版发行	冶金工业出版社	电　话	(010)64027926
地　址	北京市东城区嵩祝院北巷 39 号	邮　编	100009
网　址	www. mip1953. com	电子信箱	service@ mip1953. com

责任编辑　夏小雪　美术编辑　吕欣童　版式设计　郑小利
责任校对　石　静　责任印制　窦　唯
北京印刷集团有限责任公司印刷
2025 年 3 月第 1 版，2025 年 3 月第 1 次印刷
710mm×1000mm　1/16；16. 25 印张；315 千字；248 页
定价 118. 00 元

投稿电话　(010)64027932　投稿信箱　tougao@cnmip. com. cn
营销中心电话　(010)64044283
冶金工业出版社天猫旗舰店　yjgycbs. tmall. com
(本书如有印装质量问题，本社营销中心负责退换)

前　　言

　　硼被称为"工业味精"，广泛应用于农业、化工、陶瓷、玻璃、冶金、医药、军工、航空航天以及核工业等领域。为了保障我国硼产品的战略供给，须充分利用我国低品位硼铁矿资源。本书针对硼铁精矿的合理利用，基于选择性还原—熔分—熔分渣提硼的基本原理，提出了煤基直接还原短流程综合利用硼铁精矿的新工艺，围绕该工艺进行了相关基础研究，为硼铁矿及其他复合铁矿资源的利用提供参考。本书主要内容包括：研究背景与新技术路线的提出、硼铁精矿还原特性研究、硼铁精矿碳热还原行为及动力学、硼铁精矿含碳球团还原过程数值模拟、硼铁精矿碳热还原强化研究、硼-铁分离过程研究、富硼渣结晶过程及活性演变规律、添加剂对还原熔分及富硼渣的影响、富硼渣有价元素浸取分离、硼泥做铁矿球团添加剂的探究、硼铁精矿全组分利用新流程及技术经济分析。

　　本书具有较强的针对性，为煤基直接还原短流程综合利用硼铁精矿工艺技术的开发奠定了理论基础。书中内容浅显，通俗易懂，但作者仍希望将研究工作和观点与广大同行共享，以期为实现我国硼铁矿资源高效利用以及煤基直接还原工艺的开发做出进一步探索，为带动相关领域的技术进步略尽绵薄之力。

　　本书内容是作者课题组近十年来在硼铁矿综合利用领域研究工作的系统总结，也包括了中南大学钟强老师的最新研究成果。在本书出版之际，感谢课题组硕士研究生郁新芸、沈颖峰对本书相关章节内容所开展研究工作的贡献以及丁银贵、马赛、佘雪峰在作者研究过程中给予的支持和帮助。作者有幸与孔令坛教授进行本书相关内容的学术讨论，先生的音容笑貌至今印象深刻，难以忘怀。

感谢国家自然科学基金面上项目（51274033）、中国博士后科学基金特别资助项目（2018T110046）对本书内容所涉及的研究项目的资助。

由于作者水平所限，书中不妥之处，敬请广大读者批评指正。

王 广

2024 年 8 月

目　　录

1 研究背景与新技术路线的提出

1.1 硼铁矿资源综合利用现状

1.1.1 开发硼铁矿资源的必要性

硼产品广泛应用于农业、化工、陶瓷、玻璃、冶金、医药、军工、航空航天以及核能等领域[1]，被称为"工业味精"。世界硼矿分布如表 1-1 所示，从表中可以看出，世界硼矿资源分布不均，主要分布在土耳其、美国、俄罗斯、智利、中国等国[2]。我国硼矿资源总体丰富，但是共生矿物种类多，共生关系复杂，品位低，90%以上含 B_2O_3 量小于 12%（硼矿加工的最低经济品位），难以直接利用。我国主要硼矿类型的分布及开发利用情况如表 1-2 所示[3]。

表 1-1 世界硼矿分布（以 B_2O_3 计）

国家	储量/万吨	比例/%
土耳其	6000	28.04
美国	4000	18.69
俄罗斯	4000	18.69
智利	3500	16.36
中国	3200	14.95
秘鲁	400	1.87
阿根廷	200	0.93
伊朗	100	0.47
世界	21400	100

表 1-2 我国主要硼矿类型的分布及开发利用情况

矿床类型	分布	矿物特性	开发状况
沉积变质再造硼矿	辽宁、吉林	以硼镁石、硼铁矿为主，平均品位8.27%	1956 年以来我国主要开发硼镁石矿

续表 1-2

矿床类型	分布	矿物特性	开发状况
盐湖硼矿	青海、西藏、四川、湖北等	固态矿石为钠硼解石、镁硼酸盐，平均品位3.33%；液态为盐卤型硼矿、含硼湖水、含硼油田水，平均品位886.16 mg/L	缺乏人才和技术支撑，企业规模小，回采率低、伴生资源未能综合利用、产品链条短、对环境影响大
矽卡岩硼矿	湖南、浙江、江苏、广西	以镁硼石、硼镁石为主，还含有一定量的硼镁铁矿，平均品位6.6%	利用较少
海相沉积硼矿	天津蓟州、北京平谷	含锰方硼石，平均品位6.7%	仅具有矿相学意义

我国传统的硼资源——硼镁石矿（也称"白硼矿"）储量现已接近枯竭，品位下降严重，企业生产成本增加。随着我国经济的快速发展，消费水平逐渐提高，硼产品的消耗快速增加。结合近些年的数据来看，我国硼资源自给率较低，仅有40%左右。中国硼矿资源消费量的增长带动了其他国家和地区硼产品产量的增加。辽宁地区拥有大量的低品位硼铁矿（也称"黑硼矿"），该矿床已探明铁矿石储量2.8亿吨，占全国铁矿石储量的1%；B_2O_3储量2184万吨，占全国硼矿总储量的58%，是一座大型的硼、铁、镁、铀复合矿床，可作为硼镁石矿的替代资源。但是，该矿石铁、硼品位较低：TFe品位为27%~30%，B_2O_3品位为6%~8%，难以作为单种矿石直接利用，必须考虑多种有价元素的综合利用，以降低生产成本，并提高资源的利用率[4]。

硼铁矿属于内生硼矿，矿石类型主要是硼镁石-磁铁矿-蛇纹石型和含铀硼镁铁矿化硼镁石-磁铁矿型两种，分布在辽宁凤城、吉林小东沟和辽宁宽甸。硼铁矿中矿物种类多，多种有用元素共生，硼镁石和磁铁矿嵌布粒度极细，脉石矿物（叶蛇纹石、斜硅镁石、石英）原生粒度大，相互之间呈交错分布。硼铁矿的这种特点决定了矿石中各元素分离较为困难。典型硼铁矿的矿相分析结果如表1-3所示[5]。

表 1-3　硼铁矿主要组成矿物含量（质量分数）　　　　　　（%）

磁铁矿	硼镁石	硼镁铁矿	蛇纹石	云母	碳酸盐	斜硅镁石	绿泥石	褐铁矿	铁的硫化物	其他
30.09	21.66	1.87	30.64	3.31	2.07	6.21	1.20	0.81	1.54	0.60

从可持续发展的角度来看，开发硼铁矿资源，不仅可以缓解硼矿资源日趋紧张的局面，而且对促进我国钢铁工业持续发展亦具有十分重要的战略意义。因

此，在国家"资源综合利用指导意见"中一直强调要加强硼铁矿资源的综合利用。自1958年以来，我国大专院校、科研院所和硼有关企业对硼铁矿进行了大量的有成效的研究工作，形成了一系列的硼铁矿综合利用技术。

1.1.2 选矿工艺

硼铁矿矿石组成复杂，矿石中已经发现的成分就有60种。有用矿物嵌布粒度细，属细粒不均匀嵌布，连生关系复杂，特别是磁铁矿和硼镁石呈犬牙交错状紧密共生，属于难选矿石。选矿是分离、富集矿物原料最常用的一种工艺，通过选矿流程，可以较低的能耗大规模地分离硼铁矿中的各有用组分，得到不同类型的产品，使它们均达到可以利用的工业品位，然后再单独加以利用。比较有代表性的硼铁矿选矿流程是：磁重选矿和磁浮联选工艺。

1.1.2.1 磁重选矿[6-7]

蛇纹石在矿石中含量很高，同时也是原生粒度最粗的一种矿物，粗粒部分特别是1 mm左右的自形粒状晶粒多数与矿物化学性质关系不大，在磨矿过程中首先单体解离。蛇纹石磁性弱、硬度低、密度小，最好在适当的破碎粒度下（小于75 mm）经过干式弱磁选机选别抛除，以减少后续磨矿工艺的负担。经预选抛尾后的矿石再细碎进入磨机将矿石磨碎到适宜粒度（35%小于0.075 mm），经弱磁选得到磁选部分和非磁性部分。磁选部分经磨机进一步磨细（75%小于0.075 mm），用湿式弱磁选机磁选，进一步实现硼铁分离，得到铁精矿和非磁性含硼部分。两段非磁性部分进入水力旋流器，将硼精矿和尾矿分离。原矿（质量分数，下同）：TFe 30.31%、B_2O_3 7.05%；铁精矿：TFe 50.12%、B_2O_3 5.7%，回收率分别为92.93%、45.44%；硼精矿：TFe 5.11%、B_2O_3 15%，B_2O_3回收率为41.58%。具体流程如图1-1所示。

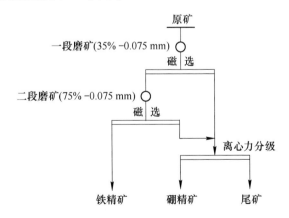

图1-1 磁选—重选—分级工艺流程

1.1.2.2　磁浮联选

为了进一步提高硼铁精矿的品位和硼的回收率，在磁选的基础上补加了浮选作业回收磁选尾矿中的硼矿物。试验结果表明，采用磁选—浮选代替磁选—分级，硼精矿可提高产率 5%，提高 B_2O_3 品位 0.3%，提高硼回收率 9.36%[6]。

由于磁铁矿和硼镁石嵌布粒度细，磁铁矿硬度高、难磨，硼镁石质软，且易于泥化，有学者提出了细磨—浮选—磁选的联合流程。采用六偏磷酸钠为调整剂（3 kg/t）、十二胺为捕收剂（60 g/t），在原矿全铁品位 36.97%、B_2O_3 品位 7.33%、磨矿细度 95% -0.02 mm 的条件下，采用三步浮选，得到了铁精矿全铁品位 58.52%、回收率 83.6% 和硼精矿 B_2O_3 品位高于 12%、回收率 71.8% 的较好指标[8]。具体流程如图 1-2 所示。

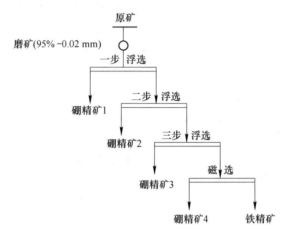

图 1-2　细磨—浮选—磁选联合工艺流程

硼铁矿选矿工艺为硼资源与铁资源的短缺提供了一个解决途径。但由于其相组成复杂、多元素共生，主要矿物接触复杂，磁铁矿、硼镁石和蛇纹石密切连生，相互浸染粒度细，过长的流程、过细的磨矿也不可行，有价元素回收率、精矿品位以及生产成本之间存在一定的矛盾，即通过选矿工艺不能经济实现硼和铁的彻底分离。相比之下，磁重选矿流程更简单、经济，指标也较好，可以作为其他综合利用工艺的原矿预处理工序。

1.1.3　湿法工艺

湿法分离工艺主要是采用强酸（如盐酸、硫酸等）在添加 Fe_3O_4 阻溶剂[9]（如氯酸钠、硝酸等）的条件下将硼铁矿或硼铁精矿分解，然后从浸出液中分离硼酸和含镁的盐类，剩余的残渣即为磁铁矿。该工艺为我国硼铁矿资源的综合利用提供了一条可行的途径，由于矿石中可溶性矿物较多，许多脉石矿物也被分解，所以该工艺耗酸量比较大，既腐蚀设备，又增加了成本，降低了经济效益，而且残渣中不可避免会存在较多的酸根离子，用于高炉冶炼容易造成环境污染和高炉设备的侵蚀。以硫酸法为例，酸解过程发生的主要化学反应有：

$$2MgO \cdot B_2O_3 \cdot H_2O + 2H_2SO_4 = 2H_3BO_3 + 2MgSO_4 \tag{1-1}$$

$$CaCO_3 + H_2SO_4 + H_2O = CaSO_4 \cdot 2H_2O \downarrow + CO_2 \uparrow \tag{1-2}$$

$$MgCO_3 + H_2SO_4 = MgSO_4 + H_2O + CO_2 \uparrow \tag{1-3}$$

$$Mg(OH)_2 + H_2SO_4 = MgSO_4 + 2H_2O \tag{1-4}$$

$$xCaCO_3 \cdot yMgCO_3 + (x+y)H_2SO_4 = xCaSO_4 + yMgSO_4 + (x+y)CO_2 \uparrow + (x+y)H_2O \tag{1-5}$$

$$Mg_6(Si_4O_{10})(OH)_8 + 6H_2SO_4 = 6MgSO_4 + 4SiO_2 \downarrow + 10H_2O \tag{1-6}$$

$$Fe_3O_4 + 4H_2SO_4 = FeSO_4 + Fe_2(SO_4)_3 + 4H_2O \tag{1-7}$$

矿石最易分解的是方解石、菱镁矿、水镁石和白云石，其次是纤维硼镁石，再次是蛇纹石和磁铁矿，其他杂质分解的速度要慢得多[10]。

1.1.4 火法工艺

由于硼铁矿矿相结构复杂，选矿工艺难以实现硼、铁彻底分离，东北大学张显鹏教授基于铁氧化物和硼氧化物碳热还原行为的差异性，提出了"高炉法"综合利用硼铁矿的新工艺[4,11-13]，并进行了多次工业试验。该工艺中，铁氧化物易还原，形成生铁，硼氧化物难于还原，但由于高炉内温度高、还原条件充分，少量还原进入铁水，大部分进入渣相。该工艺可以实现多重效应，使冶炼、分离、富集和焙烧一步完成，最终得到含硼生铁和富硼渣，铁硼分离度彻底，硼收得率高。由于富硼渣中 MgO 含量高，渣的流动性差，导致高炉产能下降，焦炭消耗增加，高炉炉衬侵蚀严重，生铁含硫高，焦炭的灰分进入渣相，使富硼渣的品位进一步降低，活性也较低。目前，该方法已经基本被放弃。

为了提高富硼渣的品位和活性，东北大学赵庆杰教授提出了硼铁矿固相还原—熔化分离—熔分渣提硼的工艺方案。该工艺采用煤基回转窑或气基竖炉进行预还原，预还原矿进电炉熔分，富硼渣不会贫化。此外，通过控制渣中 FeO 的量即可以调控硼的还原，减少硼进入铁相的比例。该工艺富硼渣品位高，活性也高，但目前仅停留在实验室阶段，尚无工业化试验的报道[14-15]。

1.1.5 联合工艺

1.1.5.1 还原焙烧—磁选[16]

该工艺采用矿粉和焦粉混匀焙烧的方法（即 Comet 法），控制料层厚度为 20~30 mm，焙烧温度为 1200~1350 ℃，焙烧时间为 30 min，焙烧后将样品磨细至-0.074 mm，采用湿法磁选进行分离，得到铁精粉（磁性相）和硼精粉（非磁性相)。铁精粉 TFe 品位可达到 80% 以上,回收率达到 90% 以上,硼精粉品位达到了硼化工工业的要求,硼回收率达到 90% 以上。但是,该工艺没有对硼精粉中硼的赋存状态、活性等做进一步研究,且从火法焙烧到湿磨磁选,整个过程能量损失比较大,也无法完成硼、铁彻底分离。

1.1.5.2 钠化还原焙烧—水浸磁选[17]

将硼铁矿粉磨细至−3 mm,与碳酸钠、硫酸钠、胡敏酸钠、黄腐酸钠、草酸钠的混合组成的添加剂充分混匀、造块,添加剂的量为 15% ~ 30%,将干燥后的复合团块以煤为还原剂在 1000 ~ 1100 ℃ 进行还原焙烧,时间为 60 ~ 90 min,焙烧团块冷却后置于球磨机内同步进行磨矿—水浸,矿浆经固液分离得到含偏硼酸钠盐的滤液和含金属铁粉的滤渣,滤液经蒸发、结晶可得偏硼酸钠晶体;滤渣采用湿式弱磁选分离可得到铁品位大于 90% 的直接还原金属铁粉,可作电炉炼钢炉料;磁选非磁性产物经进一步处理可回收镁、硅等有价成分。该工艺有原料适应性强、工艺流程简单、生产效率高以及硼铁综合回收效果好、产品附加值高等特点,但是如此高的添加剂配比势必会增加生产成本,且钠盐挥发有可能造成一定的环境问题。

1.2　煤基还原炼铁概述

1.2.1　发展低品位铁矿煤基还原的必要性

1.2.1.1　我国能源现状

我国富煤而缺油气,所以我国钢铁工业一直以来均以煤为主要能源。据相关部门反复计算和论证,中国探明可直接利用的煤炭储量为 1886 亿吨,按照消耗速度,我国煤炭资源可以保证开采上百年。我国煤炭资源种类多,总体质量较好[18-19]。煤炭品种多样化,从低变质程度的褐煤到高变质程度的无烟煤都有储存,资源分布也十分广泛。我国炼焦煤资源有限,随着钢铁工业的不断扩能发展,焦煤消耗量逐年攀升,剩余储量已成为稀缺资源,特别是焦煤资源中主焦煤与肥煤所占比例不足 35%[20]。2012 年 12 月,国家公布了《特殊和稀缺煤类开发利用管理暂行规定》,将优质炼焦煤作为特殊和稀缺煤种列入保护性开采范围。此规定引起了业内人士对炼焦煤可采年限的关注与担忧,有人认为炼焦煤仅可开采 30 年[21]。而且,炼焦过程中产生的"三废"严重污染土地、水源和大气,炼焦产能的扩张使原本就不乐观的山西环境治理局面更为严峻。传统高炉炼铁无法摆脱对焦炭资源的依赖,因此从长远角度,必须改善钢铁生产的能源结构、降低生产成本。虽然煤制气可以为先进的气基竖炉直接还原工艺提供气源,且气体的成本达到直接还原工艺可以接受的程度,但是,该工艺需要较高的基础设施和设备投资费用。此外,在煤制气方法的选择、煤种的选择、竖炉工艺的选择、煤制气与竖炉的衔接、煤气的加热及相关装备等问题还有待进一步深入研究和探讨[22-24]。

因此，有必要研究直接以普通煤为能源的冶金新技术，摆脱对焦煤资源和昂贵煤气化设备的依赖，才能使该技术在能源经济性和可行性方面具有生命力。

1.2.1.2　我国铁矿资源现状

纵观现有的非高炉炼铁工艺，HYL/Energiron、Midrex、回转窑和 Finex 对铁矿质量的要求均高于高炉炼铁工艺（TFe 品位大于 60%），Corex 和 ITmk3 与高炉炼铁持平（TFe 品位大于 55%），但是 ITmk3 工艺也可以处理更低品位的铁矿[25-27]。截至 2011 年末统计，我国共有铁矿区 4011 个，铁矿查明资源储量 744 亿吨，其中基础储量 193 亿吨，储量 57 亿吨。我国铁矿石绝大多数为需要选矿的贫铁矿，占总储量的 97.5%，多组分共（伴）生铁矿石储量约占总储量的 1/3。我国铁矿石平均 TFe 品位为 32.67%，比世界铁矿平均品位低 11 个百分点。需选矿的贫矿中，磁铁矿占 48.8%，矿石易选，是目前开采的主要矿石类型；钒钛磁铁矿占 20.8%，成分相对复杂，是目前开采的重要矿石类型之一；赤铁矿占 20.8%，混合矿（磁-赤、磁-菱、赤-菱铁矿的共生矿）占 3.5%，菱铁矿占 3.7%，褐铁矿占 2.4%，这类铁矿石一般难选，目前部分选矿问题有所突破，但总体来说，选别工艺流程复杂，精矿生产成本较高[28-29]。典型的大型难利用复杂铁矿矿山有袁家村细粒级复杂难选铁矿（12.6 亿吨，TFe 品位为 31%~34%，硫、磷含量较低）、惠民细粒级复杂难选铁矿（21.89 亿吨，平均 TFe 品位为 30%，含磷 1% 左右，含硫较低）、鄂西高磷鲕状赤铁矿（18.95 亿吨，TFe 品位为 30%~40%，含磷 0.2%~1.4%，含硫较低）、大西沟菱铁矿（3.02 亿吨，平均 TFe 品位为 28.01%，硫、磷含量较低）等[30-34]。可见，我国并没有储量适宜的可直接用于还原铁生产的铁矿资源。

虽然对于普通磁铁矿，通过现有的选矿技术可以获得 $w(\text{TFe}) > 69.5\% \sim 70.5\%$、$w(\text{SiO}_2) < 2.0\%$ 可满足气基直接还原铁生产的专用精矿，但是选矿成本必定增加。这些铁精矿还要通过链箅机-回转窑制成氧化球团才能供制备直接还原铁用，由于高品位铁矿价格高，同时制造成本增加，导致该方法制备出来的直接还原铁在价格上没有竞争力。当然若是一种工艺可以利用低品质铁矿生产出高品质的直接铁，则原料和加工成本大大降低，产品的附加值和竞争力会大大提高，但是，适当地脱除矿石中的脉石和硫、磷杂质是合理且必要的。

总体看来，随着废钢循环量的增加和生产高品质钢的迫切需求，对直接还原铁的需求势必逐年增加。当前直接还原工艺处于不断成熟和向大型化发展的阶段，任何一个直接还原工厂是否具有经济上长期生存的能力，取决于能源供给是否有保障、价格是否低廉[35]。我国天然气资源短缺，可直接用于直接还原的高品位块矿和球团也匮乏，工业化的气基直接还原竖炉生产装置较少。我国应该基于自身丰富的煤资源和大量的贫铁矿资源发展符合我国国情的直接还原工艺。

1.2.2 典型煤基还原炼铁工艺

现有的非高炉炼铁工艺中，完全以非焦煤为还原剂的主要有回转窑、转底炉、HIsmelt以及外热式煤基竖炉四种。

1.2.2.1 煤基回转窑直接还原工艺

目前，煤基直接还原的主流工艺是回转窑，该工艺已被大规模应用，主要是在印度，其主要优点是出窑产品经磁选后避免煤和熔剂对球团铁品位的贫化，产品质量较好[36]。其中，最为典型的是德国的克虏伯法（Krupp-Codir），它在整个煤基直接还原中占据重要地位，流程如图1-3所示。但是，回转窑易"结圈"，从而损坏炉衬，形成操作事故，使作业率下降；受"结圈"影响，还原温度偏低，一般最高在1100℃左右，还原速度较慢，物料在窑内的停留时间长达10 h左右；对煤种有特定要求，灰熔点必须高于1280℃，否则就要"结圈"[36]。此外，该工艺流程长、机械设备多、单位产量投资高、运行费用高、能耗也比较高[实物煤的消耗约950 kg/t（DRI），吨海绵铁能耗约为13.4 GJ]、生产稳定运行的难度大[37]。到目前为止，我国有5家工厂建设了煤基直接还原回转窑，现在除了新疆富蕴金山公司的仍在生产，其他几家皆因成本、环保及原料等问题相继停产[38]。

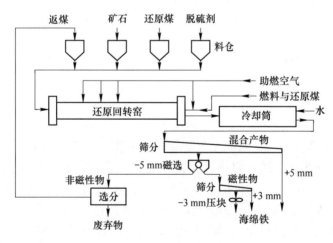

图 1-3 Krupp-Codir 法流程

1.2.2.2 转底炉直接还原工艺

第一座具有生产规模的煤基直接还原转底炉于1978年建成，主体设备源于轧钢用的环形加热炉，最初的目的是用于处理钢铁企业含铁废料，但很快就有美国、德国、日本等国将其开发应用于铁矿石的直接还原。转底炉因具有环形炉膛和可转动的炉底而得名，其原料主要是铁矿粉和煤粉制成的含碳球团，经配料、混料、制球和干燥后加入转底炉中，炉腔温度可达 1250~1350 ℃，含碳球团在随着炉底旋转的过程中被加热，铁矿被内配碳快速还原，生成金属化球团，旋转一周后由螺旋出料机排出炉外[39]。主要的转底炉煤基直接还原工艺有 Inmetco、Fastmet、Comet[40-42]。其中，Inmetco 和 Fastmet 以铁矿含碳球团为原料，Comet 以粉状矿、煤为原料。煤基直接还原转底炉吨海绵铁能耗大约为 13.05 GJ[43]。

转底炉煤基直接还原工艺具有原料和能源的灵活性大、设备和基建投资相对较低、设备运行稳定、操作简单、厂址选择灵活、有利于环境保护等方面的优点。目前，国内龙蟒集团、攀钢等以铁矿石还原为目标的转底炉项目已失败；马钢、日照、沙钢、宝钢、首钢、中天、永钢等企业均已建成生产规模的转底炉，并实现稳定运行，主要是以回收利用钢铁企业内部冶金尘泥固废为目标[44]。Fastmet 工艺流程图如图 1-4 所示。

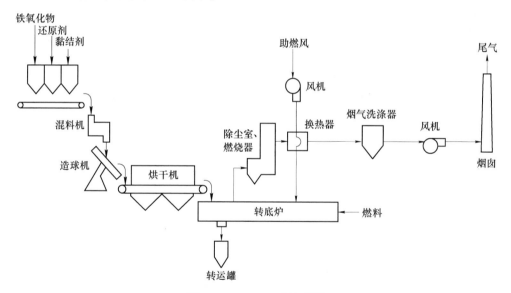

图 1-4　Fastmet 工艺流程图

1.2.2.3　HIsmelt 熔融还原工艺

HIsmelt 工艺的设想始于 20 世纪 80 年代，后经产能 1 万吨/a 和 10 万吨/a 的两级中试研发，2005 年在西澳奎纳纳（Kwinana）建成了第一座产能 80 万吨/a 的工厂。其由上部水冷炉壳和下部耐材砌筑的炉缸组成，使用下倾式水冷喷枪将煤粉和矿粉高速喷入熔池，喷入的煤粉经加热、脱除挥发分后溶入铁水，使铁水中的碳质量分数维持在 4% 左右。喷入的矿粉与富碳铁水接触后进行熔炼，SRV 炉下部保持低氧位促使还原进行，渣中 FeO 质量分数维持在 5%~6%。1200 ℃ 的富氧热风（总氧体积分数 35%）由顶部喷枪鼓入，使熔池产生的煤气（主要成分为 CO）在上部燃烧，提供冶炼所需的热量。煤气二次燃烧率为 50%～60%，吨铁煤耗在 850 kg 左右，随着生产率的提高有逐步降低的趋势[45]。

经过三年摸索改进，到 2008 年底小时产量已增至 70～80 t 水平（设计能力为 100 t/h）。HIsmelt 技术可用矿粉和煤粉生产液态铁水，对钢铁界经营者有很大的吸引力，但该工艺若要实现工业化生产，在热煤气利用、提高设备利用率及降低炉衬成本方面还有很长的路要走[35]。HIsmelt 工艺的流程布置及核心设备熔融还原炉如图 1-5 所示。目前该工艺在澳大利亚已关停，由中国的企业进行进一步研发和推广。

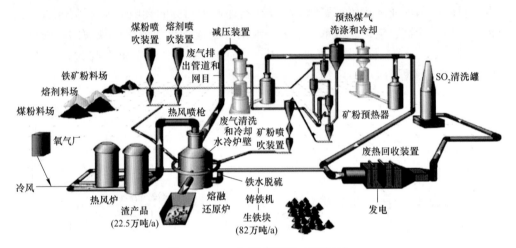

图 1-5　HIsmelt 厂布置图（奎纳纳）

1.2.2.4　外热式煤基竖炉还原工艺[46-47]

1968 年意大利达涅利公司和瑞士蒙特福诺公司开始联合研发外热式煤基竖炉还原工艺（简称"KM 法"），该工艺反应室与燃烧室分开，采用伍德炉结构，内外混合加热。具有原料适应性较强、炉子运动部件少、传热面积大、路径短、窑壁效应好、气氛温度适宜、产品质量好、能耗低、生产效率高、造价低（约为回转窑的 60%）等优点。该工艺还原剂吨铁耗煤 510 kg、加热吨铁耗煤 330 kg，吨铁能耗为 17.6 GJ（煤热值为 20908 kJ/kg）。如果将工艺煤气返回燃烧室做燃料，可使吨铁能耗进一步降低至 14.64 GJ。1981 年和 1983 年在缅甸分别建造了 2 套 2 万吨/a 的 KM 法装置，均顺利投产达标，至今运行效果良好，但未见有大型装置的后续建设报道。

国内一些科技人员和相关企业长期坚持煤基法 DRI 竖炉的国产化试验研究，目前，KM 法的工程材料和设备已基本实现了国产化，外热燃料改为煤气，并在反应罐、火道和烧嘴设置上采用国内早年引进的罐式煅烧技术，使之更加优化合理。该工艺仍以反应罐为容器，每组 4～6 罐，通过灵活组合可形成几万至几十万的工业窑炉。2011 年，我国建成第一套 10 万吨/a 的外热式煤基法 DRI 竖炉，并已经投产。

1.2.3 煤基还原理论基础

煤基还原炼铁的本质是煤粉和矿粉的混合物在加热过程中发生相互作用的过程，该过程中铁氧化物中的氧原子被煤粉中的还原性物质夺走，同时煤粉被消耗。煤基还原炼铁过程中发生的化学反应主要包括：煤的分解消耗和铁氧化物的还原。

1.2.3.1 煤的分解反应

典型煤的热解过程如图 1-6 所示[48]，可见煤的热解温度较低，在 1000 ℃ 以下，而碳的气化反应要在 1050 ℃ 以上才能快速进行，煤基还原焙烧温度一般在 1100 ℃ 以上，因此煤基还原过程中，煤粉的变化包括热解和气化，反应前期反应物温度低、气化剂少，主要是热解反应，当体系温度升高至 1050 ℃ 以上后，热解与气化反应同时进行。

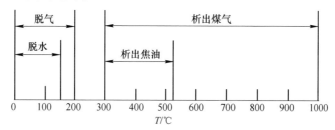

图 1-6 典型煤的热解过程

煤的热解是指煤在隔绝空气或惰性气体中持续加热升温且无催化作用的条件下发生的一系列化学和物理变化，在这一过程中化学键的断裂是最基本行为。煤的热分解过程一般划分为煤的裂解反应、二次反应和缩聚反应，基本可由反应式（1-8）概括。煤的分解是煤基还原过程中还原剂来源的起始反应。随着反应体系温度的升高，在体系中的氧化性气体和还原性物质的参与下，还原气体会发生重整和再生，使还原气体的量增加，具体反应如式（1-9）~式（1-13）所示。一般认为碳的气化反应式（1-10）是铁矿石煤基固态还原过程的速率控制环节[49]。

$$\text{煤} \longrightarrow \text{煤气}(CO_2 \text{、} CO \text{、} CH_4 \text{、} H_2O \text{、} H_2 \text{、} NH_3 \text{、} H_2S) + \text{焦油} + \text{焦炭} \quad (1\text{-}8)$$

$$C + O_2 \longrightarrow CO_2 \quad (1\text{-}9)$$

$$CO_2 + C \longrightarrow 2CO \quad (1\text{-}10)$$

$$2C + O_2 \longrightarrow 2CO \quad (1\text{-}11)$$

$$CH_4 + CO_2 \longrightarrow 2CO + 2H_2 \quad (1\text{-}12)$$

$$C + H_2O \longrightarrow CO + H_2 \quad (1\text{-}13)$$

1.2.3.2 铁氧化物还原

一般认为铁矿含碳球团在高温条件下所发生的与铁氧化物还原有关的反应包

括固-固直接还原、碳的气化、渗碳以及气-固间接还原。整个还原反应包括固-固直接还原反应和借助气体中间产物的直接还原反应，并以借助气体中间产物的直接还原为主，所以，一直以来人们用气-固反应模型来研究铁矿含碳球团的还原动力学机理，但总反应式是直接还原[50-51]。

（1）直接还原反应：

$$3Fe_2O_3 + C \rule[0.5ex]{1.5em}{0.4pt} 2Fe_3O_4 + CO \tag{1-14}$$

$$Fe_3O_4 + C \rule[0.5ex]{1.5em}{0.4pt} 3FeO + CO \tag{1-15}$$

$$FeO + C \rule[0.5ex]{1.5em}{0.4pt} Fe + CO \tag{1-16}$$

$$FeO + [C] \rule[0.5ex]{1.5em}{0.4pt} Fe + CO \tag{1-17}$$

（2）间接还原反应：

$$3Fe_2O_3 + CO \rule[0.5ex]{1.5em}{0.4pt} 2Fe_3O_4 + CO_2 \tag{1-18}$$

$$Fe_3O_4 + CO \rule[0.5ex]{1.5em}{0.4pt} 3FeO + CO_2 \tag{1-19}$$

$$FeO + CO \rule[0.5ex]{1.5em}{0.4pt} Fe + CO_2 \tag{1-20}$$

间接还原反应与碳的气化反应耦合即为借助气体中间产物的直接还原反应。

渗碳反应：

$$C \rule[0.5ex]{1.5em}{0.4pt} [C] \tag{1-21}$$

$$2CO \rule[0.5ex]{1.5em}{0.4pt} CO_2 + [C] \tag{1-22}$$

铁氧化物的还原是分步逐级进行的：

（1）当反应温度不低于 570 ℃时，还原顺序为 $Fe_2O_3 \rightarrow Fe_3O_4 \rightarrow FeO \rightarrow Fe$；

（2）当反应温度低于或等于 570 ℃时，还原顺序为 $Fe_2O_3 \rightarrow Fe_3O_4 \rightarrow Fe$。

实践证明，Fe_2O_3 和 Fe_3O_4 能在较低的温度下迅速被还原成 FeO。由 FeO 被还原到 Fe 的阶段，是还原过程的关键步骤，脱除的氧含量占 Fe_2O_3 总氧量的三分之二。因此对铁的还原仅需满足 FeO→Fe 过程的要求，即可满足整个还原过程的需要。

固体碳参加的铁氧化物还原反应的热力学平衡状态可由图 1-7 所示。992～1010 K 以上的最终稳定相是 Fe，950～992 K 的最终稳定相是 FeO，而 950 K 以下稳定相则是 Fe_3O_4[52]。因此，提高还原温度是保证高金属化率的必要条件。

在铁矿粉和含碳还原剂的混合料中，反应初期，铁氧化物与碳直接紧密接触，且体系内 CO 较少，存在着碳直接还原铁氧化物的固体间的直接还原，尽管这在热力学上较易进行，但由于固体之间接触面积小，不能达到有效的反应速度。随着金属铁的还原，铁氧化物与碳粒之间被金属铁产物层隔断，直接还原不能发生。当球团达到一定温度（1050 ℃左右）以上时，由于碳气化反应激烈进行，CO 浓度较高，此时，主要靠 CO 作为媒介完成铁氧化物和固体碳之间氧的传递，且铁氧化物与气体的反应动力学条件良好，金属铁大量生成。

上述过程主要是描述以矿粉和煤粉为原料的内配碳还原过程，与外配碳煤基

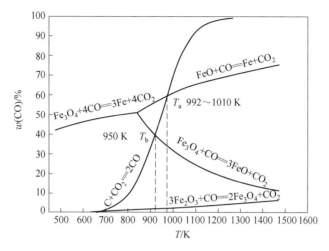

图 1-7 氧化铁直接还原平衡状态图

还原过程（回转窑、外热式煤基还原竖炉）有一定的差别，如图 1-8 所示。但这仅是反应尺度上有所不同，不存在机理上的差异。

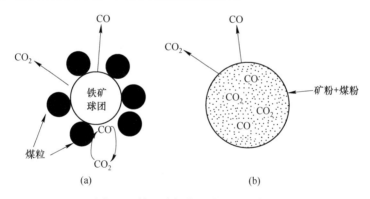

图 1-8 外配碳与内配碳还原示意图
（a）铁矿球团外配碳还原；（b）铁矿含碳球团还原

1.2.4 煤基还原在我国复合铁矿资源利用中的应用

目前，在我国采用非高炉炼铁工艺处理复合铁矿资源是一项研究热点，并革新了较早阶段采用高炉法进行综合利用的某些复合铁矿资源的利用流程，显示了新工艺在产品质量、多元素回收、工艺灵活性等方面的诸多优点。其中，煤基还原炼铁工艺在我国复合铁矿资源综合领域最成功的运用是攀枝花钒钛磁铁矿转底炉煤基直接还原—电炉熔分综合利用新工艺的开发。

攀枝花钒钛磁铁矿是一种以钛、铁、钒为主并含有少量铬、镍、钴、铂族、钪等多种元素的复合矿。20 世纪 70 年代初，攀钢成功开发了以利用铁、钒为主的高炉—转炉流程，从攀钢高炉投产到现在已积累了 300 多万吨高钛型高炉渣。这一方面造成了钛资源的严重浪费，另一方面又形成了巨大的环境压力，严重影响长江中上游地区的生态环境。借鉴南非和新西兰采用回转窑—电炉流程处理钒钛磁铁矿的成功经验，我国开发出了转底炉煤基直接还原—电炉熔分处理钒钛磁铁矿的新工艺。该工艺采用转底炉进行高温快速还原，在 20~30 min 使金属化率达到 75%~85%。预还原的金属化球团在电炉中实现渣铁分离，并完成终还原，得到 TiO_2 含量在 50% 以上的富钛渣和 0.4% 左右的含钒生铁。新工艺可以实现铁回收率约为 97%、钒回收率约为 86%、钛回收率为 98%~99%、铬回收率约为 80% 的较高水平[53-54]。

1.3　煤基低温快速还原工艺简介

目前，大部分煤基还原炼铁工艺能耗都比较高，这不仅会增加生产成本，还会降低生产效率，对环境造成更大污染。此外，获得高的金属化率是煤基固态还原的重要指标，其对还原产品的质量和后续熔炼具有重要影响，但是通过提高反应温度来提高金属化率的手段是不够明智的。理论上，当温度超过 710 ℃ 以后，铁氧化物即可还原成金属铁，但是实际中难以在该温度附近获得较佳的还原速率。因此，众多学者研究了添加剂、高反应性还原剂、机械活化等对铁矿或其他金属矿还原开始温度、还原速率的影响，以降低还原过程能耗、提高生产效率。

1.3.1　催化还原

通过向金属矿物中添加催化剂来强化还原过程是冶金领域的一个重要研究内容，众多学者针对不同的矿种、添加剂，在不同的实验条件下，发现若干盐类或氧化物对金属氧化物碳热还原过程具有明显的促进作用。

关于铁氧化物的催化还原应该从两个层面上考虑：（1）气基还原条件下，添加剂对铁氧化物还原的促进作用；（2）煤基还原条件下，添加剂对铁氧化物还原的促进作用。通过分析气基还原催化行为可为煤基还原催化行为的机理研究提供参考。

1.3.1.1　气基还原催化行为

刘建华等人[55]综合分析评价了 K_2O、Na_2O、CaO、MgO、SiO_2、Al_2O_3、Cr_2O_3 等氧化型杂质对铁氧化物还原速率的影响，发现不同的氧化物杂质对铁氧化物还原动力学影响的特征与其含量、添加方式、样品的原始化学组成和物性状态、还原剂的种类、反应温度、还原分数等因素有关，在一定的实验条件下，某些氧化物杂质能改善铁氧化物样品的化学活性或生成某些副产物使还原产物层更疏松，从而加速还原过程。相反，若形成更致密的产物层或生成难还原的相，则对 FeO 还原速率起延缓或阻滞作用。一般情况下，K_2O、Na_2O、CaO 均可以在较大程度上提高铁氧化物的还原速率，但是，在高炉冶炼条件下，存在碱金属在炉内的循环富集，对冶炼顺行带来影响，所以会严格限制炉料中 K_2O 和 Na_2O 的含量。

Roederer 等人[56-57]以纯 Fe_2O_3 晶体为原料，用 K_2CO_3 溶液浸泡方法掺杂至 K 和 Fe 的摩尔比为 0.01。在 700~1000 ℃温度范围，CO/CO_2 体积比为 2 : 98 的 $CO\text{-}CO_2$ 混合气体中进行还原实验。与相应的空白纯 Fe_2O_3 晶体相比，掺杂碱金属盐 K_2CO_3 后，在 700 ℃时 Fe_3O_4 的还原速率提高约 1 个数量级；在 1000 ℃时则提高约 2 个数量级。经计算得出，掺杂使该温度范围表观活化能由原来的 75.2 kJ/mol 降低到 24.6 kJ/mol。

Shigematsu 等人[58]研究了 H_2 条件下 CaO、SiO_2、Al_2O_3 对浮士体还原的影响，发现单独配加 SiO_2、Al_2O_3 时（小于 730 ℃），随着 CaO 含量的增加，还原速率增加；当还原温度超过 800 ℃以后，还原速率随着 CaO 含量的增加先降低后增加；对于所有样品（即单独配加 SiO_2、Al_2O_3 和二者混合配加），当 CaO 的配加量达到一定值后，还原速率接近仅添加 CaO 的样品的最大速率。还原样品的结构研究表明，添加的 CaO、SiO_2、Al_2O_3 氧化物会部分进入 FeO 晶格，与 FeO 形成固溶体，剩余的形成复合物与 FeO 共存。固溶进入 FeO 晶格的氧化物会影响还原所得金属铁的结构，进而对 FeO 还原速率产生重要影响，而未固溶的氧化物则影响不大。

1.3.1.2 煤基还原催化行为

铁矿煤基固态还原主要是通过 CO、CO_2 等气态物质间接进行的，在碳气化反应快速发生后才能有效进行，因此，一般能促进碳气化反应的物质均能加速铁氧化物的碳热还原速率。不能忽略的是，这些催化剂也能加速铁氧化物的气基还原速率，所以，铁氧化物催化还原过程极其复杂，关于催化机理并没有达成共识，且不同催化剂的催化机理也不相同。

冶金中催化剂的研究历史较长，但是研究范围较窄，一般仅局限于碱金属和碱土金属。一方面，这可能是由冶金过程的特殊性决定的，火法冶金中，金属矿物的还原均是高温反应，给研究带来很大困难；另一方面，由于冶金中所用的催化剂不可重复利用，因而大多选择常见、廉价易得的原料[59]。而且由于工艺所限，通过添加催化剂来加快还原速率的手段仅在转底炉、回转窑、隧道窑等煤基还原工艺中有较大的应用前景，相关研究也较为丰富[60]。

Rao[60]采用热失重法研究了不同碱金属、碱土金属碳酸盐对 Fe_2O_3+3C 还原过程的催化作用，试验所用气氛为 N_2，还原剂为石墨。假设所生成的气体产物仅有 CO，试验结果如图 1-9 所示。从图中可以看出，还原速率排序为 $Cs_2CO_3>$

$K_2CO_3 > Rb_2CO_3 > Na_2CO_3$，并且均大于添加 $SrCO_3$、$CaCO_3$、Li_2CO_3 时的还原速率，未加催化剂的样品 5 h 还原度最低，仅有 12% 左右。添加 K_2CO_3 的样品最终还原度接近 1，而相同试验条件下，Na_2CO_3 的催化效果弱于 K_2CO_3。当改用焦粉做还原剂后，空白样品和加催化剂样品的还原速率均有明显增加。此外，$Rao^{[60]}$通过向 Fe_2O_3+9C 混合物中配加 5%FeS 进行还原试验，发现 FeS 可以降低还原速率。原因在于 FeS 可以和 Fe_2O_3 反应生成 SO_2，SO_2 可以和 CO_2 在 C 表面的反应活性位点进行竞争吸附，导致 CO_2 与 C 接触面积减少，C 的气化速率降低，进而导致还原速率降低。

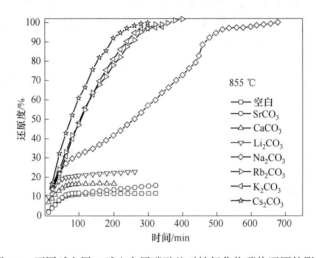

图 1-9　不同碱金属、碱土金属碳酸盐对铁氧化物碳热还原的影响

　　基于上述试验结果与分析，Rao 得出添加剂对铁氧化物固碳还原的催化作用主要是由于添加剂加速了固体碳的气化反应，这一解释目前得到普遍认同。但是，Rao 的所有试验及分析，均忽略了添加剂对 Fe_2O_3 在无固定碳、CO 气氛下的还原速率的影响，这是他的结论的不足之处。

　　不同添加剂对碳的气化反应的催化机理不尽相同，可分为氧传递理论和电子传递理论，这两种理论在一定情况下会彼此重叠。以碱金属碳酸盐为例作如下阐述[60-63]。

　　A　氧传递理论

　　假设碱金属碳酸盐与固体碳接触时会生成碱金属蒸气（M），碱金属蒸气进而被 CO_2 氧化，并转化成碳酸盐，完成了氧从气相到固定碳表面的传递过程，这一"还原—氧化—转化"过程不断循环进行，加速了固体碳的气化，促进了 CO 的生成。反应式如下：

$$M_2CO_3(s,l) + 2C(s) \rule[0.5ex]{2em}{0.4pt} 2M(g) + 3CO(g) \qquad (1-23)$$

$$2M(g) + CO_2(g) =\!=\!= M_2O(s,l) + CO(g) \tag{1-24}$$

$$M_2O(s,l) + CO_2(g) =\!=\!= M_2CO_3(s,l) \tag{1-25}$$

总反应：
$$2C(s) + 2CO_2(g) =\!=\!= 4CO(g) \tag{1-26}$$

其中，M 为碱金属 Li、Na、K。

B　电子传递理论（Rao-Wagner 修正理论）

碱金属碳酸盐（$K,Li,Na)_2CO_3$ 的熔点较低，约为 397 ℃，因此，在还原温度下可能以液态形式存在，并解离出离子，离子与固体碳反应生成复合离子受体，复合离子受体与普通碳原子相比更容易释放出电子，完成固体碳的气化反应。这种催化模式可以在固体碳/熔盐界面的任何位置广泛进行。该催化行为的电化学反应如下：

$$CO_2(g) + O^{2-}(melt) =\!=\!= CO_3^{2-}(melt) \tag{1-27}$$

$$CO_3^{2-}(melt) + 2e^- =\!=\!= CO(g) + 2O^{2-}(melt) \tag{1-28}$$

$$C(s) + O^{2-}(melt) =\!=\!= C(O) + 2e^- \tag{1-29}$$

$$C(O) =\!=\!= CO(g) \tag{1-30}$$

总反应：
$$C(s) + CO_2(g) =\!=\!= 2CO(g) \tag{1-31}$$

其中，C(O) 为以化学吸附形式存在的氧。

1.3.2　使用高反应性还原剂

碳质还原剂的反应性是指其中的固定碳与 CO_2 反应生成 CO 的能力，主要通过起始反应温度和反应速率来表征。关于不同种类的碳质还原剂的反应性，人们已经进行了大量的研究，基本取得了一致性的结论：木炭>烟煤>无烟煤>焦炭>石墨。Fruehan[64]研究了碳质还原剂种类对铁氧化物还原速率的影响，得出还原速率由高到低的顺序依次是：木炭>煤>焦炭>石墨。Zuo 等人[65]研究了生物质焦、无烟煤、焦炭的反应性及其对赤铁矿还原行为的影响，结果表明，生物质焦的反应性要好于无烟煤和焦炭，配加生物质焦、无烟煤和焦粉的含碳球团中赤铁矿的还原反应开始温度分别为 848 ℃、954 ℃、1056 ℃，1200 ℃终点还原度分别为 88.40%、73.32%、75.25%。可见，配加生物质焦至少可以使赤铁矿还原开始温度降低 100 ℃、终点还原度提高 13%。

在所有碳质还原剂中最具价值的是生物质及其焦化产物运用于炼铁工艺的研究，特别是运用于非高炉炼铁工艺（煤基直接还原工艺）的相关探索。生物质是植物体蓄积的太阳能，是唯一一种可再生的碳资源，是绿色能源。生物质来源广泛，成本低廉，若将其运用于冶金工业，对于资源利用、冶炼过程节能减排以及优化能源结构具有重要意义。此外，生物质硫、磷等有害杂质含量少，可以得到杂质含量相对较少的直接还原产品。

1.3.3 机械力活化在煤基还原中的应用

机械力化学是有关利用压缩、剪切、摩擦、延伸、冲击、弯曲等手段对凝聚态物质施加机械能而诱发它们的物理化学性质发生变化的一门化学学科[66-67]。最早应用于合成具有超细结构的复合金属粉体，后来又被应用于无机粉末材料的制备。在选矿、湿法浸出、火法冶炼等冶金工艺中，机械力活化可以提高反应速率、降低反应难度，使上述过程得到强化[68-70]。

在机械磨矿过程中，粉体颗粒被持续挤压、破碎，颗粒尺寸不断减小，接触面增加，颗粒新生表面间的接触也相应增加，降低了反应物经过产物层的扩散难度和反应发生的温度。此外，磨矿过程产生的大量缺陷可以加速扩散过程。机械力活化的效果受碰撞能量和频率以及反应的热力学性质所决定[69]。

Kasai 等人[71]较早采用 TG-DTA 法进行了机械混磨对碳质材料和铁矿物复合球团非等温还原行为的影响研究，试验发现将碳质材料和铁矿物的混合物进行机械研磨后，随着磨矿时间的延长（0~60 min），颗粒尺寸逐渐变小，表面积前期先快速增加，后期增加逐渐变缓。XRD 衍射分析表明，赤铁矿的衍射峰强度先增加后略有减小，而石墨的衍射峰则一直减小，表明石墨的晶体结构逐渐被破坏，变成了非晶态。通过机械混磨可以显著降低赤铁矿还原开始温度，但是随着研磨时间的增加（大于 15 min），还原开始温度降低的幅度逐渐减小，如图 1-10 所示。

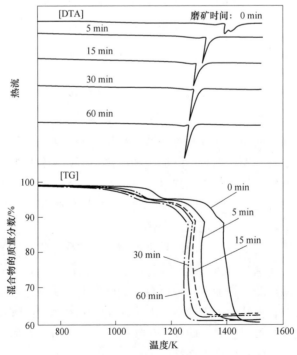

图 1-10 不同球磨时间的赤铁矿-石墨混合物的 TG-DTA 曲线

混磨后还原产物由未磨时的多孔结构变成致密结构，并出现裂纹，裂纹数量随混磨时间的延长而增加。Khaki 等人[69] 通过 TG-DTA 试验得出了与 Kasai 一致的结论，而且发现，在惰性气氛（氩气）下进行机械混磨对碳热还原的强化效果要好于空气气氛。

钛铁矿储量丰富，是钛的主要来源（95%），但是实现钛铁矿中铁和钛的分离成本却相对较高。可采用的方法有"直接还原—电炉熔分"和"直接还原—锈蚀法"，二者的共同点是均需要对钛铁矿进行直接还原处理，将其中的铁氧化物还原成金属铁。为了提高还原速率，一般采取添加碱金属碳酸盐的方法，可以使还原温度降低 200 ℃。Chen 等人[72] 采用 TG 法系统研究了机械力活化对钛铁矿碳热还原的影响，通过将钛铁矿和石墨进行混合磨矿，可以显著增加反应物的比表面积，同时增加了钛铁矿和石墨颗粒的接触面积。还原试验表明，机械力活化可以显著降低钛铁矿的还原开始温度，提高终点还原度，随着混磨时间的延长，强化效果越显著，具体结果如图 1-11 所示。

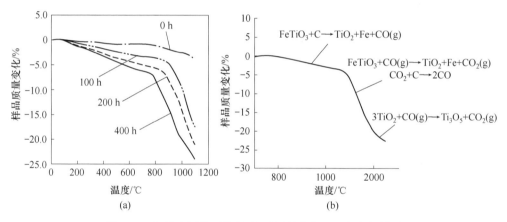

图 1-11　机械力活化对钛铁矿-石墨混合物还原行为的影响
（a）不同活化时间的 TG 曲线；（b）反应示意图（未活化）

此外，还有学者研究了机械力对铬铁矿、锰矿、重晶石、天青石等矿物碳热还原过程的强化行为[73-76]，证明了机械力活化在加快提取冶金过程反应速率、降低反应温度、促进环境保护方面具有广泛的适应性和重要的应用价值。

张殿伟等人[66] 研究了机械力对碳粉物理化学性能的影响规律。发现在球磨过程中，碳粉的颗粒度及晶粒不断细化、比表面积不断增大，当颗粒度小于 40 μm 时，碳粉的晶粒大部分为 100 nm 左右的纳米晶粒。当作用时间较长时，碳粉会发生无定形化。在机械力的作用下，晶粒会产生畸变和位错，从而形成活化中心，降低反应活化能；同时由于碳粉比表面积的增大，增加了反应物与碳粉的接触面积，从而有利于加快气化反应的进行。与传统粉体（小于 150 μm）相比，细化后碳粉（小于 40 μm）的气化温度下降 200 ℃左右。基于此，也可以降低铁氧化物碳热还原开始温度、提高还原速率。

1.3.4　低温快速还原工艺的实现

现有高炉炼铁工艺具有高耗能、高污染、高度复杂性、高度资源依赖性等缺点，现有主要非高炉炼铁工艺也存在这样或那样的不足，如熔融还原工艺能耗高、污染大、热效率低；氢气直接还原法的弱点是氢气的制备困难及其利用率低；天然气直接还原法受我国资源的限制在我国基本不可能实现；传统煤基直接还原法（回转窑法）的弱点是反应速度慢、能耗高。赵沛等人[77]基于我国资源和能源的现状，在"超细粉（小于 15 μm）""高活化"的思路下，在国内较早研究了将"机械力化学"引入冶金学的可能性。提出了新的煤基低温快速还原工艺，在 600 ℃左右直接使用煤粉快速还原铁矿粉，还原冷却后通过磁选工艺得到硫、磷、硅等含量低的纯净铁。低温快速还原技术不仅可应用于炼铁行业，还能处理钒钛磁铁矿、钛铁矿等难以还原的共生铁矿。煤基低温快速工艺的基本特征是：（1）高度活化的细微铁矿粉和煤粉；（2）机械力促进化学反应；（3）反应温度低、反应速度快。进而提出了"煤基低温冶金学"的概念。

目前，上述"煤基低温冶金学"的概念还停留在研究阶段，工艺上还远未成熟，特别是大规模、低成本地实现超细粉体的制备尚具有一定难度。结合已有的促进还原的技术手段，煤基还原的温度还可以进一步降低、还原速率进一步加快，本研究计划将该思路应用于硼铁精矿的还原过程。

1.4　含碳球团珠铁工艺研究进展

1.4.1　珠铁工艺发展历程

1995 年，日本神户制钢在开发 Fastmet 工艺的过程中发现，当提高球团加热温度后，金属铁和渣可以在 10 min 以内实现渣铁分离，并将这一现象应用于新的炼铁工艺。从 1996 年开始，日本神户制钢钢铁研究中心开始对这一新的炼铁工艺进行基础研究，通过管式炉的还原熔分试验发现，加热过程中球团的金属铁含量迅速增加，渣和铁可以在较低温度下实现分离。国内外的专家通过交流和探讨，认为该现象意义重大，该现象也被称为"第三代炼铁工艺"，即 ITmk3（Ironmaking Technology Mark 3）。该工艺与其他两种炼铁工艺的差别可以通过 Fe-C 相图来说明，结果如图 1-12 所示。高炉炼铁工艺中铁水温度为 1500 ℃左右，此时铁水被碳饱和，生铁含碳量高达 5%左右；ITmk3 工艺操作温度为 1350~1450 ℃，较高炉工艺温度低，珠铁中含碳量少；直接还原工艺与 ITmk3 和高炉工艺差别较大，操作温度最低，且没有实现渣铁分离。

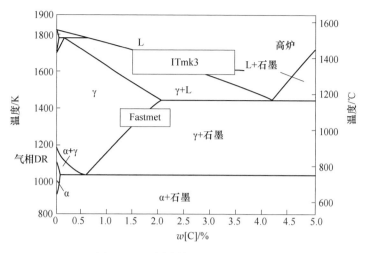

图 1-12　不同炼铁工艺的操作区图

　　之后，日本东北大学、东京工业大学、韩国浦项科技大学、德国马普研究所、美国密歇根理工大学等开展了这一炼铁新工艺的机理研究[78-84]。在进行实验室基础研究的同时，神户制钢还进行了 ITmk3 工艺商业化装置的研发，并且每一个阶段均基本获得了成功。ITmk3 炼铁新工艺的工业化过程如表 1-4 所示。在商业工厂建成投产后，神户制钢一直致力于该工艺的商业化推广，但并未实现其既定目标。

表 1-4　ITmk3 工艺发展过程

阶　段	时　间	规模/t·a⁻¹	地　点	目　的
中间试验厂	1998 年—2000 年 12 月	3000	日本神户制钢加古川厂	工艺可行性及设备运转情况检验，实现连续稳定操作
大型中试厂	2002 年 3 月—2004 年 8 月	25000	美国明尼苏达州克利夫兰公司选矿球团厂	炉床维护技术的优化、提高生产率和粒铁质量、提高燃料单耗、性能试验
商业工厂	2004 年—2010 年 1 月	500000	美国明尼苏达州 Hoyt Lakes LTV 公司选矿球团厂	动力钢公司为保证炼钢用清洁铁源的稳定供给
新型钢铁企业	至 2015 年	500000	美国明尼苏达州 Mesabi Nugget	在 500000 t/a 珠铁项目的基础上扩建矿山、球团厂、直接还原厂和炼钢厂

　　1997 年，北京科技大学在含碳球团直接还原的实验室试验中发现了珠铁析出的现象，并结合转底炉技术申请了煤基热风熔融还原炼铁法，又称恰普法

（Coal Hot-Air Reduction Process，CHARP）的专利[85]。其特点是以普通品质的铁矿和煤粉制成含碳球团矿，在转底炉中用高温热风和煤气获得 1400 ℃ 以上的高温，使含碳球团快速还原及熔分，获得产品珠铁。它可以代替废钢，直接供电炉用，也可以作转炉炼钢的冷却剂。目前，CHARP 法已经在国内年处理 20 万吨粉尘金属化球团的直接还原转底炉上进行了投篮试验，证明了该工艺的可行性，但是需要进一步进行温度、还原剂、矿种、渣系等对熔分行为影响及硫、磷等杂质元素控制的基础研究和工艺、设备的优化调控。

其实，CHARP 法和 ITmk3 工艺并无本质区别，均是以煤基含碳球团为原料，在转底炉内快速还原熔分，实现渣铁分离，可以共同称为 "转底炉珠铁工艺"，本质上是在一个反应器中实现了煤基直接还原和渣铁熔化分离，且渣、铁不必具有良好的高温流动性，反应温度较低，属于低温冶金的范畴。转底炉珠铁工艺的流程示意图如图 1-13 所示。

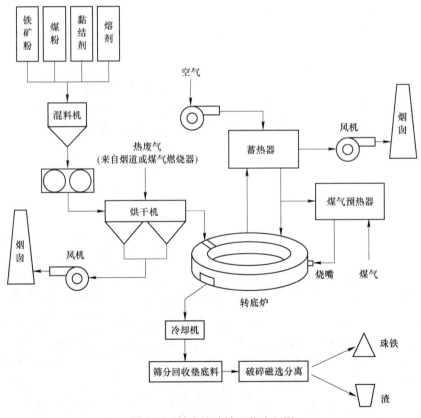

图 1-13　转底炉珠铁工艺流程图

转底炉珠铁工艺的一般过程包括[86]：

（1）原料处理。将铁矿粉、非焦煤粉和熔剂配料、混匀，使用圆盘造球机或对辊压球机等设备制成球团或团块，经链箅机干燥备用。铁料既可使用磁铁矿与赤铁矿，又可使用较低品位矿，甚至可使用选矿厂的尾矿粉，只不过处理低品位铁料会增加能耗。还原剂来源也非常广泛，可以使用无烟煤、烟煤、改质褐煤、石油焦及其他的含碳原料。

（2）还原熔分。将制好的球团或团块加入转底炉，在 1350~1450 ℃ 条件下加热，球团（块）随炉床旋转一周过程中发生加热、还原、渗碳及熔融反应，渣铁熔化并各自聚集，实现渣铁分离，只需约 10 min。如果包括预热和冷却过程，整个过程所需时间会增加至 20 min 以上。

（3）排料及渣铁分离。熔分后的渣和铁冷凝后，经排料装置排出，经二次冷却、破碎磁选，获得粒径为 5~25 mm 的珠铁产品，粒铁与渣能干净地分离。

（4）废气处理与余热回收。反应过程中产生的烟气经过热交换器预热助燃空气后，除尘排出。

铁矿含碳球团经转底炉还原熔分所得珠铁的化学成分和基本性质如表 1-5 所示，可见珠铁成分基本是 Fe 和 C，杂质元素含量主要受原燃料条件和还原熔分工艺的影响，表观密度基本上与高炉生铁一致。渣铁分离所得珠铁的形貌如图 1-14 所示。珠铁可以用作电炉炉料、转炉炼钢的冷却剂和铸造用的优质铁源。美国 Mesabi Nuggets 生产出的 9000 t 珠铁在美国三家钢厂的 160 t、170 t 电炉进行了实际生产应用，添加比例为 15%~20%，用于生产热轧带、冷轧板和优质特殊长材。应用结果表明：与普通生铁相比，珠铁易于装料和熔化，可以缩短冶炼周期 2~3 min，使生产率提高 5%~8%。

表 1-5　珠铁的基本性质（质量分数）[80,86]　　　　　　　　　　（%）

TFe	FeO	C	S	Si、Mn、P	表观密度/g·cm^{-3}
96~97	0	2.5~3.0	0.05~0.07	依原燃料条件而定	7.24

图 1-14　珠铁形貌

表 1-6 为转底炉珠铁工艺与传统高炉工艺特点对比,从表中可以看出,因其不需要烧结和焦化工序,因此工艺简单了许多,投资成本、污染排放也大大降低。当然,转底炉珠铁工艺也有技术和设备上的缺陷和不足。

表 1-6　转底炉珠铁工艺与传统高炉工艺特点对比

工艺	反应时间	设备			原料		作业方式	适合地域
		生产规模	设备构成	投资规模	铁矿石	还原剂		
珠铁	10 min	50 万吨/a	工序简单	高炉炼铁的 60%	粉矿(包括低品位、复合铁矿)	非焦煤	操作简单,开停灵活,CO_2 排放比高炉减少 20% 以上	矿山附近,便于运输
高炉	8 h	数百万吨/a	前处理工序庞大	投资规模大	烧结矿、球团矿、块矿	焦炭+喷吹煤	启动后必须长时间连续运转,能耗高,污染大	大型钢铁联合企业

(1)珠铁中硫含量的控制问题。由于转底炉珠铁工艺所用含碳球团直接以铁矿粉、煤粉为原料,矿粉、煤粉均没有经过预处理脱硫,而且含碳球团渣铁熔分过程时间短,渣金流动性差,反应不充分,因此脱硫效果较差,若采用提高碱度、添加脱硫添加剂等方式实现珠铁脱硫,则可能造成渣铁难以分离。此外,渣中 FeO 含量高也是造成炉渣脱硫能力较差的一个原因。

(2)热效率和设备利用率低。通过烧嘴燃烧煤气加热炉体,热量通过炉顶耐火材料辐射至球团将其加热,与高炉良好的气固换热相比,转底炉的热效率很低。同时,高温烟气从炉膛直接进入烟道,造成热量流失,一般认为,转底炉烟气带走了炉膛全部输入热量的 50% 以上。若排料和热废气的显热得以充分回收,那么综合比较整个工艺的能耗,转底炉珠铁工艺可低于高炉炼铁工艺,因此探索基于转底炉的预热回收工艺和形式同样非常重要。此外,转底炉炉膛高、料层薄,设备的利用率低。

转底炉铁矿直接还原技术在我国成功的范例较少,工艺和设备成熟度低,尚没有经验丰富的工程设计、设备制造机构等均加大了该工艺的不确定性。已建成的直接还原转底炉维修量大、生产费用高,尚难以实现连续稳定运行。对于转底炉珠铁工艺来说,由于要求更高的温度,因此操作和设备维护费用有所增加。

1.4.2　珠铁工艺的应用潜力

转底炉珠铁工艺作为一种新型的煤基熔融还原炼铁工艺,完全以普通的粉矿和粉煤为原料,具有原燃料灵活性比较大;流程短,投资少;设备运行稳定,操作灵活;污染小,有利于环境保护;厂址选择灵活等优点。基于理论和试验研究,转底炉珠铁工艺在节能减排和拓展铁矿资源方面具有较大的应用潜力。

1.4.2.1 珠铁工艺节能减排分析

转底炉珠铁工艺因省去了烧结、球团和焦化工序，因而能耗和污染物排放会不同程度地降低。目前，最大商业规模的转底炉尺寸为 50 m×7 m，因而转底炉珠铁工艺最大年产量为 50 万吨/a。以年产 50 万吨生铁的 ITmk3 工艺为研究对象，在考虑烟气余热回收发电的条件下，将其能耗和 CO_2 排放指标与传统高炉炼铁工艺进行了对比，结果分别如图 1-15 和图 1-16 所示[87]。可见，转底炉珠铁工艺中，由于实现了煤的高效利用，吨铁能耗和 CO_2 排放均比高炉炼铁工艺大大减少，其中吨铁能耗降低 30%~35%。

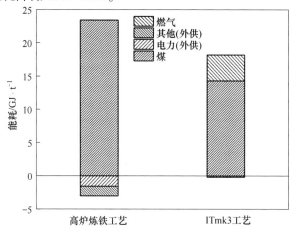

图 1-15 不同炼铁工艺的能耗对比

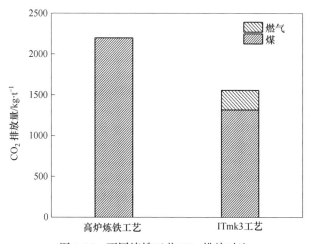

图 1-16 不同炼铁工艺 CO_2 排放对比

转底炉珠铁—电炉炼钢流程与高炉—转炉炼钢流程相比，各种污染物排放率大大降低，减排效果如表 1-7 所示[88]。

表 1-7　转底炉珠铁工艺减排效果

排放物	CO_2	CO	NO_x	SO_2	VOCs	汞
减排率/%	41.1	96	65	77.7	86.5	58

虽然转底炉珠铁工艺具有诸多优点，但 ITmk3 工艺也有自身先天的缺憾，即目前较为成熟的转底炉商业炉年产量只能在 50 万吨左右。因而从产量规模这一点，其与年产数百万吨的高炉炼铁工艺是无法比较的，替代高炉炼铁工艺更不现实，这也成为限制 ITmk3 技术推广的一大难题。但是，在特定的地区、特定的资源条件、特定的经济技术条件和环保要求下，该工艺还是比较有应用前景的。特别是 2020 年以后，我国废钢循环量增加，导致电炉炼钢比例增加，直接还原铁的需求会更加迫切，届时高炉炼铁工艺成本增加、产量降低，新工艺的优势将更加凸显。

1.4.2.2　珠铁工艺在处理低品位复杂铁矿资源中的应用

传统的高炉冶炼流程对入炉铁矿石的品位要求较高，以减少渣量，实现炼铁过程的稳定操作。自然状态的铁矿石一般难以满足要求，铁矿石原矿必须经过破碎、磨矿、分选、脱水等一系列单元工序获得高品位的铁精矿才能通过烧结、球团进入钢铁冶炼流程。铁矿石综合入炉 TFe 品位每提高 1%，焦比降低 2%，生铁产量增加 3%。因此，铁矿石的物理富集过程对钢铁工业至关重要。但是，很多低品位铁矿石中的铁矿物的嵌布粒度非常细，若要通过细磨实现铁矿石与脉石矿物的单体解离，要么成本增加，要么在目前的技术条件下难以实现。此外，有些矿石中的铁氧化物是非磁性的，富集工艺比较复杂。因此，现有炼铁流程只能利用那些可以经济地实现磨矿并通过选别获得高品位铁精矿的矿石。

如果一种炼铁工艺可以直接有效利用脉石含量较高的低品位矿石，而无需经过复杂的富集过程，将极大地拓展可用铁矿石的资源量，并简化现有炼铁流程和降低生产成本。当然，过多脉石熔化造渣会增加能耗，从而降低经济性。但是，与脉石尾矿不同，炼铁渣是一种商品，可以抵销一部分能耗成本的增加。从整个炼铁流程来考虑，如果因流程简化带来的成本降低和因脉石成渣而提高的经济价值两个方面综合所产生的效益可以补偿处理低品位铁矿石所增加的能耗成本，那么该炼铁工艺就可以经济地利用更多的铁矿资源，并提高铁的收得率。

Kawatra 等人[89] 采用 TFe 品位为 27.32% 的低品位、细嵌布的赤铁矿和固定碳为 37% 的高挥发分煤为原料，首先将铁矿粉磨至 100%、25 μm 以下，一半直接用于制备含碳球团，一半经过湿式高强度磁选提高铁品位后再参与配料制备含碳球团，磁选后铁精矿中 TFe 品位为 45.24%、铁的收得率仅为 42.06%。将两种含碳球团分别于 1420 ℃ 和 1450 ℃ 下焙烧制得珠铁，结果证明两种含碳球团均可以实现良好渣铁分离，从含碳球团到珠铁，铁的收得率均在 90% 左右，且铁收得率和珠铁尺寸随着铁矿品位的增加而略有增加，如果直接采用原矿制备珠铁，铁的总收得率在90%左右，而经过选矿后铁的总收得率不到40%。该研究表明，采用转底炉珠铁工艺利用低品位的铁矿石制备高品质的炼钢用生铁是可行的。

矿石品位的变化对转底炉珠铁工艺能耗的影响如图1-17所示，计算结果表明，随着矿石品位的降低，吨铁总能耗、烟气和炉渣带走的显热逐渐增加，当TFe品位从61%降低到30%时，总能耗增加20%左右，此时，转底炉珠铁工艺的能耗仍优于高炉炼铁工艺。但是，当矿石品位较低时，生产率和铁的收得率会有所降低，且炉渣、烟气显热占总能耗的比例增加，显热回收和减少炉体散热显得更加重要。

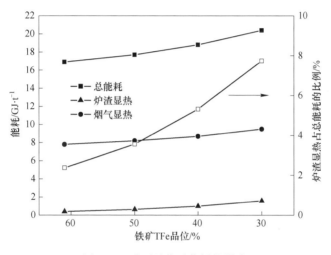

图1-17 矿石品位对能耗的影响

转底炉珠铁工艺中，球团的布料高度为1~2层，气流不必穿过料层，因而不存在高炉炼铁工艺中因渣量大出现的透气性差问题，所以，转底炉珠铁工艺可以承受较大的炼铁渣量。

含碳球团还原熔分渣铁分离过程中，渣和铁不必达到较高的熔融度，渣-金反应动力学条件差，因此元素在渣-金间的分配远偏离平衡态。而且，实际的转底炉生产中，可以实现分段灵活控温，并且可以达到较高的温度水平。因此，转底炉珠铁工艺可以为低品位复杂铁矿资源的利用提供更加灵活的手段。

综合上述分析，采用该工艺理论上可以处理较低品位的铁矿资源。调整适宜的炉渣碱度和冷却制度，由于热应力的作用，渣和珠铁间可以自然脱离，经过简易的破碎和磁选，实现渣和铁的最终分离，从而获得高品质的珠铁。

钢铁工业是国民经济发展的支柱产业，但也是高能耗、重污染行业。我国钢铁行业 CO_2 排放量占全国的15%，能耗占全国总能耗的15%~16%，以传统的高炉—转炉流程为例，炼铁系统（包括烧结、球团、焦化和高炉）的 CO_2 排放量约占整个流程的 95%[90]。此外，2022 年，钢铁工业排放的 SO_2、NO_x 约占全国工业行业的 22.5%、22.6%，其中，70% 以上 SO_2、80% 以上 NO_x 来自炼铁系统[91-92]。并且随着经济的发展和人们环保意识的不断增强，对钢铁工业的环保要求会不断提高。因此，钢铁工业节能减排的重点在炼铁系统，而今高炉炼铁系统日益完善，工艺变革对节能减排的意义便凸显出来。在可以预见的未来，我国环保要求会更加严格，现有高炉炼铁流程必将会受到更多限制，而转底炉珠铁工艺可以在一定程度上作为高炉炼铁工艺的有益补充。同时，我国铁矿资源总量巨大，其中绝大部分为低品位、共伴生、难选冶的复杂铁矿，我国复杂而丰富的铁矿资源为转底炉珠铁工艺的开发提供了广阔的空间[93]。同时转底炉珠铁工艺的开发又对保障我国铁矿资源的战略供给具有积极意义。因此，在我国开展转底炉珠铁工艺的理论与实践研究具有十分必要的现实意义。

1.5　新技术路线提出的必要性

低品位硼铁矿的综合利用已刻不容缓，硼铁矿的综合利用必须以硼的全面利用为中心，兼顾铁及其他有价元素的回收利用。一个比较合理的思路是：通过选矿实现低品位硼铁矿中硼和铁的初步物理分离，得到硼精矿和硼铁精矿，硼精矿经活化焙烧可以直接作为硼化工工业的优质原料；硼铁精矿通过选择还原熔分的方法实现铁硼二次分离，得到含硼生铁（或半钢）和富硼渣，含硼生铁（或半钢）作为炼钢原料，富硼渣经活化后作为硼化工工业的原料。当前的关键是找出一种合理、经济、先进的工艺实现硼铁精矿中硼和铁的二次分离。本研究一个重要目的就是尝试将转底炉煤基直接还原新工艺应用于硼铁精矿资源的综合利用，打通低品位硼铁矿选矿—选择性还原熔分—熔分渣提硼这一原理上可行、技术和经济上充满前景的综合利用流程，并揭示其中的基础科学问题。该新工艺可以简化已有的火法硼铁分离流程、充分利用我国能源、提高硼铁矿资源的利用效率，还可以为其他复合铁矿资源的综合利用提供共性参考。

参 考 文 献

[1] 全跃. 硼及硼产品研究与进展 [M]. 大连：大连理工大学出版社，2008.
[2] KEN S, MARCIA K M. Mineral commodity summaries [M]. Reston：U. S. Geological Survey，2012：33.
[3] 赵鸿. 我国硼矿床的类型及工业利用 [D]. 北京：中国地质大学，2007.
[4] 张显鹏，郎建峰，崔传孟，等. 低品位硼铁矿在高炉冶炼过程中的综合利用 [J]. 钢铁，1995，30（12）：9-11.
[5] 王雅蓉，周乐光. 辽宁凤城翁泉沟东台子硼铁矿的工艺矿物学研究 [J]. 有色矿冶，1997，13（1）：1-4.

［6］郑学家. 硼铁矿加工［M］. 北京：化学工业出版社，2009.

［7］连相泉，王常任. 辽宁凤城地区硼铁矿石适宜选矿工艺［J］. 东北大学学报，1997，18（3）：238-241.

［8］李艳军，韩跃新. 硼铁矿选矿分离研究新进展［J］. 金属矿山，2005（S2）：161-163.

［9］叶亚平，吕秉玲. 翁泉沟硼镁铁矿的硫酸法加工（Ⅰ）磁铁矿的阻溶及其机理［J］. 化工学报，1996，47（4）：447-453.

［10］郑学家. 硼砂、硼酸及硼肥生产技术［M］. 北京：化学工业出版社，2013.

［11］郎建峰，艾志，张显鹏. "高炉法"综合开发硼铁矿工艺中铁硼分离基本原理及工艺特点［J］. 矿产综合利用，1996（3）：1-3.

［12］战洪仁，刘素兰，樊占国. 富硼渣冷却速率与活性的关系［J］. 东北大学学报，2007，28（11）：1604-1607.

［13］李壮年，储满生，王兆才，等. 凤城含硼铁精矿硼-铁分离新工艺［C］//第七届中国钢铁年会论文集. 北京：中国金属学会，2009：432-437.

［14］赵庆杰. 硼铁矿选择性还原分离铁和硼［J］. 东北工学院学报，1990，11（2）：122-126.

［15］赵庆杰，孟繁明，马仲彬. 预还原硼铁矿熔化分离铁和硼［J］. 东北工学院学报，1991，12（5）：464-470.

［16］张建良，蔡海涛. 低品位硼铁矿中硼的富集［J］. 北京科技大学学报，2009，31（1）：36-40.

［17］李光辉，饶明军，姜涛，等. 一种从硼铁矿中同步提取硼和铁的方法：中国，201210279135.7［P］. 2012-8-7.

［18］崔村丽. 我国煤炭资源及其分布特征［J］. 科技情报开发与经济，2011，21（24）：181-182.

［19］于长龙. 煤炭资源开发利用的现状及对策［J］. 能源与节能，2013（3）：92-94.

［20］张振，吴旭涛. 我国焦煤资源深度洗选回收工艺路线的探索［J］. 选煤技术，2012（2）：27-30.

［21］常毅军，王社龙，徐佳妮，等. 中国炼焦煤资源保障程度与经济寿命分析［J］. 煤炭经济研究，2013，33（3）：53-55.

［22］魏国，沈峰满，李艳军，等. 非高炉炼铁技术现状及其在中国的发展［J］. 中国废钢铁，2011（5）：11-17.

［23］王辅臣，于广锁，龚欣，等. 大型煤气化技术的研究与发展［J］. 化工进展，2009，28（2）：173-180.

［24］高聚忠. 煤气化技术的应用与发展［J］. 洁净煤技术，2013（1）：65-71.

［25］赵庆杰，魏国，姜鑫，等. 非高炉炼铁技术进展及展望［C］//2012年全国炼铁生产技术会议暨炼铁学术年会论文集. 北京：中国金属学会，2012：81-87.

［26］ANAMERIC B，KAWATRA S K. Direct iron smelting reduction processes［J］. Mineral Processing and Extractive Metallurgy Review，2009，30（1）：1-51.

［27］胡俊鸽，周文涛，郭艳玲，等. 先进非高炉炼铁工艺技术经济分析［J］. 鞍钢技术，2012（3）：7-13.

[28] 余永富. 国内外铁矿选矿技术进展 [J]. 矿业工程, 2004 (5): 25-29.

[29] 李新创. 对我国铁矿资源保障战略的思考 [J]. 冶金经济与管理, 2012 (6): 4-8.

[30] 张泾生. 我国铁矿资源开发利用现状及发展趋势 [J]. 中国冶金, 2007, 17 (1): 1-6.

[31] 胡义明. 袁家村铁矿氧化矿工艺矿物学研究 [J]. 金属矿山, 2011 (12): 74-77.

[32] 卞孝东, 马驰, 王守敬. 惠民铁矿富氧化矿工艺矿物学研究 [J]. 矿业工程, 2012, 10 (6): 21-24.

[33] 段正义. 鄂西高磷赤铁矿提铁降磷工艺性能研究 [D]. 武汉: 武汉科技大学, 2011.

[34] 陈雯, 李吉利, 唐鑫, 等. 大西沟低品位, 微细粒难处理菱褐铁矿选矿技术研究及工业实践 [C]//第七届 (2009) 中国钢铁年会论文集. 北京: 中国金属学会, 2009: 98-103.

[35] 周渝生, 钱晖, 张友平, 等. 非高炉炼铁技术的发展方向和策略 [J]. 世界钢铁, 2009 (1): 1-9.

[36] 许晓杰, 包向军, 赵鹏. 我国煤基直接还原铁发展现状及前景 [C]//第七届 (2009) 中国钢铁年会论文集. 北京: 中国金属学会, 2009: 315-320.

[37] 赵庆杰, 储满生. 电炉炼钢原料及直接还原铁生产技术 [J]. 中国冶金, 2010, 20 (4): 23-28.

[38] 陶江善. 我国直接还原铁市场状况简析 [C]//2008年非高炉炼铁年会文集. 北京: 中国金属学会, 2008: 189-193.

[39] 朱荣, 任江涛, 刘纲, 等. 转底炉工艺的发展与实践 [J]. 北京科技大学学报, 2007, 29 (S1): 171-174.

[40] TENNIES W L, LEPINSKI J A, KOPFLE J T. The midrex fastmet process, a simple, economic ironmaking option [J]. Metallurgical Plant and Technology International, 1991 (2): 36-42.

[41] 唐恩, 周强, 秦涔, 等. 转底炉处理含铁原料的直接还原技术: INMETCO 工艺最新介绍 [C]//2008年非高炉炼铁年会文集. 北京: 中国金属学会, 2008: 118-121.

[42] MUNNIX R, BORLEE J, STEYLS D, et al. COMET—a new coal-based process for the production of DRI [J]. Metallurgical Plant and Technology International, 1997 (2): 50-61.

[43] 王尚槐, 冯俊小, 赵平. 煤基直接还原过程的燃耗分析 [J]. 钢铁, 1997, 32 (S1): 483-486.

[44] 罗宝龙, 郭灵巧, 罗磊. 转底炉资源化处理钢厂含铁含锌除尘灰的技术发展现状 [J]. 工业加热, 2024, 53 (11): 1-5.

[45] GOODMAN N, DRY R. HIsmelt 炼铁工艺 [J]. 世界钢铁, 2010 (2): 1-5.

[46] 韦俊贤. 积极促进我国直接还原铁产业的发展 [C]//2012年非高炉炼铁年会文集. 北京: 中国金属学会, 2012: 13-18.

[47] 陈守明, 张金良. 发展 DRI 产业的重要性和可靠途径 [C]//2012年非高炉炼铁年会文集. 北京: 中国金属学会, 2012: 34-39.

[48] 程晓青. 三种煤的热解和气化特性研究 [D]. 武汉: 华中科技大学, 2008.

[49] COETSEE T, PISTORIUS P C, VILLIERS E E. Rate-determining steps for reduction in magnetite-coal pellets [J]. Minerals Engineering, 2002, 2 (5): 919-929.

［50］ IGUCHI Y，YOKOMOTO S. Kinetics of the reactions in carbon composite iron ore pellets under various pressures from vacuum to 0.1 MPa ［J］. ISIJ International，2004，44（12）：2008-2017.

［51］ YANG J，MORI T，KUWABARA M. Mechanism of carbothermic reduction of hematite in hematite-carbon composite pellets ［J］. ISIJ International，2007，47（10）：1394-1400.

［52］ 黄希祜. 钢铁冶金原理 ［M］. 3 版. 北京：冶金工业出版社，2002.

［53］ 杨绍利，刘松利，高仕忠，等. 转底炉直接还原—电炉熔分处理钒钛磁铁矿新工艺简介 ［C］//2008 年非高炉炼铁年会文集. 北京：中国金属学会，2008：114-117.

［54］ 秦廷许. 转底炉—电炉熔分短流程回收钒、钛、铬、铁等元素的冶炼新工艺：钒钛磁铁矿冶炼的必由之路 ［C］//2012 年非高炉炼铁年会文集. 北京：中国金属学会，2012：242-247.

［55］ 刘建华，张家芸，魏寿昆. 氧化物型杂质或添加剂对铁氧化物还原动力学的影响 ［J］. 北京科技大学学报，2000，22（3）：198-202.

［56］ ROEDERER J，DUPRE B，GLEITZER C. Influence and role of potassium in the reduetion of hematite with CO/CO_2，part 1：the hematite-magnetite step ［J］. Steel Reaearch，1987，58（6）：247-251.

［57］ ROEDERER J，JEANNOT F，DUPRE B，et al. Influence and role of potassium in the reduetion of hematite with CO/CO_2，part 2：the hematite-magnetite-wustite double reaction ［J］. Steel Reaearch，1987，58（6）：252-256.

［58］ SHIGEMATSU N，IWAI H. Effect of CaO added with SiO_2 and/or Al_2O_3 on reduction rate of dense wustite by hydrogen ［J］. ISIJ International，1989，29（6）：486-494.

［59］ 唐惠庆. 含锰贫铁矿综合利用及转底炉内燃烧过程数值模拟的研究 ［D］. 北京：北京科技大学，1999.

［60］ RAO Y K. Catalysis in extractive metallurgy ［J］. Journal of Metals，1983，35（7）：46-50.

［61］ MCKEE D W. Mechanisms of the alkali metal catalysed gasification of carbon ［J］. Fuel，1983，62（2）：170-175.

［62］ JALAN B P，RAO Y K. A study of the rates of catalyzed boudouard reaction ［J］. Carbon，1978，16（3）：175-184.

［63］ BASUMALLICK A. Influence of CaO and Na_2CO_3 as additive on the reduction of hematite-lignite mixed pellets ［J］. ISIJ International，1995，35（9）：1050-1053.

［64］ FRUEHAN R J. The rate of reduction of iron oxides by carbon ［J］. Metallurgical Transactions B，1977，8（1）：279-286.

［65］ ZUO H B，HU Z W，ZHANG J L，et al. Direct reduction of iron ore by biomass char ［J］. International Jouranl of Minerals，Metallurgy and Materials，2013，20（6）：514-521.

［66］ 张殿伟，郭培民，赵沛. 机械力促进碳粉气化反应 ［J］. 钢铁研究学报，2007，19（11）：10-12.

［67］ SURYANARAYANA C. Mechanical alloying and milling ［J］. Progress in Materials Science，2001，46（1）：1-184.

［68］ MATTEAZZI P，LE C G. Reduction of haematite with carbon by room temperature ball milling

［J］. Materials Science and Engineering：A，1991，149（1）：135-142.

［69］ KHAKI J V, ABOUTALEBI M R, RAYGAN S. The effect of mechanical milling on the carbothermic reduction of hematite ［J］. Mineral Processing and Extractive Metallurgy Review, 2004, 25（1）：29-47.

［70］ LI C, LIANG B, GUO L, et al. Effect of mechanical activation on the dissolution of Panzhihua ilmenite ［J］. Minerals Engineering, 2006, 19（14）：1430-1438.

［71］ KASAI E, MAE K, SAITO F. Effect of mixed-grinding on reduction process of carbonaceous material and iron oxide composite ［J］. ISIJ International, 1995, 35（12）：1444-1451.

［72］ CHEN Y, HWANG T, MARSH M, et al. Mechanically activated carbothermic reduction of ilmenite ［J］. Metallurgical and Materials Transactions A, 1997, 28（5）：1115-1121.

［73］ APAYDIN F, ATASOY A, YILDIZ K. Effect of mechanical activation on carbothermal reduction of chromite with graphite ［J］. Canadian Metallurgical Quarterly, 2011, 50（2）：113-118.

［74］ WELHAM N J. Activation of the carbothermic reduction of manganese ore ［J］. International Journal of Mineral Processing, 2002, 67（1）：187-198.

［75］ ERDEMOGLU M. Carbothermic reduction of mechanically activated celestite ［J］. International Journal of Mineral Processing, 2009, 92（3）：144-152.

［76］ GUZMAN D, FERNANDEZ J, ORDONEZ S, et al. Effect of mechanical activation on the barite carbothermic reduction ［J］. International Journal of Mineral Processing, 2012, 102/103：124-129.

［77］ 赵沛，郭培民. 煤基低温冶金技术的研究 ［J］. 钢铁，2004，39（9）：1-6.

［78］ TSUGE O, KIKUCHI S, TOKUDA K, et al. Successful iron nuggets production at ITmk3 pilot plant ［C］//Ironmaking Conference Proceedings. Warrendale：ISS, 2002：511-519.

［79］ OHNO K, MIKI T, SASAKI Y, et al. Carburization degree of iron nugget produced by rapid heating of powdery iron, iron oxide in slag and carbon mixture ［J］. ISIJ International, 2008, 48（10）：1368-1372.

［80］ ANAMERIC B, KAWATRA S K. Laboratory study related to the production and properties of pig iron nuggets ［J］. Minerals and Metallurgical Processing, 2006, 33（1）：52-56.

［81］ ANAMERIC B, KAWATRA S K. The microstructure of the pig iron nuggets ［J］. ISIJ International, 2007, 47（1）：53-61.

［82］ KIM H S, KIM J G, SASAKI Y. The role of molten slag in iron melting process for the direct contact carburization：wetting and separation ［J］. ISIJ International, 2010, 50（8）：1099-1106.

［83］ MEISSNER S, KOBAYASHI I, TANIGAKI Y, et al. Reduction and melting model of carbon composite ore pellets ［J］. Ironmaking and Steelmaking, 2003, 30（2）：170-176.

［84］ KIKUCHI S, ITO S, KOBAYASHI I, et al. ITmk3 process ［J］. Kobelco Technology Review, 2010（29）：77-84.

［85］ 万天骥，任大宁，孔令坛，等. 煤基热风转底炉熔融还原炼铁法：中国，02104407.4 ［P］. 2003-09-24.

［86］张伟，王再义，张宁，等．ITmk3 工艺的技术特点及应用前景［J］．鞍钢技术，2010（5）：10-14.

［87］TNANKA H，MIYAGAWA K，HARADA T. FASTMET，FASTMELT，and ITmk3：development of new coal-based ironmaking processes［J］．Direct from Midrex，2007/2008：8-13.

［88］王广，薛庆国，孔令坛．转底炉珠铁工艺及其在中国的应用前景［J］．中国冶金，2013，23（12）：5-11.

［89］SRIVASTAVA U，KAWATRA S K. Strategies for processing low-grade iron ore minerals［J］．Mineral Processing and Extractive Metallurgy Review，2009，30（4）：361-371.

［90］徐文青，李寅蛟，朱廷钰，等．中国钢铁工业 CO_2 排放现状与减排展望［J］．过程工程学报，2013，13（1）：175-180.

［91］张夏，郭占成．我国钢铁工业能耗与大气污染物排放量［J］．钢铁，2000，35（1）：63-68.

［92］刘大钧，魏有权，杨丽琴．我国钢铁生产企业氮氧化物减排形势研究［J］．环境工程，2012，30（5）：118-123.

［93］熊华文，戴彦德．转底炉直接还原技术对钢铁行业资源综合利用的意义及发展前景分析［J］．中国能源，2012，34（2）：5-7.

2　硼铁精矿还原特性研究

进一步实现硼铁精矿中硼铁二次分离是打通低品位硼铁矿选矿—硼铁精矿选择性还原熔分—熔分渣提硼这一综合利用流程的关键工艺技术环节，本书提出了一种基于煤基直接还原的硼铁精矿硼铁分离新工艺。作为新工艺基础研究的先导，首先需要对硼铁精矿的固态还原特性有一个较为明确的认识。本章在对 2 种硼铁精矿和其他 4 种普通磁铁矿粉物理化学特性系统研究的基础上，进行了碳热还原试验研究，考察和对比分析了硼铁精矿和其他普通磁铁矿粉还原行为的差异，揭示了硼铁精矿还原行为的特性。

2.1　铁矿原料基础特性分析

2.1.1　成分分析

本部分试验采用 2 种硼铁精矿和 4 种普通磁铁精矿，经细磨、烘干后送交成分分析，结果如表 2-1 所示。B1 和 B2 是两种硼铁精矿，二者品位相差不多，均为 48% 左右；B1 与 B2 相比，B1 的 SiO_2、S 含量较低，B_2O_3 含量较高，综合分析，B1 的质量要好于 B2。M1、M2、M3、M4 为 4 种普通磁铁精矿，M2 的 TFe 品位较低、SiO_2 含量较高，M1 和 M3 还含有一定量的 MgO、CaO 等碱性成分，M3 还含有一定量的 TiO_2，高于一般铁矿的水平。此外，硼铁精矿还含有微量的 U，数量级为几十个 ppm[❶]，B2 中 U 的含量要高于 B1。

表 2-1　铁矿粉化学成分（质量分数）　　　　　　　　　　（%）

铁矿粉	TFe	FeO	SiO_2	CaO	MgO	Al_2O_3	TiO_2	B_2O_3	S	U	LOI
B1	47.59	19.04	4.98	0.34	15.82	0.15	—	6.58	0.16	0.0012	4.97
B2	48.30	22.90	8.09	0.42	15.30	0.32	—	5.26	0.54	0.0097	4.72
M1	66.90	17.4	4.34	0.1	1.68	0.58	—		0.08		1.23
M2	61.10	25.63	13.01	0.84	0.27	0.39	—		0.08		0.39
M3	65.00	25.7	3.07	2.35	3.5	1.0	1.6		0.08		3.7
M4	66.05	20.7	3.88	0.24	0.33	1.21	0.1		0.21		1.7

---

❶　1 ppm = 10^{-6}。

2.1.2　物相分析

采用 X 射线衍射仪对 6 种磁铁精矿粉进行了物相分析，结果如图 2-1 所示。B1、B2 两种硼铁精矿矿物组成复杂，除了含有磁铁矿（Fe_3O_4）外，还含有一定量的含硼矿物，但是含硼矿物的种类和含量有所不同：B1 主要含纤维硼镁石（$Mg_2(OH)[B_2O_4(OH)]$），B2 除含纤维硼镁石外，还有一定量的硼镁铁矿

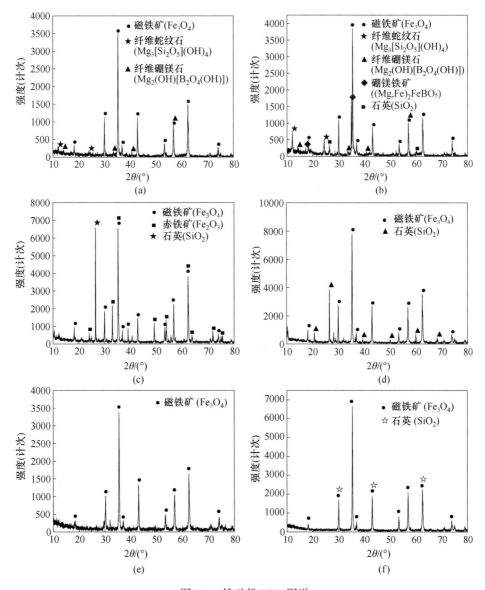

图 2-1　铁矿粉 XRD 图谱

（a）B1；（b）B2；（c）M1；（d）M2；（e）M3；（f）M4

（（Mg,Fe)$_2$FeBO$_5$）。二者均含脉石矿物纤维蛇纹石（Mg$_3$[Si$_2$O$_5$](OH)$_4$），B2中SiO$_2$含量较高，含有一定量的石英。M1是以磁铁矿为主，还含有一定量的赤铁矿，M3磁铁矿品位较高，无明显脉石矿物相，其余3种普通磁铁矿的脉石矿物均以石英为主。

2.1.3　表面形貌及结构分析

为了能够消除粒度差别对试验过程中所用铁矿粉的粉体物性、还原性分析的影响，本研究将6种磁铁精矿粉磨细，用0.075 mm和0.044 mm的标准筛进行淘洗筛分，取0.075~0.044 mm的粒级进行试验。对铁矿粉SEM表面形貌进行分析，结果如图2-2所示，从图中可以明显看出，B1和B2颗粒表面较为粗糙，仅有少数颗粒呈现致密光滑的表面；其余4种普通磁铁精矿的表面形貌均较为光滑致密，其中M2和M4的表面较M1和M3略微粗糙。此外，这4种普通磁铁精矿的球形度要高于2种硼铁精矿。

(e)　　　　　　　　　　　　　　　　　　　(f)

图 2-2　铁矿粉表面形貌

(a) B1；(b) B2；(c) M1；(d) M2；(e) M3；(f) M4

进一步采用 SEM/BSE-EDS 对各种铁矿粉颗粒内部的结构以及
矿物组成、矿物间的嵌布关系进行了对比分析研究。

图 2-2 彩图

B1 硼铁精矿粉的 SEM-EDS 分析和面分布分析如图 2-3 和图 2-4 所示。根据

位置	含量(质量分数)/%							物相
	Fe	Mg	Si	Al	Ca	S	O	
1	3.36	29.84	18.94	—	—	—	47.86	蛇纹石
2	2.23	35.40	0.86	—	—	—	61.51	硼镁石
3	46.77	—	—	—	—	53.23	—	黄铁矿
4	4.65	24.48	16.33	7.80	—	—	46.75	绿泥石
5	71.92	1.24	—	—	—	—	26.85	磁铁矿
6	2.32	16.51	—	—	27.28	—	53.89	白云石
7	44.53	19.19	—	—	—	—	36.28	硼镁铁矿

图 2-3 彩图

图 2-3　B1 硼铁精矿粉 SEM-EDS 分析

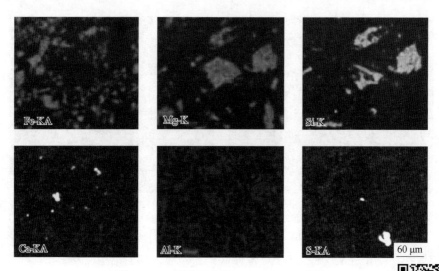

图 2-4   B1 硼铁精矿粉 SEM-Mapping 分析

图 2-4 彩图

EDS 分析可大体判断 B1 主要是由蛇纹石、硼镁石、磁铁矿、硼镁
铁矿，以及少量的黄铁矿、白云石、绿泥石等矿物类型组成的。其中，蛇纹石与
硼镁石、蛇纹石与磁铁矿、硼镁石与磁铁矿、磁铁矿与硼镁铁矿等矿物间呈复杂
的嵌布关系，有的磁铁矿颗粒在脉石矿物颗粒内部嵌布，且粒度很细，因此难以
通过细磨磁选实现硼、镁的彻底分离。此外，有些磁铁矿是以单体颗粒形式存在
的。通过面分布分析可以较明显看出各个物相的大致含量及嵌布情况。

　　B2 硼铁精矿粉的 SEM-EDS 分析和面分布分析如图 2-5 和图 2-6 所示。从图
中可以初步判断，该硼铁精矿粉由磁铁矿、硼镁铁矿、蛇纹石、硼镁石、黄铁矿

位置	含量(质量分数)/%					物相
	Fe	Mg	Si	S	O	
1	4.60	29.05	17.79	—	48.56	蛇纹石
2	73.12	—	—	—	26.88	磁铁矿
3	55.15	10.73	—	—	34.13	硼镁铁矿
4	6.48	35.52	—	—	58.00	硼镁石
5	58.28	—	—	35.86	5.86	黄铁矿

图 2-5 彩图

图 2-5　B2 硼铁精矿粉 SEM-EDS 分析

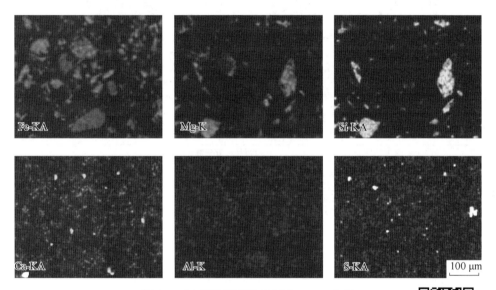

图 2-6　B2 硼铁精矿粉 SEM-Mapping 分析

图 2-6 彩图

等矿物组成，矿物之间的嵌布关系也十分复杂，特别是磁铁矿与硼镁石共生关系十分密切。与 B1 相比，B2 的 B_2O_3 含量稍低，所以，在电镜观察过程中硼镁石并非普遍可见。此外，B2 中硼镁铁矿的含量较多，与 XRD 分析结果一致。

　　M1、M2、M3、M4 铁矿粉的 SEM-EDS 分析（0.075~0.044 mm）如图 2-7 所示。各铁矿粉中的磁铁矿颗粒基本呈单体解离状态，矿石品位越高，图中可见脉石量越少，脉石主要以橄榄石、云母、石英等铝硅酸盐系矿物为主。M4 中含有一定量的 K、Cl 等有害元素。能谱分析发现，M3 的铁矿物颗粒中有含 TiO_2 的矿物，会对矿粉的还原性能产生影响。

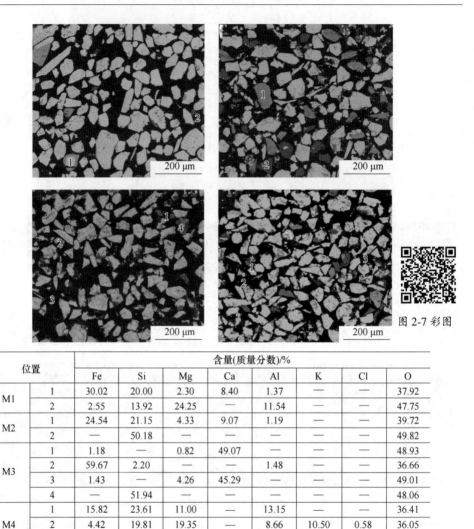

图 2-7　M1、M2、M3、M4 铁矿粉 SEM-EDS 分析 （0.075～0.044 mm）

位置		含量(质量分数)/%							
		Fe	Si	Mg	Ca	Al	K	Cl	O
M1	1	30.02	20.00	2.30	8.40	1.37	—	—	37.92
	2	2.55	13.92	24.25	—	11.54	—	—	47.75
M2	1	24.54	21.15	4.33	9.07	1.19	—	—	39.72
	2	—	50.18	—	—	—	—	—	49.82
M3	1	1.18	—	0.82	49.07	—	—	—	48.93
	2	59.67	2.20	—	—	1.48	—	—	36.66
	3	1.43	—	4.26	45.29	—	—	—	49.01
	4	—	51.94	—	—	—	—	—	48.06
M4	1	15.82	23.61	11.00	—	13.15	—	—	36.41
	2	4.42	19.81	19.35	—	8.66	10.50	0.58	36.05
	3	14.68	28.09	15.12	1.94	0.99	—	—	39.17

2.1.4　粉体物性分析

采用美国康塔公司 （Quantachrome Instruments） 的 AUTOSORB-1C 物理化学吸附仪对粒度范围为 0.075～0.044 mm 的 6 种磁铁精矿粉进行了比表面积、孔径、孔体积等的测量，为还原过程的分析提供基础参数，结果如表 2-2 所示。硼铁精矿粉 B1 和 B2 的总孔体积是其他几种普通磁铁精矿的 2～4 倍，且 B1 略大于B2。此外，二者平均孔径均小于普通磁铁精矿，表明硼铁精矿粉拥有大量尺寸微小的孔洞，造成它们的比表面积也相应较大，原因既与铁矿物结构有关，也与脉石矿物的种类和含量有关，硼铁精矿中的脉石大部分是孔隙率较高的矿物。同时，采用分数维维数 D 来表征各铁精矿粉的孔隙结构特征，结果也列于表 2-2 中[1]。

表 2-2　铁矿粉比表面积和孔径分析结果

项　目	B1	B2	M1	M2	M3	M4
比表面积 /$m^2 \cdot g^{-1}$	2.073	2.052	0.6453	0.4808	0.5534	0.4917
平均孔径 /nm	15.57	14.64	23.92	19.28	16.75	21.05
总孔体积 /$cm^3 \cdot g^{-1}$	0.008068	0.007512	0.00386	0.002317	0.002317	0.002587
分数维维数	1.636/2.545	2.081/2.694	1.474/2.491	1.570/2.523	1.921/2.640	1.930/2.643

2.1.5　硼铁精矿电子探针分析

在已经明晰硼铁精矿物相组成和微观结构的基础上，还需要对各个物相的化学组成，特别是硼元素的含量进行分析，从而为后续还原过程中分析元素的迁移提供参考。硼元素作为稀散元素，一般能谱较难将其检测出来，本书采用电子探针（EPMA）对 B1 硼铁精矿不同物相中包括硼在内多元素的含量进行分析，所用电子探针的型号为：JXA-8230（B5～U92，JEOL），试验结果如表 2-3 所示。从表中可以看出，磁铁矿中固溶了一定量的 B_2O_3、MgO、MnO 和 Al_2O_3 等元素，其中 B_2O_3 的固溶量最大；硼镁铁矿中 B_2O_3、MgO 含量较高，B_2O_3 含量高达 30.892%；蛇纹石中也含有较多的 B_2O_3，高达 20.313%，此外还有一定量的 FeO；硼镁石中以 B_2O_3、MgO 为主，二者物质的量的比 $n(MgO)/n(B_2O_3)$ 为 0.88，与理论比值相差较多，而其他成分含量较少，且各组元检测结果加和达 112%，可能是 MgO 的分析结果出现了一定的误差。硼元素在各物相中均有一定的分布，且在蛇纹石中含量较高，导致传统选矿工艺很难使硼铁精矿在 B_2O_3 品位和硼总收得率两方面同时达到最优[2]。若采用酸浸提硼，蛇纹石和硼镁石中固溶的 FeO 还会增加酸耗，并降低酸解液的质量[3]。

表 2-3　不同物相电子探针分析结果（质量分数）　　（%）

物相	B_2O_3	MgO	SiO_2	Al_2O_3	FeO	MnO
磁铁矿	5.410	0.841	0	0.011	89.134	0.183
硼镁铁矿	30.892	20.605	0.019	0.361	51.570	0.127

物相	B_2O_3	MgO	SiO_2	Al_2O_3	FeO	MnO
蛇纹石	20.313	43.074	24.780	0	4.012	0.200
硼镁石	72.943	36.915	0.274	0.049	1.754	0.139

2.2　硼铁精矿碳热还原特性

2.2.1　试验方法

经过洗选后的粒度为 0.075~0.044 mm 的 6 种铁精矿粉的 TFe、FeO 含量如表 2-4 所示。还原试验的配料制度为：以高纯石墨粉为还原剂，粒度为 -0.075 mm，配加量按照铁矿粉中铁氧化物可还原性氧的物质的量与石墨粉中固定碳的物质的量相等进行添加，即 C/O（摩尔比）= 1.0，具体配比如表 2-5 所示。将铁精粉和石墨粉混匀后用于还原试验。还原试验是在同步热分析仪上进行的，设备型号为 SDT Q600（美国 TA）。试验气氛为高纯氮，流量为 100 mL/min，升温速率 20 ℃/min，根据失重曲线和矿粉空白焙烧曲线求得铁精矿粉非等温还原度曲线。为了观察各种铁精矿粉的还原产物结构，分析差异性，将铁矿粉、石墨粉混合物压制成直径为 10 mm 的柱状团块进行 1200 ℃ 等温还原试验，时间 30 min，还原后的球团经环氧树脂镶嵌、磨抛喷碳后进行光镜和电镜观察。

表 2-4　洗选后铁精矿粉成分（质量分数）　　　　　　　（%）

铁精矿	B1	B2	M1	M2	M3	M4
TFe	40.8	48.3	66.3	60.7	65.4	66.1
FeO	16.1	22.5	17.1	27.3	26.8	28.5

表 2-5　各铁精矿粉配料方案（C/O = 1.0）　　　　　　　（%）

项目	B1	B2	M1	M2	M3	M4
铁矿粉占比	89.47	87.99	83.41	85.30	84.18	84.12
石墨粉占比	10.53	12.01	16.59	14.70	15.82	15.88
理论失重率	24.57	28.02	38.70	34.30	36.90	37.04

2.2.2　试验结果与分析

为了计算铁精矿粉的还原度，首先在相同升温速率、气氛下进行了各个铁精矿的焙烧试验，确定各铁矿粉可烧损物质的烧失温度，结果如图 2-8 所示，发现各铁矿粉烧损的温度均不高，超过 700 ℃ 以后明显的烧损物质已经脱除了，再结合各还原 TG 曲线，发现 800 ℃ 之前还原反应基本没有发生，即铁精矿粉/石墨粉混合物 TG 曲线在 800 ℃ 近似是水平的，因此，采用 800 ℃ 以后的失重数据计算还原度的准确性是可以保证的。

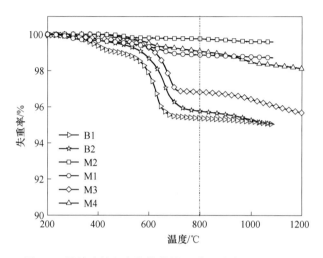

图 2-8　铁精矿粉空白焙烧曲线（升温速率 20 ℃/min）

6 种铁矿粉的碳热还原 TG-DSC-还原度曲线如图 2-9 所示，各个铁精矿粉的 TG、DSC、还原度曲线均不一样。根据斜率的变化程度，每个 TG 曲线可以分成两段或三段，分别对应于 $Fe_3O_4 \rightarrow FeO$、$FeO \rightarrow Fe$ 两个主反应。根据对应的还原度曲线可知，在 Fe_3O_4 未全部还原为 FeO 前已经有金属铁生成了。每一反应阶段均有 DSC 曲线的峰对应，而面积大小、对应温度不同。

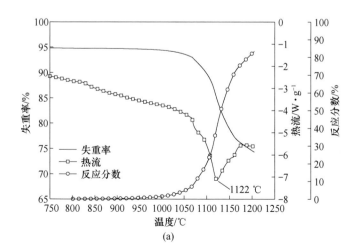

(a)

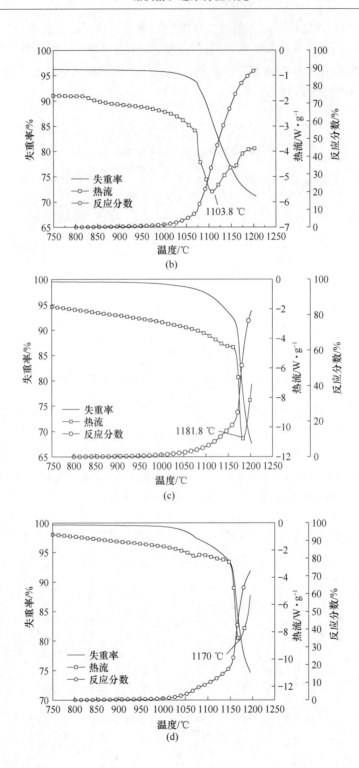

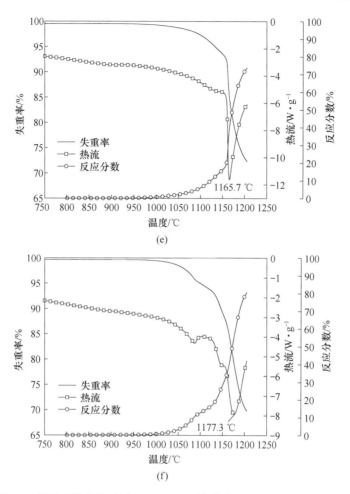

图 2-9 铁精矿粉碳热还原 TG-DSC-还原度曲线（升温速率 20 ℃/min）

(a) B1；(b) B2；(c) M1；(d) M2；(e) M3；(f) M4

根据铁精矿粉的化学成分对 TG 曲线进行分析，可以得出一些铁精矿粉碳热还原过程中涉及关键点的技术参数，如起始还原温度、最大还原速率温度、最大反应速率还原度、金属铁生成点温度、终点还原度，用以表征各铁精矿粉的碳热还原特性。其中，金属铁生成点温度是理论上根据失氧量计算的 Fe_3O_4 全部还原成 FeO，同时 MFe 开始形成的温度，但是实际过程中 MFe 可能提前生成，本研究中 MFe 生成温度是根据 DSC 曲线斜率突变点进行判定的。

升温速率为 20 ℃/min 时各铁精矿粉的起始还原温度如图 2-10 所示，B1 和 B2 两种硼铁精矿的起始还原温度最低，M2 和 M4 处于中间水平，M1 和 M3 的起始还原温度较高。铁矿石的还原特性取决于矿石的化学成分、矿物组成、微观结构等众多复杂因素。B1 和 B2 化学组成和矿物组成特殊、颗粒表面粗糙、微孔含量高，所含磁铁矿物还原性好，起始还原温度较低。M2 和 M4 颗粒表面略微粗糙，起始还原温度也相应较低，M1 和 M3 颗粒表面较为光滑，起始还原温度也处于本研究中的较高水平。

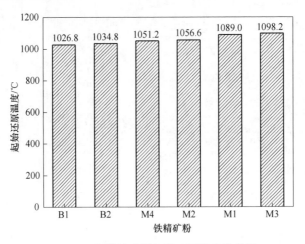

图 2-10　各铁精矿粉起始还原温度的差异

各铁精矿粉还原过程中最大还原速率所对应的温度如图 2-11 所示，试验结果为：B2<B1<M3<M2<M4<M1。理论上还原性好的铁精矿粉，起始还原温度低，最大还原速率温度也相应较低，但是本研究中这两个指标并不能较好地对应起来：B1 的起始还原温度低于 B2，但其达到最大还原速率所需的温度要高于 B2；M3 的起始还原温度在普通磁铁精矿中最高，但其最大还原速率温度在普通磁铁精矿中最低。总体上，2 种硼铁精矿的最大还原速率温度要低于 4 种普通磁铁精矿，这与起始还原温度的规律相一致。

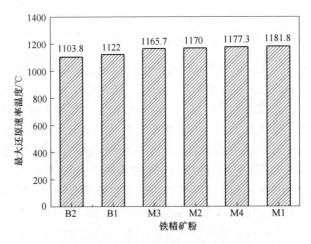

图 2-11　各铁精矿粉还原反应峰值温度

各铁精矿粉还原过程中金属铁生成时所对应的温度如图 2-12 所示，试验结果为：B1<B2<M4<M2<M3<M1，仍然是 2 种硼铁精矿的金属铁初始生成温度要低于 4 种普通磁铁精矿，且各矿种的排列顺序类似于起始还原温度的排序。不含碱性氧化物（CaO、MgO）、石英含量较高的普通磁铁精矿 M4 和 M2 的金属铁初始生成温度相比于硼铁精矿有所提高；含有碱性氧化物的普通磁铁精矿 M3 和 M1 的金属铁初始生成温度处于本研究中的最高水平。当在金属铁初始生成温度时，矿-石墨混合物的反应率均低于理论值。

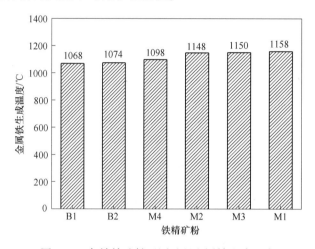

图 2-12 各铁精矿粉还原过程金属铁生成温度

终点还原度是对铁精矿粉还原性能进行评价的最直接指标，由于 M2 和石墨粉的混合物在 1194 ℃发生了熔化，因此采用 1190 ℃的还原度作为终点还原度表征各铁精矿粉的碳热还原性能。各铁精矿粉的终点还原度如图 2-13 所示，试

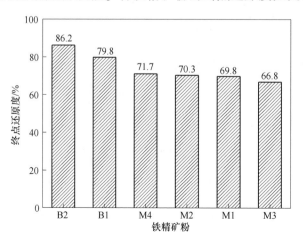

图 2-13 各铁精矿粉终点还原度（1190 ℃）

验结果为：B2>B1>M4>M2>M1>M3。2 种硼铁精矿的终点还原度高于 4 种普通磁铁精矿，且 B2 高于 B1；以石英为主要脉石相的 M4、M2、M1 的终点还原度处于中间水平；M3 含有较高的 CaO、MgO、TiO_2，铁氧化物结构致密，特别是 TiO_2 与磁铁矿结合后，铁矿物的还原性变差，正如所熟知的钒钛磁铁矿较难还原的事实。

2.2.3　还原产物结构分析

各铁精矿/石墨含碳球团于 1200 ℃还原 30 min 后所得金属化球团的微观结构如图 2-14 所示。结合各铁精矿的基础性能分析，可知反应条件（温度、时间、配碳量等）相同时，含碳球团还原后的结构与铁矿粉的品位、铁矿物颗粒的尺寸、脉石成分等有一定的关系：铁矿粉品位越高，金属铁颗粒的尺寸越大，如 B2 还原生成的金属铁颗粒的尺寸要大于 B1；还原过程中脉石和金属铁会发生聚集、彼此扩散，造成脉石包裹金属铁，如 M1、M3、M4 的还原结构；对于在原矿粉中被脉石包裹或者与其他氧化物共生的铁矿物或铁氧化物，可以部分被还原成金属铁（其余与脉石氧化物形成复杂矿物），但是由于反应条件的限制，如温度、时间等，这些金属铁颗粒并没有能够冲破脉石的阻力，从而未能与其他金属铁颗粒聚集、长大。此外，可以明显看出，硼铁精矿还原后的结构比其余 4 种普通磁铁精矿还原后的结构致密。

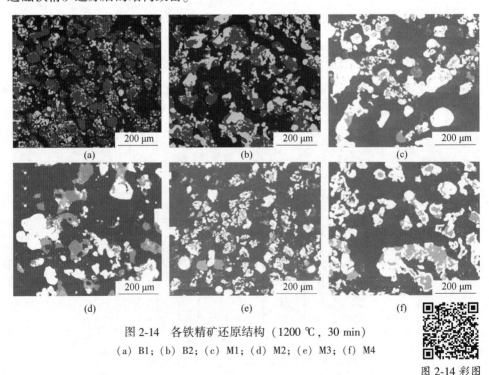

图 2-14　各铁精矿还原结构（1200 ℃，30 min）

(a) B1；(b) B2；(c) M1；(d) M2；(e) M3；(f) M4

图 2-14 彩图

参 考 文 献

[1] 姜奉华，徐德龙.碱矿渣水泥硬化体孔结构的分数维特征 [J].硅酸盐通报，2007，26
    （4）：830-833.

[2] 李艳军，韩跃新.硼铁矿选矿分离研究新进展 [J].金属矿山，2005（S2）：161-163.

[3] 郑学家.硼铁矿加工 [M].北京：化学工业出版社，2009.

3 硼铁精矿碳热还原行为及动力学

硼铁精矿含碳球团（简称"球团"）的煤基直接还原是本书所研究硼铁精矿综合利用新工艺过程中的重要环节，该新工艺立足于转底炉煤基直接还原工艺。因此，有必要围绕与转底炉直接还原密切相关的工艺参数进行基础研究，为硼铁精矿转底炉直接还原工艺的开发提供较为直接的参考。本章将系统研究焙烧温度、还原剂粒度、配碳量、还原剂种类以及成球条件对硼铁精矿含碳球团还原速率、碳素消耗及气体产物生成的影响。此外，还对还原过程中球团矿相结构演变和球团的收缩特性进行了研究。最后，进行了硼铁精矿含碳球团等温还原过程动力学研究，求取了还原反应的活化能，揭示了还原过程的速率控制环节和反应机理。

3.1 硼铁精矿碳热还原影响因素研究

3.1.1 试验方法与方案

试验所用原料为 B1 硼铁精矿，成分如表 2-1 所示，粒度如图 3-1 所示，该精矿是由硼铁矿原矿经细磨磁选后得到的，因此粒度较细，100% 在 0.1 mm 以下。

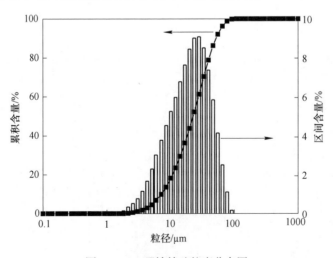

图 3-1　B1 硼铁精矿粒度分布图

所用还原剂为烟煤、无烟煤、兰炭和焦粉，各还原剂的工业分析和灰分分析如表 3-1 所示，灰熔融性分析如表 3-2 所示。各还原剂（-0.075 mm）与 CO_2 的气化反应性分析如图 3-2 所示（60 mL/min CO_2，10 ℃/min），从图中可以看出，焦粉的反应性最差，起始反应温度最高，1350 ℃终点时未反应彻底；烟煤的起始反应温度最低，无烟煤起始反应温度略有提高，无烟煤和烟煤在高温阶段的反应性能相近，最终在 1200 ℃左右反应完毕；兰炭的高温反应性能最好，在 1050 ℃左右就能反应完毕。

表 3-1 还原剂的工业分析和灰分分析（质量分数） （%）

还原剂	工 业 分 析				灰 分 分 析						
	CF_d	V_d	A_d	S	SiO_2	Al_2O_3	Fe_2O_3	CaO	MgO	K_2O	Na_2O
烟煤	74.84	12.57	12.59	0.21	45.24	23.35	9.54	6.56	1.92	3.28	1.55
无烟煤	81.40	6.40	12.20	0.34	46.10	32.16	9.51	4.26	0.65	0.62	1.22
兰炭	70.77	8.81	20.42	0.15	57.79	19.30	2.73	12.85	1.03	1.94	0.29
焦粉	86.20	1.64	12.16	0.69	49.70	31.63	6.44	4.49	0.80	0.63	1.13

表 3-2 还原剂灰熔融性分析 （℃）

还原剂	DT	ST	HT	FT
烟煤	1180	1250	1280	1340
无烟煤	1300	1320	1350	1380
兰炭	1200	1210	1220	1230
焦粉	1460	>1500	—	—

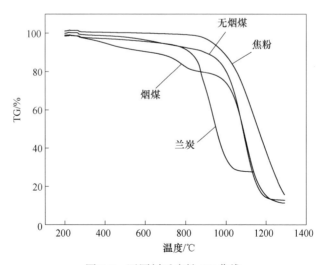

图 3-2 还原剂反应性 TG 曲线

　　将硼铁精矿、还原剂充分混匀，再配入适量的水分（7%）再次混匀，以保证混合料成分、水分的均一。取适量混合料（8 g）置于钢模中压制成一定尺寸、致密度的柱状团块用于还原试验。还原试验是在配有天平的竖式管炉中进行的，试验装置示意图如图 3-3 所示。

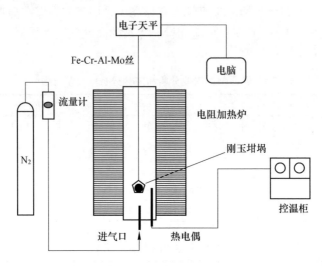

图 3-3　试验装置示意图

　　本试验主要是考察温度、配碳量、还原剂粒度、还原剂种类、球团尺寸、成型压力等因素对球团还原行为及球团性能的影响。还原度的计算公式如式（3-1）所示，本书规定，理论失重量包括铁氧化物中的含氧量、还原剂中的固定碳和挥发分以及铁矿石的烧损三项内容。各试验因素的水平（或内容）和试验条件如表 3-3 所示。

表 3-3　各试验因素水平（或内容）及试验条件

参　数	水平（或内容）	试　验　条　件
温度/℃	1000、1050、1100、1150、1200、1250、1300	无烟煤，-0.18 mm，C/O = 1.0，15 MPa，30 min，φ20 mm
配碳量（C/O）	0.8、0.9、1.0、1.1、1.2	无烟煤，-0.18 mm，15 MPa，1200 ℃，30 min，φ20 mm
还原剂粒度/mm	0.5~1.0、0.18~0.5、0.074~0.18、0~0.074	无烟煤，15 MPa，C/O = 1.0，1200 ℃，30 min，φ20 mm
还原剂种类	烟煤、无烟煤、兰炭、焦粉	-0.18 mm，15 MPa，C/O = 1.0，1200 ℃，30 min，φ20 mm
球团尺寸/mm	直径30、20、10	无烟煤，-0.18 mm，15 MPa，C/O = 1.0，1200 ℃，30 min

参　数	水平（或内容）	试　验　条　件
造球压力/MPa	10、15、20、25	无烟煤，−0.18 mm，C/O = 1.0，1200 ℃，30 min，φ20 mm

假设还原过程中气体产物均为 CO，金属化球团还原度的计算公式如下：

$$f = \frac{t \text{ 时刻失重量}}{\text{理论最大失重量}} = \frac{\Delta w_t}{w_O + w_C + w_v + w_{LOI}} \tag{3-1}$$

式中　　f——还原度；

　　　　Δw_t——从开始还原到某一时刻 t 球团失去的质量，g；

　　　　w_O——还原前生球中铁氧化物所含氧原子质量，g；

　　　　w_{LOI}——还原前生球中矿石的烧损量，g；

　　　　w_C——还原前生球中煤粉所含固定碳的质量，g；

　　　　w_v——还原前生球中煤粉所含挥发分的质量，g。

3.1.2　温度的影响

以无烟煤（小于0.074 mm）为还原剂，C/O = 1.0，用综合热分析仪考察了硼铁精矿/无烟煤混合物在不同温度下的重量和吸放热变化，结果如图 3-4 所示，各失重因素对失重的影响如表 3-4 所示，可以有助于分析还原过程的反应开始温度、反应阶段、反应程度等。根据 TG-DTG 曲线以及矿粉、煤粉的分解和反应特性，整个反应过程可以分成三个阶段：（1）矿石烧损和煤粉挥发分析出；（2）Fe_3O_4 被固定碳还原成 FeO；（3）FeO 被还原成金属铁。其中铁氧化物还原

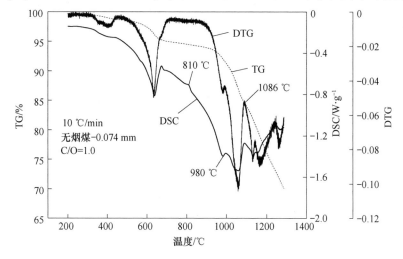

图 3-4　硼铁精矿/无烟煤混合物热分析曲线

表 3-4   各失重因素对还原过程球团失重的影响

反　应	失重率/%	占理论总失重的比例/%
矿石烧损	4.25	13.06
煤挥发分析出	0.92	2.83
$Fe_3O_4 + C = 3FeO + CO$	7.01	21.54
$FeO + C = Fe + CO$	20.37	62.58

过程不同阶段的温度范围是关注的重点，为此，在 TG-DSC 曲线上不同关键转变点的前后选取节点，将反应打断，对反应物进行 SEM-EDS、磁性检测，以判定物相组成，从而确定反应进程。本研究选取的节点温度为：780 ℃、850 ℃、950 ℃、1010 ℃、1086 ℃和 1150 ℃。

　　不同节点还原样品的微观结构如图 3-5 所示，从图中可以看出，1010 ℃以前样品结构基本不发生变化；1086 ℃时铁矿颗粒的边缘生成了一些细小的金属铁颗粒，尺寸小于 15 μm，此时为金属铁的大量形核阶段，还原速率较快，但是还原度较低；1150 ℃时，样品结构变得致密，金属铁颗粒明显长大，尺寸小于 25 μm。采用 EDS 对不同温度节点铁氧化物的组成（即 O/Fe 摩尔比）进行了分析，结果如图 3-6 所示。从图 3-6 中可以看出，随着温度增加，铁氧化物中的氧含量逐渐降低，从 780 ℃至 1010 ℃，样品磁性逐渐减弱，在 1010 ℃时，O/Fe

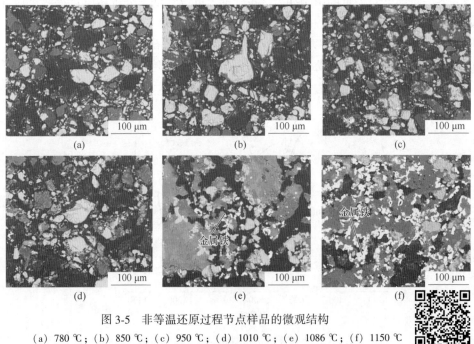

图 3-5   非等温还原过程节点样品的微观结构

(a) 780 ℃；(b) 850 ℃；(c) 950 ℃；(d) 1010 ℃；(e) 1086 ℃；(f) 1150 ℃

图 3-5 彩图

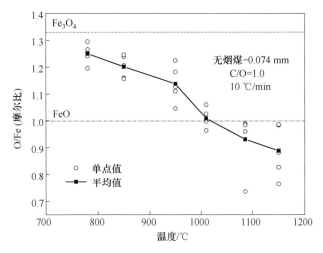

图 3-6 非等温还原过程节点铁氧化物成分变化

摩尔比接近 1.0，样品无磁性，此时磁铁矿（Fe_3O_4）全部还原为浮士体（FeO），该温度远高于由叉子曲线得出的理论温度，此后随着温度的提高，FeO 逐渐还原成金属铁（Fe）。综合分析 EDS、失重率和 DSC 曲线，从 810 ℃左右开始，磁铁矿逐步被还原为浮士体。

不同温度下硼铁精矿/无烟煤含碳球团的等温还原过程曲线如图 3-7 所示，可见温度对还原速率有显著影响。在低温阶段（≤1050 ℃），还原反应进行的速率较慢，30 min 时还原反应继续进行，尚未接近稳定状态，矿石烧损在失重中所占的比例较高，1000 ℃时，还原反应的主要产物是 FeO；当温度高于 1100 ℃时，

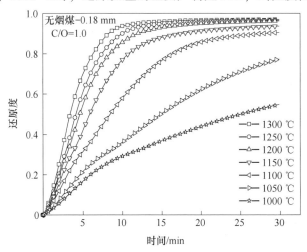

图 3-7 还原温度对硼铁精矿含碳球团还原的影响

还原反应速率明显加快，1200 ℃以上，继续提高温度则还原速率变化不大。1100 ℃时球团还原30 min后反应即接近稳定状态，温度越高，达到稳定状态所需的时间就越短，1300 ℃时，10 min左右即可达到稳定状态。30 min终点还原度随还原温度的增加有所提高，当温度达到1200 ℃以后，各温度下的终点还原度基本相同，为96%以上。综合考虑还原速率和终点还原度，硼铁精矿含碳球团的还原温度宜控制在1200 ℃以上。

　　不同温度还原终点球团的成分（30 min）如图3-8所示。还原时间相同，随着还原温度的提高，球团金属化率快速增加，1100 ℃时，球团金属化率达到90%，此后继续提高温度，金属化率增长缓慢。终点球团中的FeO含量随着还原温度的提高，先快速降低，1100 ℃以后缓慢降低，1000 ℃时，球团中的FeO含量高达37%，1100 ℃时为7.7%，1300 ℃时降低至3.7%。终点球团的残碳含量、碳素消耗率和碳素利用效率（即消耗单个碳原子所结合的氧原子数量）（30 min）如图3-9所示，随着温度的提高，球团中的残碳含量逐渐降低，生球中的初始碳含量为11.73%，1300 ℃还原终点球团的残碳含量降低至1.22%，此时碳素消耗率达92.88%。计算分析表明，温度越高，碳素利用效率越低，从1.28（1000 ℃）逐渐降低至1.04（1300 ℃），表明随着温度的升高，整个球团内总的还原反应逐渐向理论反应式（$Fe_xO + C = xFe + CO$）靠近，气体产物中CO的比例逐渐增加。

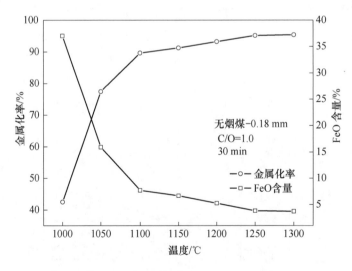

图 3-8　不同温度还原终点球团成分

　　根据球团还原前后的质量和成分可以分别计算出球团从开始还原至还原终点整个过程中含碳球团因还原产生的CO和CO_2的总量，从而获得气体产物的组成和产率，这些数据为转底炉直接还原工艺中二次风系统能力大小的设计有重要的

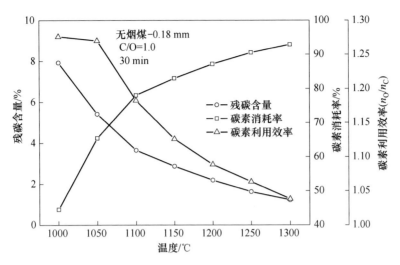

图 3-9 不同温度还原终点球团残碳含量、碳素消耗率及碳素利用效率

指导意义。不同温度下的计算结果如图 3-10 所示，从图中可以看出，随着温度的提高，单位质量的球团产生的气体总量逐渐增加；CO 的产率逐渐增加；CO_2 的产率以 1050 ℃为转折点，1050 ℃以前，随着温度的提高而增加，1050 ℃以后，随着温度的提高而降低；1000 ℃和 1050 ℃时，CO_2 与碳之间的溶损反应发生强度较低，产物气体中 CO 的含量维持在 72%左右，还原温度提高，溶损反应加剧，CO 的产率增加而 CO_2 的产率降低，导致 CO 的分压快速提高，1300 ℃时达到 96.2%。

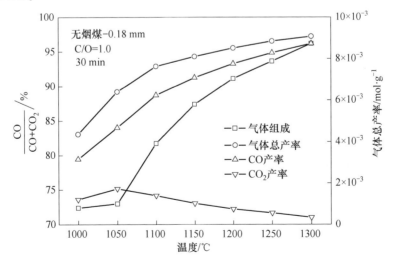

图 3-10 不同温度下球团还原过程产物气体组成及产率

金属化球团的还原度与金属化率之间的关系如图 3-11 所示，二者呈现较好的线性关系，关系式如式（3-2）所示。还原度是依据生球的成分和球团还原前后的质量计算得到的，是在实际中较易获得的数据，根据本书所得的还原度和金属化率的关系式可以快捷地计算出球团的金属化率。

$$f = 0.18868 + 0.0081\eta \qquad\qquad (3-2)$$

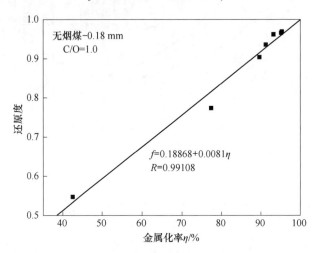

图 3-11　球团还原度与金属化率的关系

3.1.3　还原剂粒度的影响

以无烟煤为还原剂，考察了还原剂粒度对硼铁精矿还原行为的影响，还原温度为 1200 ℃，时间为 30 min，结果如图 3-12 所示。从图中可以看出，还原剂粒度对还原速率和终点还原度有重要影响，粒度越细，还原速率越快：煤粉粒度小于 0.074 mm 时，12 min 左右球团还原度就达到一个稳定数值，不再变化，即达到还原终点；煤粉粒度为 0.074~0.18 mm 时，球团在 30 min 左右达到还原终点；煤粉粒度为 0.18~0.5 mm 和 0.5~1.0 mm 时，球团均未在 30 min 内达到还原终点，且还原度较低。试验结束后发现，还原度偏低的两组球团的表面都出现了一定的熔化现象，这可能是铁矿物未能还原充分，大部分以 FeO 形式存在，降低了渣相熔点的缘故。试验结果表明，适宜的还原剂粒度应该在 0.18 mm 以下。

从还原度曲线可以看出，还原过程的前 2.5 min 各个煤粉粒度的球团的还原度曲线基本重合，此时球团刚刚入炉，正处于传热和温度均匀化阶段，失重主要来源于矿石烧损和煤粉挥发分的快速析出，而各个球团中矿粉和煤粉的配比是一样的，所以失重率相近。由于本书将矿石烧损和煤粉挥发分均计入理论失重量的计算，因此，前期各还原度曲线是重合的。随着球团温度的进一步提高，铁氧化物开始被煤粉还原，煤粉粒度对还原的影响便逐渐显现出来。

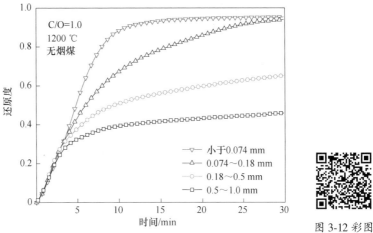

图 3-12 彩图

图 3-12 还原剂粒度对硼铁精矿含碳球团还原的影响

配加不同粒度无烟煤时（C/O=1.0）各温度下终点还原球团的结构如图 3-13 所示，从图中可以明显看出，还原剂粒度对金属化球团的结构有重要影响，并与球

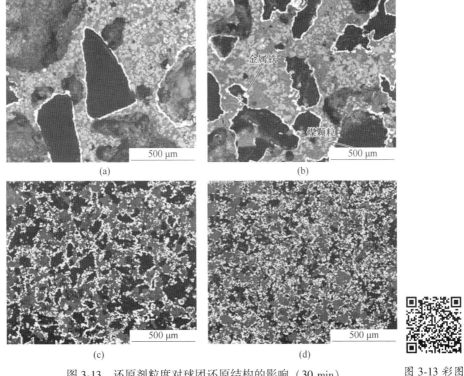

图 3-13 还原剂粒度对球团还原结构的影响（30 min）

（a）0.5~1.0 mm；（b）0.18~0.5 mm；（c）0.074~0.18 mm；（d）小于 0.074 mm

团还原度的高低形成较好的对应关系。配加 0.5~1.0 mm 和 0.18~0.5 mm 煤粉的还原球团，生成的金属铁主要围绕在煤颗粒的边缘，煤颗粒以外还存在较多的浮士体颗粒；煤粉粒度越细，相同配比时煤粉与矿粉间接触的总表面越大，碳颗粒到铁氧化物颗粒间的扩散距离缩短，所以产生金属铁越多，还原度越高。因此，配加 0.074~0.18 mm 和小于 0.074 mm 煤粉的还原球团的结构与配加粗煤粉的球团相比发生了明显的变化，金属铁大量形成，金属铁颗粒较细。

煤粉粒度对还原进程的影响可以从两个方面来考虑：（1）球温较低阶段，CO 分压较低，还原反应主要靠铁氧化物与煤粉颗粒的直接接触进行，煤粉粒度越细，接触面积越大，还原速率越快；（2）球温接近炉温阶段，CO 分压较高，铁氧化物与煤粉颗粒之间已经被固相还原生成的金属铁所隔离，还原反应主要靠煤粉气化生成的 CO 扩散到铁氧化物界面进行，煤粉粒度越细，气化速率越快，CO 分压越高，还原速率也越快，金属铁形核并不局限于碳颗粒的边缘。

3.1.4　配碳量的影响

还原温度为 1200 ℃，时间 30 min，配碳（无烟煤、-0.18 mm）量（C/O）对硼铁精矿含碳球团还原行为的影响如图 3-14 所示。从图中可以明显看出：当 C/O 从 0.8 增加到 0.9 时，还原终点球团的金属化率快速从 87.7% 增加到 93.1%，与之相对应，FeO 含量从 9.8% 降低到 5.4%；继续增加配碳量，金属化率则缓慢增加，当 C/O 从 0.9 增加到 1.2 时，金属化率仅增加了约 1.9 个百分点，FeO 含量的变化也很缓慢，表明配碳量的影响程度已经较低。根据上述试验结果可以得出，本研究中适宜的配碳量（C/O）为 0.9~1.0。

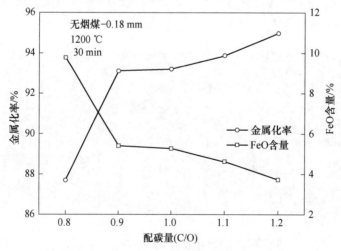

图 3-14　配碳量对还原终点球团成分的影响

配碳量对还原终点球团残碳含量及碳素消耗率的影响如图 3-15 所示，C/O =
0.8 时，96% 以上的碳被消耗，球团中的残碳含量仅为 0.47%，随着配碳量的增
加，球团中的残碳含量逐渐增加，C/O = 1.2 时，球团中的残碳量达 4.95%。配
碳量过高，会造成碳素过剩，配碳量过低，则还原不充分。在较佳配碳量区间内
（C/O 为 0.9~1.0），残碳含量为 1.3%~2.2%，具体数值可根据后续工序（如高
温熔分）的需求而定。

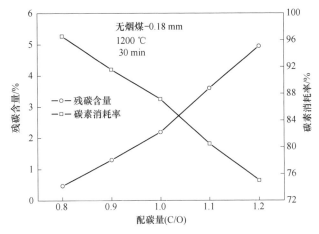

图 3-15　配碳量对还原终点球团残碳含量及碳素消耗率的影响

配碳量对还原过程产物气体组成及总产率的影响如图 3-16 所示，从图中可
以看出，随着配碳量的增加，气体总产率逐渐增加，C/O 超过 1.0 以后，则基本
不再变化；CO 产率的变化趋势与气体总产率相同，先较快增加，后逐渐变得平
缓；CO_2 产率则逐渐降低，C/O = 1.0 以前变化较明显，以后则基本不变。产物
气体中 CO 的分压逐渐增加，C/O = 1.0 以前增加较明显，以后则增加缓慢。

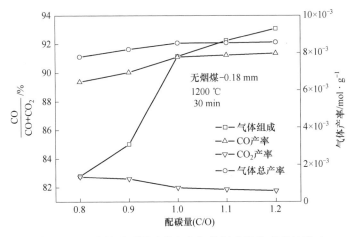

图 3-16　配碳量对还原过程产物气体组成及总产率的影响

3.1.5　还原剂种类的影响

硼铁精矿和不同还原剂混合物的热分析曲线如图 3-17 所示，从图中可以看出，配加不同还原剂的混合物，其起始还原温度、不同还原阶段的反应速率以及最终的失重率均不相同：烟煤的挥发分含量高且反应性好，所以含烟煤混合物的起始还原温度最低，最终失重率也最大，但是在还原中后期反应速率并不大；焦粉的反应性差，含焦粉混合物的起始还原温度最高，最终失重率也最小，后期还原速率也最小；含无烟煤混合物前期反应速率一般，在 1100 ℃左右反应速率明显变慢，后期反应速率较快；含兰炭混合物的起始反应温度低于含无烟煤、含焦粉的，但高于含烟煤的，反应开始后前期还原速率较快，甚至快于含烟煤混合物，但是在 1090 ℃以后还原速率开始变慢。根据 DSC 曲线可知，含烟煤混合物和含兰炭混合物在还原过程中 FeO→Fe 的转变不明显，而含焦粉混合物的这一转变过程十分明显，含无烟煤混合物则处于中间水平。可能的原因在于，配加烟煤

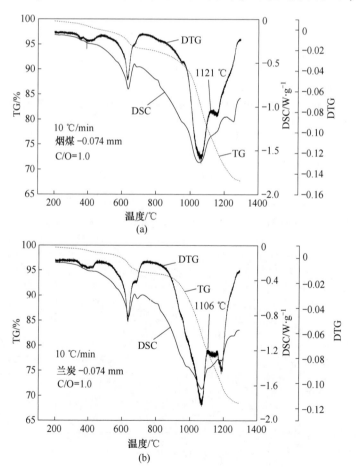

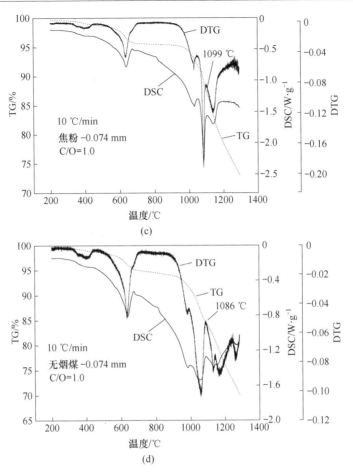

图 3-17 硼铁精矿和不同还原剂混合物热分析曲线

(a) 烟煤；(b) 兰炭；(c) 焦粉；(d) 无烟煤

和兰炭的矿碳混合物的金属铁生成温度偏低，$Fe_3O_4 \rightarrow FeO$ 和 $FeO \rightarrow Fe$ 两个反应混合进行的比例较大，所以当磁铁矿全部还原为浮士体并开始向生成金属铁的反应转变时样品的热流量变化不明显。

将 4 种还原剂与硼铁精矿按照 C/O = 1.0 进行配料，于 1000 ℃、1200 ℃下进行还原试验，考察不同种类还原剂球团的等温还原行为，试验结果如图 3-18 所示。从图中可以看出，低温下，球团的金属化率逐渐增加（即兰炭球团>烟煤球团>无烟煤球团>焦粉球团），其中配加兰炭球团的金属化率显著提高，该结果主要与还原剂的反应有关，兰炭的反应性在 4 种碳质还原剂中最好；高温下，还原后各球团的金属化率均在 94%左右，相差不大。综上可知，兰炭可以作为含碳球团优良的还原剂，在较低温度下能获得较高的金属化率，若用于硼铁精矿直接还原要尽量降低灰分以防止对富硼渣的贫化。

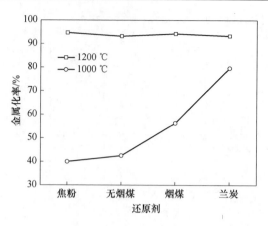

图 3-18　还原剂种类对终点球团金属化率的影响

(C/O=1.0, 30 min)

3.1.6　成型压力及球团尺寸的影响

在压球过程中发现，当成型压力超过 10 MPa 后，矿煤混合料不再随着成型压力的增加而明显压缩，继续增加压力，粉体颗粒在彼此接触的位点会发生强烈的机械挤压碰撞，导致颗粒表面破损，增加了颗粒之间的咬合程度。同时，球团内部组织结构更致密，球团的宏观孔隙减小，使得分子之间的结合力增大。成型压力主要影响生球的强度，但是也改变了球团内粉体颗粒的自身特性及彼此之间的相互关系。成型压力对硼铁精矿含碳球团还原行为的影响如图 3-19 所示，可见成型压力对球团还原行为影响不明显，总趋势是随着成型压力的增加，还原速率略有提高。

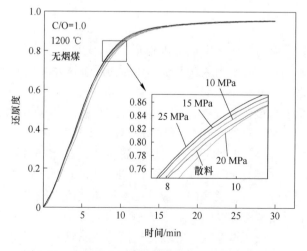

图 3-19 彩图

图 3-19　成型压力对硼铁精矿含碳球团还原的影响

生球的尺寸和形状是造球工艺的重要参数，同时对转底炉内球团的还原过程（如传热）有重要影响。本书考察了球团尺寸对其还原过程的影响，结果如图 3-20 所示。从图中可以看出，对于 3 种尺寸的球团，还原速率随着尺寸增加而降低，尺寸越大，还原速率降低的幅度越大，直径为 30 mm 球团的还原速率最低，直径为 10 mm 球团的还原速率最快，当还原时间超过 20 min 以后，不同尺寸球团的终点还原度逐渐趋同。受转底炉传热效率和供热能力的限制，为了保证球团能够还原充分，球团尺寸不宜过大。

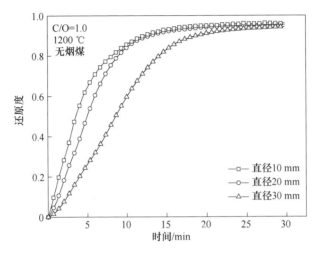

图 3-20　球团尺寸对硼铁精矿含碳球团还原的影响

3.2　硼铁精矿碳热还原过程分析

3.2.1　还原过程气体产物逸出特性

采用在线红外气体分析仪（GXH3011N）对硼铁精矿含碳球团还原过程尾气中的 CO、CO_2 含量进行了测定，以辅助还原过程的分析。以无烟煤为还原剂，配碳量为 C/O = 1.0，球团用量为 32 g，保护气体为 N_2，N_2 流量为 2 L/min。以 5 ℃/min 的速率升温过程中，还原气体产物的逸出变化规律如图 3-21 所示，从图中可以看出，温度对气体产物的生成行为有明显影响，总体上看，在较大的温度范围内 CO 的生成量要明显高于 CO_2。930 ℃ 以前，CO_2 的浓度要明显高于 CO，且 CO_2 浓度在 917 ℃ 达到峰值，该阶段是还原反应的起始阶段，对应的主要反应为：固体碳与空气中氧的不完全燃烧（$2C + O_2 = 2CO$）、固体碳还原 Fe_3O_4（$Fe_3O_4 + C = CO + 3FeO$）、CO 还原 Fe_3O_4（$Fe_3O_4 + CO = CO_2 + 3FeO$），且进入气相中的主要气体产物是 CO_2。930 ℃ 以后，随着温度增加，CO_2 浓度下降，然后又快速增加，于 1082 ℃ 形成第二个峰值浓度，此时 CO_2 含量达到还原过程中的最高值，为 20.5%；CO 浓度也迅速增加，在 1157 ℃ 达到峰值，为 70%，并始终高于 CO_2，该阶段对应的主要反应为：CO 还原 FeO（FeO + CO ══ Fe + CO_2）、碳气化反应（C + CO_2 ══ 2CO），且进入气相中的主要气体产物是 CO。

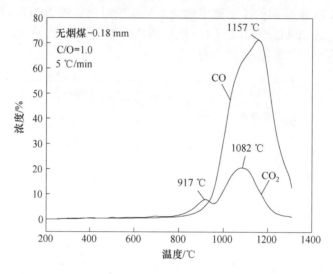

图 3-21　硼铁精矿含碳球团非等温还原过程气体产物逸出规律

硼铁精矿含碳球团等温还原过程气体产物的逸出变化规律如图 3-22 所示，从图中可以看出，气体产物中 CO、CO_2 的浓度和生成速率随温度的不同而不同：900 ℃时，35 min 以前 CO 的浓度要低于 CO_2 的浓度；1000 ℃时 CO、CO_2 的浓

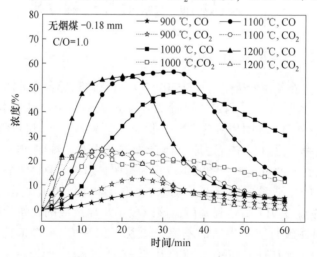

图 3-22　硼铁精矿含碳球团等温还原过程气体产物逸出规律

度和生成速率明显增加，1100 ℃和1200 ℃时，CO浓度存在一个恒定区间，且恒定区间内两个温度下的CO浓度数值相近，但是1200 ℃时的CO浓度区间范围要小于1100 ℃；900 ℃时CO_2浓度较低，1000 ℃以上CO_2浓度升高，且CO_2的峰值浓度均比较相近，温度越高，峰值出现得越早。在还原前期，CO_2浓度随着温度的增加而增加，在还原后期，CO_2浓度随着温度的增加而降低。

3.2.2 还原过程物相演变

以无烟煤（-0.18 mm）为还原剂，C/O = 1.0，分别对1000 ℃、1050 ℃、1100 ℃、1150 ℃、1200 ℃、1250 ℃、1300 ℃还原30 min时所得的球团进行XRD物相分析，部分结果如图3-23所示，从图中可以看出：1000 ℃时即有少量金属铁（α-Fe）生成，同时还有浮士体（FeO）以及富含FeO的橄榄石[$(Mg, Fe)_2SiO_4$]；1050 ℃时，金属铁的衍射峰明显增强，浮士体和橄榄石的衍射峰相应减弱，橄榄石的化学式为$(Mg_{1.2}, Fe_{0.8})SiO_4$，与1000 ℃时相比，FeO的含量降低；1100 ℃时，金属铁的衍射峰持续增强，浮士体的衍射峰消失，橄榄石[$(Mg_{1.626}, Fe_{0.374})SiO_4$]的衍射峰变化不大，橄榄石中的FeO含量继续降低；1150 ℃时的衍射图谱与1100 ℃时的基本相同，橄榄石[$(Mg_{1.8}, Fe_{0.2})SiO_4$]中

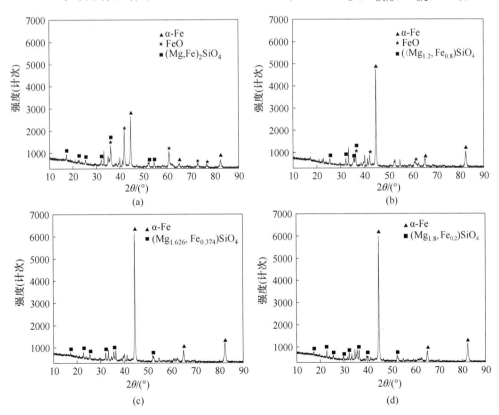

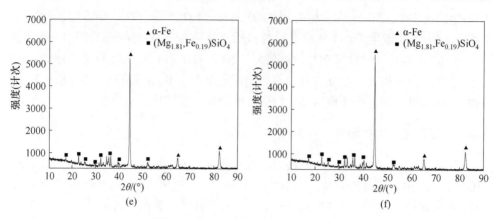

图 3-23　不同温度下还原终点球团的 XRD 图谱（30 min）
(a) 1000 ℃；(b) 1050 ℃；(c) 1100 ℃；
(d) 1150 ℃；(e) 1200 ℃；(f) 1250 ℃

的 FeO 含量继续降低；1200 ℃以上时，各衍射图谱彼此基本相同，且金属铁的衍射峰强度低于 1150 ℃、1100 ℃时的数值，橄榄石 $[(Mg_{1.81}, Fe_{0.19})SiO_4]$ 的衍射峰有所减弱，FeO 含量稍有降低，并随着温度增加保持稳定。

　　进一步采用 EDS 对橄榄石的化学成分进行微区分析，发现随着温度的增加，橄榄石中的 FeO 含量呈逐渐降低的趋势，并在 1200 ℃以上保持稳定，该分析结果与 XRD 分析结果在整体规律上是一致的，但是二者所得的 Fe/Mg（摩尔比）的数值存在一定的偏差。

　　不同温度下还原终点球团内金属铁颗粒及连晶的形貌如图 3-24 所示，1000 ℃时，铁氧化物颗粒边缘生成了细小的金属铁颗粒，金属铁形貌不规则，保持着原始铁氧化物颗粒的形貌，单个颗粒的尺寸小于 16.5 μm，部分金属铁分布在残碳颗粒边缘，部分则距离较远，金属铁并未向碳颗粒边缘聚集，表明铁氧化物的还原一定程度上是借助气体还原剂实现的，还原反应为典型的局部化学反应，并遵循未反应核模型；1050 ℃时，由于还原度增加，金属铁颗粒数量增加，但形貌仍不规则，颗粒的尺寸也有所增加，单个颗粒的尺寸小于 19 μm，铁氧化物颗粒外层金属铁层逐渐增厚，仍呈现未反应核模型特性，部分金属铁颗粒间发生接触；1100 ℃时，金属铁颗粒的数量和尺寸继续增加，出现了金属铁颗粒聚集的现象，但其形貌仍不规则；1150 ℃和 1200 ℃时，由于 CO 的扩散，还原反应推进到铁矿颗粒的内部，同时，金属铁颗粒的数量、尺寸、聚集程度明显增加，单个颗粒的形状接近球形；1250 ℃及以上，金属铁颗粒的尺寸变化不大，但是彼此连接呈网状，温度越高，网状结构越发达，结构明显变得更加致密。尽管 1100 ℃以后球团金属化率增加缓慢，但是球团结构却发生了显著的变化，球团逐渐致密化，金属铁颗粒由单颗粒逐渐长大、连接，并最终发展成为网络状。

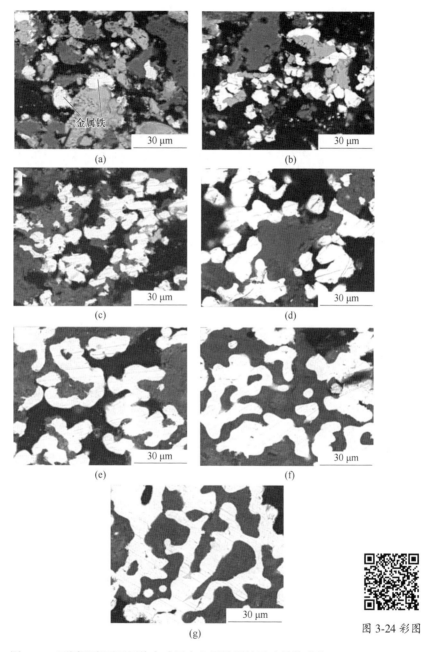

图 3-24 不同温度下还原终点球团内金属铁颗粒及连晶的形貌 （30 min）
(a) 1000 ℃；(b) 1050 ℃；(c) 1100 ℃；(d) 1150 ℃；(e) 1200 ℃；(f) 1250 ℃；(g) 1300 ℃

图 3-24 彩图

综合上述试验结果可知，从铁氧化物还原生成金属铁到金属铁长大的整个过程可以分成三个阶段：化学反应阶段、形核阶段和晶粒长大阶段。

（1）在化学反应阶段，矿粉表面的铁氧化物被 C 和 CO 还原成 Fe 或 FeO，当表面的铁氧化物被全部还原后，由于 CO 比固体 C 有更好传质扩散性能，所以，矿粉内部的铁氧化物也会被 CO 还原，此时的反应类型为间接还原。

（2）在形核阶段，主要是金属铁核心的形成。由于铁氧化物在铁矿颗粒中呈非均匀分布，所以初始生成的金属铁在铁矿颗粒的表面也是非均相的，从而降低了形核能垒。一些金属铁原子聚集成原子团簇，随着还原的进行，更多的金属铁原子生成，基于最小自由能原理，新生成的金属铁原子会扩散进入金属铁原子团簇，从而形成少量的金属铁颗粒，这些金属铁颗粒即是连晶形核长大的核心。

（3）在晶体长大阶段，金属铁颗粒的快速长大主要受两种驱动力的作用：1）Ostwald 熟化理论，即尺寸小的颗粒有较高的溶质浓度，所以不同尺寸的颗粒间存在着浓度梯度，继而发生定向扩散；2）最小表面自由能原理，即尺寸越大的颗粒表面自由能越低，而表面自由能降低的反应是自发进行的，所以表面自由能大的小颗粒会聚集成大颗粒或向大颗粒表面扩散。最终结果是，小的金属铁颗粒尺寸会减小以致消失，大的金属铁颗粒会重新聚集和长大。

采用 EPMA 对金属铁的成分进行了分析，发现金属铁中含有微量的 B、Mg、Si、Mn、S 等，以及一定量的 C，但限于检测精度和反应的不均匀性，C 以外的微量元素呈现无规律的变化，不能得到确定的结论。不同温度下还原终点球团内金属铁中的碳含量如图 3-25 所示。1000 ℃时由于金属含量低、金属铁的尺寸小、样品导电性差，检测时容易发生漂移，不能得到稳定、准确的结论。1050 ℃时，金属铁中的碳含量平均约为 0.97%，温度增加至 1100 ℃时，平均碳含量提高至 2.34%，提高温度至 1150 ℃时，金属铁中的碳含量反而明显降低，平均约为 0.85%，继续提高还原温度，碳含量逐渐增加，1200 ℃、1250 ℃和 1300 ℃时的

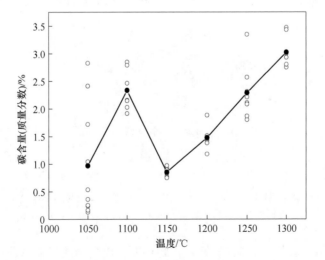

图 3-25　不同温度下还原终点球团内金属铁中的碳含量（30 min）

平均碳含量分别约为1.48%、2.45%和2.97%。含碳球团还原过程中金属铁的渗碳反应包括通过CO进行的间接渗碳和通过固体C进行的直接渗碳，并以直接渗碳反应为主。理论上随着温度的增加，渗碳量增加，但是1150℃时金属铁中碳含量降低，可能的原因在于1150℃时球团内还原反应快速发生，金属铁中的渗碳参与了铁氧化物的还原，且固体碳对金属铁的渗碳速率小于金属铁中碳的消耗速率，导致碳含量降低。进一步提高温度后，球团还原速率变化不大，且还原反应已达到终点，但是金属铁的直接渗碳速率明显增加并持续进行，导致金属铁中的碳含量逐渐增加。

不同温度下还原终点球团内残碳颗粒的形貌如图3-26所示。1000℃时，球团还原度较低，体积收缩小，残碳颗粒与铁矿颗粒呈松散的机械混合状态，碳与铁矿接触的位置生成了尺寸微小的金属铁核心；1050℃和1100℃时，尽管还原消耗了一定量的碳，但是伴随着球团自身的收缩，导致残碳颗粒与铁矿颗粒之间的孔隙变化不大；1200℃以后，残碳颗粒尺寸明显减小，残碳周围孔隙增加，

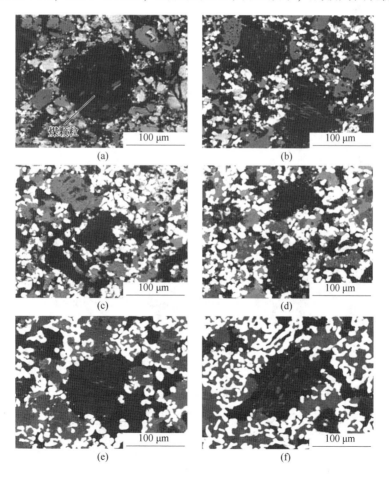

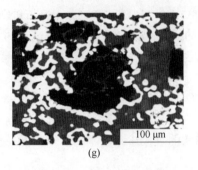

图 3-26 彩图

(g)

图 3-26   不同温度下还原终点球团内残碳颗粒形貌（30 min）

(a) 1000 ℃；(b) 1050 ℃；(c) 1100 ℃；(d) 1150 ℃；(e) 1200 ℃；(f) 1250 ℃；(g) 1300 ℃

温度越高孔隙越大。各温度的球团内残碳颗粒中均有一定量的渣相形成，经 EDS 分析表明，主要成分（质量分数）为：Na 3.07%、Al 27.56%、Si 24.35%、K 6.37%、Fe 1.37%、O 37.28%，即来自煤粉中的灰分。

不同温度下还原终点球团渣相的形貌及结构如图 3-27 所示，从图中可以看

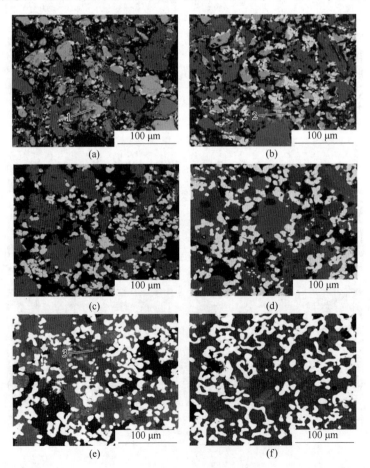

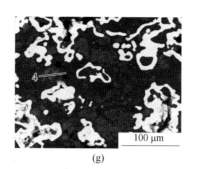

(g)

图 3-27 彩图

图 3-27　不同温度下还原终点球团渣相的形貌及结构（30 min）

（a）1000 ℃；（b）1050 ℃；（c）1100 ℃；（d）1150 ℃；（e）1200 ℃；（f）1250 ℃；（g）1300 ℃

出，低温时（1000 ℃、1050 ℃），脉石颗粒仍然保持着原始形貌和状态，但脉石中的铁氧化物已经被部分还原，结合 XRD 分析可知，此时球团中仍存在一定量的浮士体（FeO），如图 3-27 中相 1 和相 2，随着温度的提高，浮士体的尺寸变小，采用 EPMA 对浮士体的成分进行分析，结果如表 3-5 所示，浮士体主要成分为 FeO 和 MgO，还有少量的 B_2O_3 和 MnO。浮士体中的 MgO 一部分来自磁铁矿自身，但比例较低，主要来自还原焙烧过程固溶进入的 MgO，B_2O_3 和 MnO 则主要通过固溶进入。随着还原温度的升高，浮士体中的 MgO、MnO 含量有所增加。随着还原温度的增加，脉石氧化物组元彼此扩散，同时脉石颗粒间发生烧结，1150 ℃时脉石相中的富硼相开始聚集，并与富硅相分开，1200 ℃时，富硼相与富硅相分离得更加清晰，富硼相呈典型的板条状结构，与遂安石形貌相似，成分主要是 MgO 和 B_2O_3，二者物质的量的比为 $1.55[n(\text{MgO})/n(B_2O_3)]$；进一步提高温度至 1250 ℃以上，脉石组元之间扩散更加充分，富硅相开始分解，富硼相侵入富硅相中，并溶解、吸收了部分 SiO_2、CaO、Al_2O_3、MnO 等，成为渣相熔化的先导。

表 3-5　EPMA 微区成分分析（质量分数）　　　　　　（%）

位置	B_2O_3	MgO	SiO_2	Al_2O_3	FeO	MnO
1	1.867	9.171	0.002	0.093	86.838	0.545
2	2.755	15.424	0	0.257	70.282	0.713
3	55.214	49.217	0.032	0.010	0.817	0.374
4	54.263	35.923	10.245	6.030	1.647	1.116

进一步对渣相进行了面分布分析（EDS-Mapping），结果如图 3-28 所示，从图中可以看出，镁元素占据图片中的绝大部分，值得注意的是，硅元素的迁移过程，特别是到 1250 ℃时硅元素发生了明显的分解和扩散过程，表明脉石相进一步均匀化。对 1000~1300 ℃所有样品中的富硅相（即橄榄石）进行 EPMA 成分

分析，发现随着还原温度的增加，富硅相中的 FeO 含量逐渐降低。

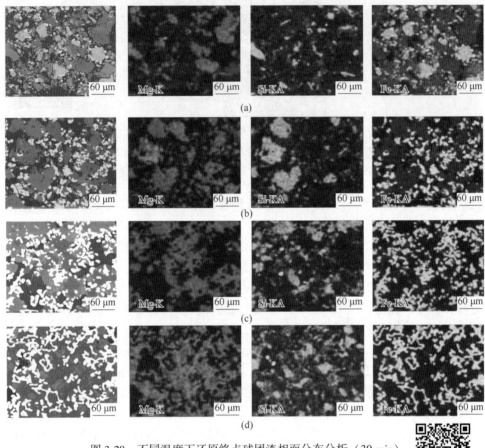

图 3-28　不同温度下还原终点球团渣相面分布分析（30 min）

(a) 1000 ℃；(b) 1100 ℃；(c) 1200 ℃；(d) 1250 ℃

图 3-28 彩图

3.2.3　还原过程球团的收缩特性

转底炉煤基直接还原工艺以含碳球团为原料，球状的含碳球团被布在炉底上。但是，当球团的层数较多时，底层球团的传热就会受到影响，还原不充分，从而限制了转底炉的生产效率。研究发现，球团在还原过程中的收缩可以极大增加外部热量向底层球团的传输，例如，当顶层球团的体积收缩 30% 时，外部热量向第二层球团的传递效率增加近 6 倍[1]。

球团在还原过程中的体积收缩主要是由如下因素造成的：（1）矿石的烧损和还原剂挥发分的挥发，这两类反应的起始温度较低，主要发生在 1000 ℃ 以下；（2）铁氧化物快速还原造成的 C、O 元素的快速逸出和金属铁、脉石的烧结、连晶反应；（3）液态渣相的形成，促进了传质，加速了烧结、连晶反应，同时，由于毛细力的作用减少了固相的孔隙度[1]。

本研究以 B1 硼铁精矿和无烟煤（-0.18 mm）为原料，配碳量为 C/O = 1.0，考察了不同温度下球团体积收缩率随还原时间的变化，试验结果如图 3-29 所示，从图中可以看出，温度对球团收缩有显著影响，温度越高，球团收缩率越大。1000 ℃时，球团的收缩率数值很小，主要原因在于该温度下球团的还原度很低，当温度高于 1100 ℃时，球团收缩开始变得比较明显，主要是此温度以上，球团还原速率加快，球团中的碳和氧快速脱离球团；1250 ℃以上，球团的体积收缩程度已经很大，升高温度对球团体积的影响将不再明显，所以 1250 ℃和 1300 ℃时球团的收缩行为基本相同。各温度下，10 min 之前球团体积收缩速率较快，之后在很长的时间范围内收缩率以缓慢的速度逐渐增加。Halder 和 Fruehan 研究发现，1150 ℃还原 30 min 时，不同种类赤铁矿（分析纯 Fe_2O_3、铁燧岩、赤铁矿尾矿）和还原剂（煤、木炭）组成的含碳球团的体积收缩率为 15% ~ 55%，且收缩过程基本达到稳定状态[1]。

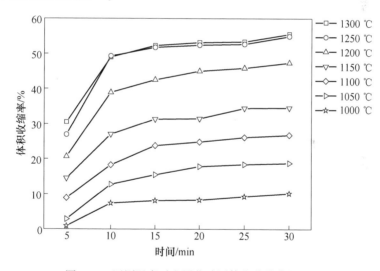

图 3-29 还原温度对金属化球团体积收缩率的影响

球团密度随温度、时间的变化如图 3-30 所示。生球的平均密度为 2.27 g/cm³，在 1150 ℃以下，还原球团的密度均低于生球的密度；1150 ℃时，还原前期，还原球团的密度低于生球的密度，随着还原反应的快速进行，球团体积收缩，密度逐渐增加，还原后期，还原球团的密度则大于生球；在 1200 ℃以上，还原 5 min 时，还原球团的密度即超过生球，并随着还原反应的进行，球团密度快速增加，10 min 以后逐渐趋于缓慢，1300 ℃时球团的体积变化与 1250 ℃时相近，但是由于高温下球团反应快，过多的碳被消耗生成气体逸出球团，导致球团密度反而降低。

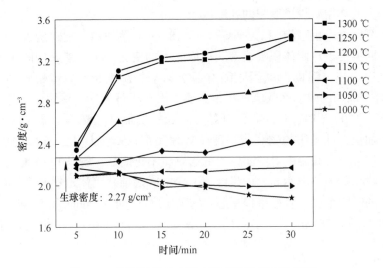

图 3-30　还原温度对金属化球团表观密度的影响

McAdam 等人[2]给出了铁精矿/煤复合球状球团线性收缩率随温度和时间的变化公式：

$$Sh = (r_0 - r)/r_0 = k_0 t^{2/5} \exp[-E/(RT)] = k t^{2/5} \tag{3-3}$$

式中　r_0——初始球团半径，m；

　　　r——t 时刻还原球团的半径，m；

　　　k——收缩速率常数；

　　　k_0——频率因子；

　　　t——还原时间，s；

　　　T——还原温度，K；

　　　E——体积收缩活化能，kJ/mol；

　　　R——理想气体状态常数，8.314 J/(mol·K)。

根据式（3-3）和 Arrhenius 方程可以得到收缩速率常数和体积收缩活化能的线性方程，分别如式（3-4）和式（3-5）所示，通过将不同温度下的几组 $\ln Sh$ 和 $\ln t$ 进行线性拟合，求得截距，即为 $\ln k$。再通过 $\ln k$ 与 $1/T$ 的线性拟合，求得斜率，最终计算得到体积收缩活化能的数值。

$$\ln Sh = \ln k + 2/5 \ln t \tag{3-4}$$

$$\ln k = \ln k_0 - E/(RT) \tag{3-5}$$

本试验所用球团为圆柱状，由于含碳球团还原过程中的体积为均匀收缩，因此可以将生球和金属化球团折合成等体积的球体，计算得到球团的类球体当量半径，进而计算得到球团的线性收缩率。由于一定温度下，随着时间的延长，球团体积变化不再明显，因此本书选用还原时间为 5~20 min 时的数据。$\ln Sh$ 与 $\ln t$ 的线性拟合曲线如图 3-31 所示，从图中可以看出，随着温度的增加和时间的增加，收缩速率常数相应增加，但是 1000 ℃和 1050 ℃时的个别数据点与同温度的其他点偏离线性较大，可能原因在于此时温度较低，球团的还原较低，金属化球团收缩尚不稳定。因此，仅计算了 1100 ℃、1150 ℃、1200 ℃和 1250 ℃时 $\ln k$ 的数值，结果如表 3-6 所示。$\ln k$ 与 $1/T$ 的线性拟合结果如图 3-32 所示，数据间的线性度较高，求得活化能的数值为 276.0 kJ/mol，频率因子 k_0 的数值为 13124614.6 $s^{5/2}$。基于此，可以获得硼铁精矿含碳球团在还原过程中的体积变化计算公式，如式（3-6）所示。

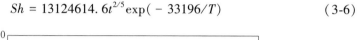

$$Sh = 13124614.6t^{2/5}\exp(-33196/T) \tag{3-6}$$

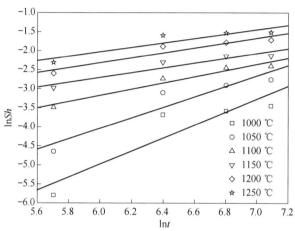

图 3-31 $\ln Sh$ 与 $\ln t$ 的线性拟合曲线

表 3-6 $\ln k$ 数值计算结果

温度/℃	1100	1150	1200	1250
$\ln k$	-8.06	-6.49	-6.20	-5.53

在相同的原料条件下，考察了以一定速率升温时球团体积收缩的规律，升温速率控制为 10 ℃/min，试验结果如图 3-33 所示。同时，对不同温度点的球团进行了 XRD 物相分析，结果如图 3-34 所示。从试验结果中可以看出，随着温度的增加，900 ℃时球团先小幅收缩，此时，球团中物相并没有发生变化，主要是 Fe_3O_4；1000 ℃时再小幅膨胀，此时 Fe_3O_4 消失，被全部还原成 FeO；1100 ℃时球团开始收缩，此时并没有金属铁生成，主要物相是 FeO、橄榄石和硼镁铁复合物；1200 ℃时，有金属铁生成，但是量比较少，球团体积快速收缩；1300 ℃时，金属铁大量生成，球团明显收缩，收缩率达到 53.8%，与 1300 ℃时等温收缩率接近，进一步表明温度对球团还原过程中体积的收缩起决定作用，温度越高，达

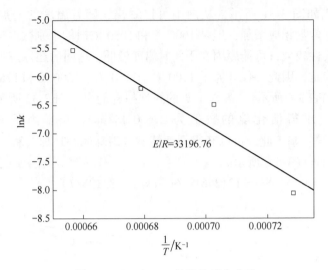

图 3-32　ln$k$ 与 1/T 的线性拟合曲线

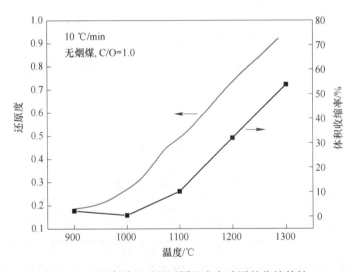

图 3-33　程序升温过程不同温度点球团的收缩特性

到稳定收缩率所用的时间越短。

　　900~1000 ℃还原过程中，球团小幅膨胀，原因可能有两方面：（1）由于球团中配入的无烟煤在受热焦化过程发生膨胀引起的；（2）在铁氧化物还原的不同阶段，其体积会发生变化，例如 $Fe_2O_3 \rightarrow Fe_3O_4$（膨胀 25%）、$Fe_3O_4 \rightarrow FeO$（膨胀 7%~13%），还原成金属铁后体积会发生收缩[3]，硼铁精矿中的主要成分为磁铁矿，含碳球团中约含有 52%的 Fe_3O_4，其在还原至 FeO 的过程中会发生一定程度的膨胀。

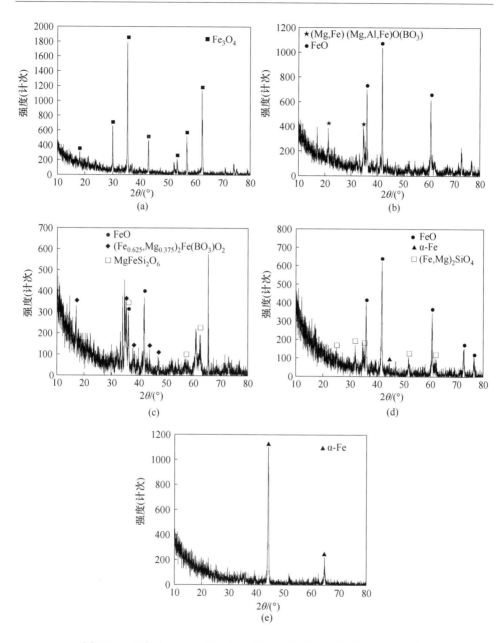

图 3-34 程序升温 (10 ℃/min) 过程不同温度点球团的 XRD 图谱

(a) 900 ℃；(b) 1000 ℃；(c) 1100 ℃；(d) 1200 ℃；(e) 1300 ℃

　　球团密度的变化如图 3-35 所示，900~1000 ℃时，球团密度减小，随着温度的增加，球团密度缓慢增加，1200 ℃之前，还原球团的密度均小于生球，1300 ℃时球团密度为 3.4 g/cm³，与等温试验的结果基本一致。

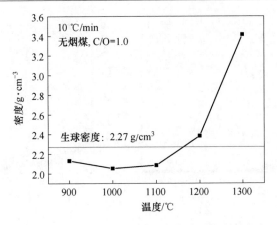

图 3-35　程序升温过程不同温度点球团的表观密度

3.3　硼铁精矿碳热还原过程动力学

试验所用原料为 B1 硼铁精矿和高纯石墨粉（含碳量 99.9%）。硼铁精矿首先在 800 ℃下进行焙烧处理，时间为 2 h，N_2 气氛（5 L/min），以脱除烧损物质，消除矿石烧损对还原度计算的影响，焙烧后矿粉的 TG 曲线如图 3-36 所示，结果表明，一直加热到 1100 ℃，焙烧后的矿粉几乎没有任何烧失，其铁氧化物的含量如表 3-7 所示。石墨粉的粒度控制为 -0.075 mm，经热分析表明其烧损量很小，可以忽略不计。将硼铁精矿和高纯石墨粉按 C/O = 1.0（石墨配比为 12.61%）进行配料，混合料经手工混匀后用于还原试验。

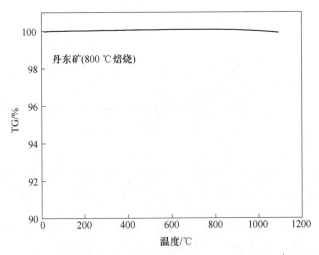

图 3-36　焙烧后硼铁精矿的 TG 曲线

表 3-7　焙烧后硼铁精矿化学成分

成　分	TFe	FeO	Fe_2O_3
含量（质量分数）/%	50.08	20.03	49.29

等温还原试验：取适量混合料（1.6 g）置于钢模中，压制成一定尺寸（ϕ9 mm×10 mm）、致密度的柱状团块，压球压力为 15 MPa。将球团放入刚玉坩埚中，再将刚玉坩埚装入 Fe-Cr-Al 丝编制的吊篮中，还原时，迅速将球团放入恒定在预定温度的竖式管炉中并挂在位于高炉温上方的梅特勒电子天平下部的吊钩上，同时确保球团位于恒温区内。保护气氛为高纯 N_2，流量为 4 L/min。还原温度的选取依据非等温热重分析的试验结果而确定。

非等温热重分析：在高温综合热分析仪（Q600）中进行，将适量（矿粉+石墨粉）混合料（20 mg）放入刚玉坩埚中，以一定升温速率升至预定温度，保护气氛为高纯 N_2，流量为 100 mL/min。升温速率为 5 ℃/min、10 ℃/min、15 ℃/min、20 ℃/min，终点温度为 1300 ℃。

不同升温速率下的 TG 和 DTG 随温度的变化分别如图 3-37 和图 3-38 所示。随着升温速率的增加，达到某一温度的时间越短，则该温度下的还原度就越低，终点时（1300 ℃左右）的还原度基本相同；升温速率越低，起始还原温度越低，5 ℃/min、10 ℃/min、15 ℃/min、20 ℃/min 时的起始还原温度（Onset point）分别为 992.0 ℃、1007.1 ℃、1018.3 ℃和1029.0 ℃。由 DTG 曲线可知，还原过程经历了还原开始阶段的加速反应→较大温度区间的加速还原→较大温度区间的减速还原→还原反应趋于平缓至结束等 4 个主要反应阶段。

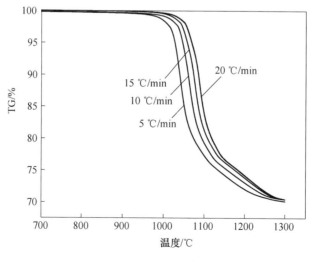

图 3-37　不同升温速率下的 TG 曲线

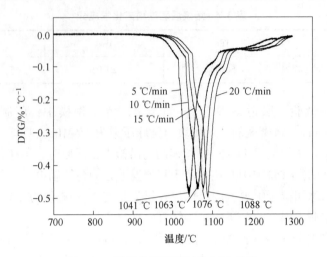

图 3-38　不同升温速率下的 DTG 曲线

依据热重分析结果，确定等温还原的温度为 1000 ℃、1050 ℃、1100 ℃、1150 ℃、1200 ℃、1250 ℃和1300 ℃，还原时间不作具体限定，以球团基本不再失重时为还原终点。

假设还原过程中气体产物均为 CO，球团（或混合料）的还原度计算公式如下：

$$\alpha = \frac{t\ 时刻失重量}{理论最大失重量} = \frac{\Delta w}{w_0 + w_C} \tag{3-7}$$

式中　α——还原度；

　　　Δw——从开始还原到某一时刻 t（或温度）球团失去的质量，g；

　　　w_0——还原前铁氧化物所含氧原子质量，g；

　　　w_C——还原前石墨粉所含碳的质量，g。

不同温度下硼铁精矿/石墨球团的还原度曲线如图 3-39 所示，从图中可以看出：温度对还原速率有明显影响，1000 ℃时还原速率较慢，随着温度的增加，还原速率随温度增加的幅度减小；对于较低温度下的还原，如 1000 ℃、1050 ℃，随着还原时间的增加，还原度增加，当到达一定的还原度后，还原速率明显增加，这是由于还原产生的金属铁催化了还原反应，导致还原速率陡增，随着温度的增加，金属铁催化的影响程度降低。可见还原过程的机理随着还原反应的进行发生了变化，这给动力学模型的选择带来一定的困难。

铁矿含碳球团还原过程较为复杂，对还原速率控制环节的认识尚不统一，有的研究者认为碳的气化反应是速率控制环节，但也有些研究者认为铁氧化物的还原是速率控制环节，而不少关于速率控制环节的推断是根据反应活化能的数量级得出的。然而，不同速率控制环节下的含碳球团还原速率的表达式是不同的，这

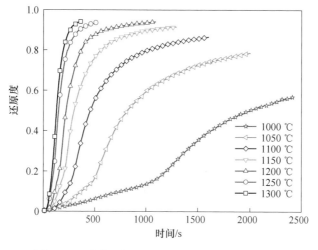

图 3-39 彩图

图 3-39　不同温度下的硼铁精矿碳热还原度曲线

就可能会给计算出的反应活化能数据带来误差[4]。

　　本书采用积分法进行还原度数据的处理和表观活化能的求解，该方法不依赖任何特定的动力学模型，可以求出任一还原度下的表观活化能数值[5]。还原速率与温度和还原度 α 的关系可以由公式（3-8）表示。

$$\frac{\mathrm{d}\alpha}{\mathrm{d}t} = kf(\alpha) \tag{3-8}$$

式中　$\dfrac{\mathrm{d}\alpha}{\mathrm{d}t}$——反应速率；

　　　　t——时间，s；

　　　　k——反应速率常数，s^{-1}；

　　$f(\alpha)$——反应机理函数的微分形式。

　　反应速率常数 k 是温度的函数，其与温度的关系式可由 Arrhenius 公式表示：

$$k = A\exp\left(-\frac{E_{\mathrm{a}}}{RT}\right) \tag{3-9}$$

式中　k——反应速率常数；

　　　　A——指前因子，s^{-1}；

　　　　E_{a}——反应的表观活化能，J/mol；

　　　　R——理想气体常数，8.314 J/(mol·K)；

　　　　T——热力学温度，K。

　　将式（3-9）代入式（3-8）进行移项、积分处理，可得：

$$\int \mathrm{d}t = \frac{1}{A\exp\left(-\dfrac{E}{RT}\right)}\int \mathrm{d}\alpha/f(\alpha) \tag{3-10}$$

对于一个确定的还原度数值 α，可以得到：

$$t_\alpha = \frac{\text{constant}}{A}\exp\frac{E}{RT} \tag{3-11}$$

式中　t_α ——当还原度为 α 时所需的还原时间，s。

对式（3-11）进行取自然对数处理，可得：

$$\ln t_\alpha = \ln\left(\frac{\text{constant}}{A}\right) + \frac{E}{RT} \tag{3-12}$$

$\ln t_\alpha$ 与 $1/T$ 呈直线关系，将还原温度和不同温度下某一 α 时的 t_α 数据经处理后代入式（3-12），将 $\ln t_\alpha$ 与 $1/T$ 进行线性拟合，结果如图3-40所示，根据斜率即可得表观活化能 E 的数值。根据图示结果可知：在某些还原度下，特别是还原度较低时，在全温度范围内难以获得线性度较好的直线，需分成两段分别进行线性拟合；当还原度较高时（$\alpha = 0.8$、0.9），$\ln t_\alpha$ 与 $1/T$ 在全温度范围内几乎呈直线关系。

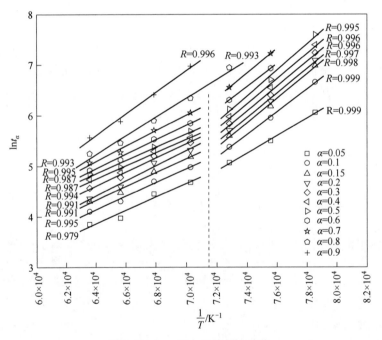

图 3-40　$\ln t_\alpha$ 与 $1/T$ 的拟合曲线

表观活化能的计算结果如表3-8所示，从表中可以看出，还原过程中反应的表观活化能随着温度和还原度的变化而变化，变化范围为 108.5 ~ 214.1 kJ/mol，根据表观活化能的数值，可以将还原反应分为三个阶段：（1）还原反应的起始阶段（即 $\alpha \leqslant 0.1$）：反应尚不稳定，暂不考虑该阶段的表观活化能；（2）还原反应快速进行阶段（即 $0.1 < \alpha < 0.8$）：以 1100 ℃ 为界限，低温下还原反应的表观活

化能高于高温下的表观活化能，低温下的平均活化能数值为 202.6 kJ/mol，高温下的平均活化能数值为 116.7 kJ/mol；（3）还原反应后期（即 $\alpha \geq 0.8$）：此时还原反应已经接近稳定，磁铁矿颗粒已基本被还原成金属铁颗粒，剩余的 FeO 主要是与脉石氧化物结合，还原难度增加，还原主要以固-固反应方式进行。

表 3-8　表观活化能拟合计算结果　　　　　　（kJ/mol）

还原度	0.05	0.1	0.15	0.2	0.3	0.4	0.5	0.6	0.7	0.8	0.9
≤1100 ℃	144.0	186.2	201.4	201.4	203.7	206.5	214.1	188.3	203.0	154.5	177.7
≥1150 ℃	110.3	112.3	113.8	124.1	115.9	108.5	108.7	118.9	126.8		

　　国内外相关学者关于煤基还原活化能的试验方法和主要结论如表 3-9 所示，从表中可以看出，所用原料既有分析纯铁氧化物也有天然矿石，但 TFe 品位均比较高，粒度也比较细；所用还原剂也种类多样，粒度均比较细；反应物有粉末和球团两种形式，球团的尺寸大部分比较小，直径控制在 14 mm 以内；反应温度范围适中，最低 800 ℃（仅当以反应性较好的烟煤做还原剂时）、最高 1200 ℃，过高的温度有可能导致杂质氧化物被还原；还原反应活化能的数值偏差较大，造球方式也会影响活化能的数值；不同的还原阶段，活化能的数值也不尽相同，低还原度时活化能高，高还原度时活化能偏低；还原过程的速率控制环节主要有碳气化反应、FeO 还原反应，部分学者认为传热也可能成为还原过程的速率控制环节，碳气化反应控速时活化能数值大，FeO 还原反应控速时活化能数值较小。

表 3-9　文献中碳热还原反应活化能的测定结果及速率控制环节

研究者	含铁原料	还原剂	试样状态	温度/℃	活化能/kJ·mol⁻¹	控速环节
Otsuka 等人[6]	分析纯 Fe_2O_3 (−0.044 mm)	电极石墨 (−0.044 mm)	粉末状	1050~1150	271.7(f=0.2); 62.7(f=0.6)	前期:碳气化; 后期:FeO 还原
Rao[7]	分析纯 Fe_2O_3 （大部分小于 1 μm）	无定形碳 (−0.044 mm)	球 (8~13 mm)	850~1087	301	碳气化
Fruehan[8]	分析纯 Fe_2O_3 (−0.075 mm)	半焦,木炭, 焦炭 (−0.075 mm)	粉末状,球 (6~14 mm)	900~1200	293~334	碳气化
Srinivasan 等人[9]	赤铁矿 (−0.048 mm)	石墨 (−0.048 mm)	球 (12 mm)	925~1060	416.7(f=0.2), 285.4(f=0.6), 56.0(f=0.8)	前期:碳气化; 后期:FeO 还原

研究者	含铁原料	还原剂	试样状态	温度/℃	活化能 /kJ·mol^{-1}	控速环节
Abraham 等人[10]	分析纯 Fe$_2$O$_3$ (−0.044 mm)	石墨 (0.075~ 0.068 mm)	球,粉末状	880~1042	Fe$_2$O$_3$→FeO: 295(球), 305(粉); FeO→Fe: 140(球), 230(粉)	碳气化
Seaton 等人[11]	赤铁矿、 磁铁矿	烟煤焦 (−0.044 mm)	球 (14 mm)	800~1200	磁铁矿:158.8; 赤铁矿:125.4~ 238.3	碳气化、传热
Carvalho 等人[12]	赤铁矿 (−0.065 mm)	焦,煤 (−0.065 mm)	球(15 mm)	900~1200	117,100	传热
Dey 等人[5]	赤铁矿(0.08~ 0.048 mm)	非焦煤(0.08~ 0.048 mm)	球(10 mm)	900~1050	30.3~44.2	—
杨学民 等人[13]	迁安精矿 (0.075~ 0.044 mm)	石墨 (0.075~ 0.044 mm)	球(30 mm)	950~1200	227.7(碳气化), 294.14(界面反应),391.26~ 411.37(气相扩散)	—

　　从上述结果可以看出,当活化能数值在 227.7 kJ/mol 以上时,还原反应的速率控制环节为碳气化反应,因为碳气化反应的活化能即在 221.75 kJ/mol 左右[14];当活化能数值在 62.7~56.0 kJ/mol 时,还原反应的速率控制环节为 FeO 还原反应,因为 CO 还原 FeO 生成金属铁的反应的活化能为 69.45 kJ/mol。本试验中球团尺寸较小,传热不应该构成速率控制环节。因此,综合考虑,在还原反应快速进行阶段(即 0.1<α<0.8),1100 ℃ 以前,还原反应的速率控制环节为碳气化反应,1100 ℃ 以上时则为碳气化反应和 FeO 还原反应混合控制。当还原度 $\alpha \geq 0.8$ 时(还原温度>1100 ℃),速率控制环节可能为碳原子在金属铁中的扩散[15]。

　　进一步采用综合热分析仪(Q600)考察了硼铁精矿含碳球团中碳素在还原过程中的气化特性,即考察 MgO、SiO$_2$、B$_2$O$_3$、Fe$_3$O$_4$、Mg$_2$B$_2$O$_5$ 以及铁精矿粉对碳气化反应的影响,碳素选用高纯石墨,以排除灰分的影响,氧化物均为分析纯试剂。Mg$_2$B$_2$O$_5$ 是采用分析纯 MgO 和 B$_2$O$_3$ 按照化学计量比配成混合料在 1450 ℃ 熔融 60 min 空冷制得的。所用铁精矿粉的粒度小于 0.075 mm。反应气体 CO$_2$ 的流量为 60 mL/min,热分析仪升温速率为 10 ℃/min。

　　添加 2% 氧化物时石墨气化反应率随温度的变化如图 3-41 所示,对图中曲线进行分析，可以得到石墨气化反应过程的起始反应温度和反应峰值温度，如表 3-10 所示。从图 3-41 和表 3-10 中可以明显看出，不同氧化物对碳气化反应的作用效果是不同的：SiO_2、MgO、B_2O_3、$Mg_2B_2O_5$ 对碳气化反应起阻碍作用，其中，B_2O_3 的阻碍作用最大，可明显提高其气化反应开始温度，减缓反应速率，反应峰值温度也相应明显升高，反应结束时石墨仍有较多残留，终点溶损率降低近 30%，$Mg_2B_2O_5$ 也起到较为明显的阻碍作用；SiO_2 的阻碍作用相对最小，MgO 处于中等水平，空白和添加 MgO、SiO_2 的样品起始反应温度基本相近，在 990 ~ 1000 ℃ 范围内；Fe_3O_4 对气化反应起促进作用，可以降低气化反应开始温度。每种氧化物，其配加量越多，所起的促进或抑制作用越明显。

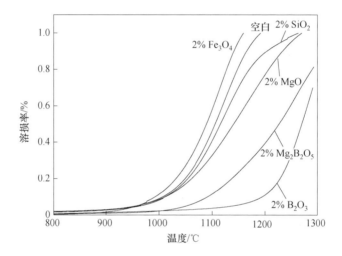

图 3-41　添加剂对石墨气化反应的影响

表 3-10　添加剂（2%）对石墨气化反应特征温度的影响　（℃）

添加剂	空白	Fe_3O_4	MgO	SiO_2	$Mg_2B_2O_5$	B_2O_3
起始反应温度	994.55	973.44	998.52	996.72	1040.65	1189.64
反应峰值温度	1119.80	1114.95	1164.60	1124.51	1260.08	1280.60

硼对碳气化反应的抑制机理可以从化学抑制和物理抑制两个方面分析[16-17]：

（1）化学抑制。由于氧化是得电子反应，可以用原子贡献电子的能力来衡量其氧化反应活性的高低[18]。在石墨中，仅仅那些费米（Fermi）表面周围的电子才对氧化反应有贡献，在石墨片层的边缘上，有些接近最高占据分子轨道的电子被认为对氧化反应有主要的贡献[19]。硼替代表面碳原子时，将降低这些表面活性位的高能量电子密度，即硼是吸电子物质，从而抑制碳的氧化。

（2）物理抑制。B_2O_3 的熔点为 450 ℃，沸点为 2250 ℃，具有较好的热稳定性，加热熔化后会吸附在石墨微孔表层，甚至形成一层玻璃层，阻止了二氧化碳气体向石墨内层扩散，堵塞了溶损反应赖以发生的碳活性位点，从而抑制了石墨的溶损反应。

MgO 为碱土金属氧化物，理论上对碳气化反应有微弱的正作用，但在本试验条件下其起负作用，原因可能在于，它主要是包裹在石墨颗粒的表面，起物理隔离的作用，且其摩尔质量小，配入的分子数相应较多，隔离作用较充分。SiO_2 本质上对碳气化反应起负作用，在本研究中主要还是起物理隔离作用。铁的单质和氧化物对碳气化反应起较明显的促进作用，且随着铁氧化物价态的降低，催化作用越明显[20-22]。将 Fe_3O_4 加入石墨，随着温度的升高，Fe_3O_4 逐渐被还原成 FeO 和金属铁，石墨的溶损速率则相应增加。

$Mg_2B_2O_5$ 熔点为 1355 ℃[23]，在试验温度范围内为固态，其对气化反应有较为强烈的抑制作用，特别是较明显提高了气化反应起始温度，表明它除了起到物理隔离作用外更重要的是降低了石墨表面活性位的高能量电子密度（即化学抑制）。

以 6 种磁铁精矿粉为添加剂，考察其对石墨气化反应的影响，结果如图 3-42 所示。铁矿粉的添加量为 2%，粒度为 -0.075 mm。从图中可以看出，2 种硼铁精矿粉起较为明显的抑制作用，B1 要略强于 B2；M2 和 M4 起微弱的抑制作用，M2 要略强于 M4；M1 和 M3 起微弱的促进作用，M3 要略强于 M1。造成上述结果的原因，一方面，主要是矿石的品位造成的，B1、B2、M2 的品位较低，受含铁矿物的促进作用与脉石氧化物的包裹物理隔离作用的综合影响，起抑制作用；另一方面，脉石的成分影响最大，B1 和 B2 中所含的 B_2O_3 对石墨气化反应起较强烈的抑制作用，所以 B1 和 B2 的抑制作用较其他两种普通磁铁精矿要明显得多。

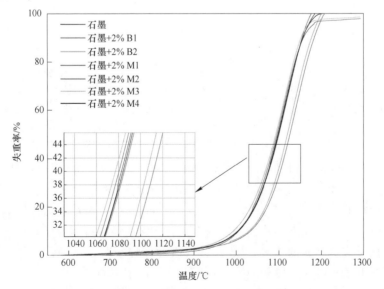

图 3-42 彩图

图 3-42　铁矿粉（2%）对石墨气化反应的影响

参 考 文 献

［1］ HALDER S, FRUEHAN R J. Reduction of iron-oxide-carbon composites: Part Ⅲ. Shrinkage of composite pellets during reduction ［J］. Metallurgical and Materials Transactions B, 2008, 39 (6): 809-817.

［2］ MCADAM G, O'BRIEN D, MARSHALL T. Rapid reduction of New Zealand ironsand ［J］. Ironmaking and Steelmaking, 1977, 4 (1): 1-9.

［3］ PRAKASH S. Reduction and sintering of fluxed iron ore pellets: a comprehensive review ［J］. The Journal of the South African Institue of Mining and Metallurgy, 1996, 96 (1): 3-16.

［4］ 杨学民. 含碳球团预还原与熔融终还原的速度研究 ［D］. 北京: 北京科技大学, 1998.

［5］ DEY S K, JANA B, BASUMALLICK A. Kinetics and reduction characteristics of hematite-noncoking coal mixed pellets under nitrogen gas atmosphere ［J］. ISIJ International, 1993, 33 (7): 735-739.

［6］ OTSUKA K, KUNII D. Reduction of powdery ferric oxide mixed with graphite particles ［J］. Journal of Chemical Engineering of Japan, 1969, 2 (1): 46-50.

［7］ RAO Y K. Kinetics of reduction of hematite by carbon ［J］. Metallurgical Transactions, 1971, 2 (5): 1439-1447.

［8］ FRUEHAN R J. The rate of reduction of iron oxides by carbon ［J］. Metallurgical Transactions B, 1977, 8: 279-296.

［9］ SRINIVASAN N S, LAHIRI A K. Studies on the reduction of hematite by carbon ［J］. Metallurgical Transactions B, 1977, 8: 175-178.

［10］ ABRAHAM M C, GHOSH A. Kinetics of reduction of iron oxide by carbon ［J］. Ironmaking and Steelmaking, 1979, 6 (1): 14-23.

［11］ SEATON C E, FOSTER J S, VELASCO J. Reduction kinetics of hematite and magnetite pellets containing coal char ［J］. Transactions ISIJ, 1983, 23 (6): 490-496.

［12］ CARVALHO D, JOSE R, NETTO G Q, et al. Kinetics of reduction of composite pellets containing iron ore and carbon ［J］. Canadian Metallurgy Quarterly, 1994, 33 (3): 217-225.

［13］ 杨学民, 郭占成, 王大光, 等. 含碳球团还原机理研究 ［J］. 化工冶金, 1995, 16 (2): 118-127.

［14］ SUN S, LU W K. A theoretical investigation of kinetics and mechanisms of iron ore reduction in an ore/coal composite ［J］. ISIJ International, 1999, 39 (2): 123-129.

［15］ The Iron and Steel Institute of Japan. Handbook of iron and steel (fundamentals) ［M］. Tokyo: Maruzen, 1981.

［16］ 徐伟. 焦炭钝化及其机理研究 ［D］. 武汉: 武汉科技大学, 2008.

［17］ 欧阳德刚. 焦炭钝化添加剂的研究现状与发展趋势 ［J］. 武钢技术, 2007, 45 (4): 43-47.

［18］ MA X, WANG Q, CHEN L Q, et al. Semi-empirical studies on electronic structures of a boron-doped grapheme layer-implications on the oxidation mechanism ［J］. Carbon, 1997, 35

（2）：1517-1523.

［19］ WENTZCOVITCH R M, COHEN M L, LOUIE S G, et al. σ-states contribution to the conductivity of BC$_3$ ［J］. Solid State Communications, 1988, 67 （5）：515-518.

［20］ 杜鹤桂，杨俊和. 矿物质对高炉焦炭溶损反应的催化作用 ［J］. 炼铁，2002，21 （4）：22-24.

［21］ TURKDOGAN E T, VINTERS J V. Catalytic oxidation of carbon ［J］. Carbon, 1972, 10 （1）：97-111.

［22］ 杨俊和，冯安祖，杜鹤桂. 矿物质催化指数与焦炭反应性关系 ［J］. 钢铁，2001，36 （6）：5-9.

［23］ VEREIN DEUTSCHER EISENHUTTENLEUTE. Slag atlas ［M］. 2nd ed. Düsseldorf （Germany）：Verlag Stahleisen GmbH, 1995.

4　硼铁精矿含碳球团还原过程数值模拟

通过试验可以测定硼铁精矿含碳球团（简称"球团"）还原过程中的各种数据，然而许多关键信息，例如球团内部温度场以及各种气体浓度场随时间的变化情况，难以用试验方法测定，所以数学模型对于球团碳热还原研究工作是不可或缺的，通过对不同条件下球团碳热还原过程进行恰当的数值模拟，能使研究者更深刻地认识到所研究现象及其所包含的内在机理。

4.1　硼铁精矿含碳球团还原过程数学模型的建立

4.1.1　模型描述及相关假设

4.1.1.1　反应机理描述

由于球团的还原过程与球团矿具有一定的相似性，因此在模型建立过程中可以借鉴球团矿动力学研究的相关数学理念。早先的研究者一般采用未反应核模型描述球团矿的还原过程，它首先由 Yagi 和 Kunii 在 1955 年第五届国际燃烧会议上提出[1]，他们认为，由于球团矿内部结构较为致密，还原性气体只能通过还原产物层，而较难渗入未反应核内部，所以反应只能发生在产物层与未反应核的界面上。随着反应过程的进行，反应界面逐渐向球团中心推进，未反应核尺寸缩小，然而在球团内部，还原气体主要来自内配碳的溶损反应，只要球团内部温度达到要求，铁矿还原与碳素溶损反应就能自发进行，因此采用该模型描述球团的还原机理是不切实际的；Szekely 与 Evans 在 1970 年提出了微粒模型[2]，他们认为，整个球团是由一定粒度的颗粒组成，反应气体通过颗粒之间的孔隙从低浓度区域向高浓度区域扩散，并与周边颗粒发生反应，该模型对球团还原过程的描述在图 4-1 中能够得到体现。

在使用微粒模型描述含碳球团的还原过程时，需要注意的是，反应初始铁矿粉与碳质还原剂接触界面上发生了固-固还原反应，生成的还原性气体 CO 扩散至铁氧化物颗粒表面发生气-固还原过程，并生成 CO_2 气体，随着球团整体温度的进一步上升，碳素溶损反应开始启动并越发剧烈，CO 与 CO_2 成为铁氧化物与固体碳之间的反应媒介，还原过程主要以气-固反应方式进行，两种颗粒接触界面上固-固反应的贡献微不足道，该反应模式仅起到启动还原的作用。

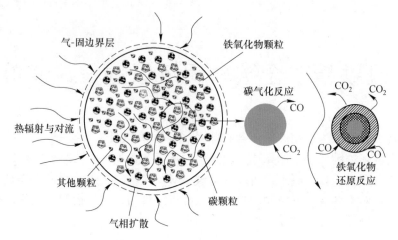

图 4-1 铁矿颗粒还原与煤粉颗粒气化过程示意图

在硼铁精矿含碳球团的自还原过程中发生的物理化学现象主要有三类，分别为化学反应、传热过程与传质过程，这三者之间存在相互耦合的关系。

首先，热量通过对流与辐射方式从周边环境传递至球团表面，随后又以导热方式逐步向球心传递，当铁氧化物与煤粉颗粒所在区域的温度达到一定程度后，铁氧化物的直接/间接还原以及碳素溶损反应才得以启动，且反应速率随温度的上升而增大，而化学反应的热效应反过来会对温度分布造成影响。

其次，无论是铁氧化物的还原还是碳素溶损反应，它们的反应速率均受多孔介质中 CO 与 CO_2 浓度的影响，而气体分子的浓度分布取决于传质过程；两类反应对 CO 与 CO_2 的消耗与生成又是传质过程的一个重要影响因素。

最后，传质过程可以通过对流换热对传热过程造成影响，而气体分子在球团内部的扩散系数，还有球团表面的对流传质系数都与温度有关。

4.1.1.2 模型的简化

由于整个自还原过程的影响因素多且机理复杂，为提高计算效率，在模型的建立过程中作出了如下假设：

（1）生球为性质均一的多孔介质，密度、孔隙率等物理参数不会随着坐标的变化而改变。

（2）铁矿粉被视为统一粒径的球状颗粒，忽略烧结、熔融等过程对球团孔隙结构的影响，因此还原过程中颗粒大小不变，而反应界面呈球面状向内收缩，影响孔隙率的唯一因素是固体碳颗粒由于气化而带来的体积收缩。

（3）铁氧化物的还原与碳素溶损过程均为可逆一级反应。

（4）570 ℃以下碳素溶损速率较慢，CO 平衡分压较低，所以 $Fe_3O_4 \rightarrow Fe$ 反应过程可以忽略。

（5）由于动力学条件的限制，忽略反应起始阶段铁氧化物与还原剂颗粒接触界面上的固−固反应，其对还原过程的启动作用通过调整球团内部的气体成分得以实现。

（6）还原过程中球团尺寸不变，且无裂痕生成。

（7）不考虑多孔介质中对流传质对温度分布以及气体分子浓度分布的影响。

4.1.2 控制方程及相关参数的确定

4.1.2.1 能量守恒方程

一般认为，球团表面的传热过程主要以辐射和对流换热方式进行。Argento 等人[3]的研究显示，高温条件下球团内部的热辐射效应可以忽略，J. Shi 等人[4]则认为气体的对流换热效应对球团内部温度场的影响较小，为了降低模型的复杂程度，本书认为球团内部只有热传导而没有对流和辐射换热，另外由于造球所用原料粒度较细，比表面积较大，因此球团内部同一微元体内的气固相可看成一个整体，两者间传热阻力可以忽略。考虑到试验过程所用生球为机械压制而成的柱状球团，因此采用柱坐标系，结合各个化学反应的热效应，球团内部的二维非稳态传热过程可以表示为式（4-1）：

$$\frac{\partial}{\partial t}(\rho_m c T) = \frac{1}{r}\frac{\partial}{\partial r}\left(\lambda_r r \frac{\partial T}{\partial r}\right) + \frac{\partial}{\partial z}\left(\lambda_z \frac{\partial T}{\partial z}\right) - \sum_i \nu_k \Delta H_k \qquad (4-1)$$

式中　ρ_m——半径为 r、高度为 z 处球团的密度，kg/m^3；

　　c——半径为 r、高度为 z 处球团的综合比热容，$J/(kg \cdot K)$；

　　T——半径为 r、高度为 z 处球团的温度，K；

　　λ_r——半径为 r、高度为 z 处球团在径向上的导热系数，$W/(m \cdot K)$；

　　λ_z——半径为 r、高度为 z 处球团在高度方向上的导热系数，$W/(m \cdot K)$；

　　ν_k——反应 k 的局部反应速率，$mol/(m^3 \cdot s)$；

　　ΔH_k——反应 k 的热效应，J/mol。

4.1.2.2 质量守恒方程

文献显示[5]，在转底炉的直接还原生产过程中，炉箅料床位置氧含量极低，气相主要组分为 CO、CO_2 与 N_2，另外试验采用氮气作为保护气氛，而碳质还原剂采用脱挥发分后的无烟煤，因此可以只考虑 CO、CO_2 与 N_2 的质量守恒方程。根据假设（6），可以认为气体分子仅以浓度梯度作为驱动力在多孔介质中进行扩散，符合 Fick 第二定律，同时考虑到各类化学反应对浓度场的影响，三种气体的质量守恒方程可以表示为式（4-2）：

$$\frac{\partial(\varepsilon C_i)}{\partial t} = \frac{1}{r}\frac{\partial}{\partial r}\left(D_{eff,i,r} r \frac{\partial C_i}{\partial r}\right) + \frac{\partial}{\partial z}\left(D_{eff,i,z}\frac{\partial C_i}{\partial z}\right) + S_{g,i} \qquad (4-2)$$

式中　ε——球团的局部孔隙率，初始值为 0.35；

C_i ——气体组分 i 的局部浓度，mol/m^3；

$D_{eff,i,r}$ ——气体分子 i 在半径方向上的局部扩散系数，m^2/s；

$D_{eff,i,z}$ ——气体分子 i 在高度方向上的局部扩散系数，m^2/s；

$S_{g,i}$ ——铁矿还原或碳气化引起的气体分子浓度的变化，$mol/(m^3 \cdot s)$。

根据原料成分分析以及化学反应方程式，还原过程中球团固相成分包括以下几种：Fe_2O_3、Fe_3O_4、FeO、Fe、C、MgO、SiO_2、B_2O_3、CaO 以及 Al_2O_3。此处只考虑化学反应对固相组分含量的影响，因此质量守恒方程可以由式（4-3）表示：

$$\frac{\partial \omega_j}{\partial t} = \frac{\sum \nu_i \cdot b_{i,j} \cdot M_j}{\rho_j} \tag{4-3}$$

式中　ω_j ——固相成分 j 的局部质量分数，%；

$b_{i,j}$ ——化学反应 i 引起的固相成分 j 的变化，mol/mol；

M_j ——固相成分 j 的摩尔质量，kg/mol；

ρ_j ——成分 j 的局部密度，kg/m^3。

4.1.2.3　化学反应速率方程

根据假设（4），570 ℃以下可以仅考虑 $Fe_2O_3 \rightarrow Fe_3O_4$ 的还原反应，当温度大于 570 ℃时，铁氧化物的还原是逐级进行的，由于不同铁氧化物的还原速率各有差异，随着反应的进行，不同的反应界面（$Fe_2O_3 : Fe_3O_4 : FeO : Fe$）依次向颗粒中心推进，形成多界面未反应核；根据热重分析试验结果，硼铁精矿还原受界面化学反应控速，所以单个铁矿颗粒中不同铁氧化物的还原速率可以表示为：

$$\nu_i = S_{f,j} 4\pi r_j^2 A_i \exp\left(-\frac{E_{a_i}}{RT}\right)\left(C_{CO} - \frac{C_{CO_2}}{K_{e_i}}\right) \tag{4-4}$$

式中　i——Fe_2O_3，Fe_3O_4 或 FeO；

$S_{f,j}$ ——反应界面 j 的形状修正系数；

r_j ——反应界面 j 的半径，m；

A_i ——CO 还原铁氧化物 i 的指前因子，m/s；

E_{a_i} ——CO 还原铁氧化物 i 的活化能，J/mol；

R——理想气体常数，$8.314\ J/(mol \cdot K)$；

C_{CO} ——CO 的局部瞬时浓度，mol/m^3；

C_{CO_2} ——CO_2 的局部瞬时浓度，mol/m^3；

K_{e_i} ——CO 还原铁氧化物 i 过程的平衡常数。

铁氧化物 i 的还原度 f_i 与其未反应核半径 r_j 之间有以下关系式：

$$f_i = \frac{\frac{4}{3}\pi r_g^3 \rho_i - \frac{4}{3}\pi r_j^3 \rho_i}{\frac{4}{3}\pi r_g^3 \rho_i} = 1 - \left(\frac{r_j}{r_g}\right)^3 \tag{4-5}$$

式中　r_g——铁氧化物 i 的原始半径，m；

　　　ρ_i——铁氧化物 i 的密度，kg/m³。

还原速率方程可以转化为式（4-6）：

$$v_i = S_{f,j} 4\pi r_g^2 (1 - f_i)^{2/3} A_i \exp\left(-\frac{E_{a_i}}{RT}\right)\left(C_{CO} - \frac{C_{CO_2}}{K_{e_i}}\right) \tag{4-6}$$

因此，局部还原反应速率为单个铁矿颗粒反应速率与单位体积中铁氧化物颗粒个数的乘积，可以表示为：

$$\nu_i = \frac{\omega_{Fe_3O_4,0}\rho_{m,0}}{\frac{4}{3}\pi r_g^3 \rho_{Fe_3O_4}} v_i \tag{4-7}$$

式中　ω_i——铁氧化物 i 的局部质量分数，%；

　　　$\rho_{m,0}$——球团的局部密度，kg/m³。

热重分析试验显示，还原剂颗粒的溶损过程也受界面化学反应控速，则单个颗粒的气化速率可以由式（4-8）表示。

$$v_C = S_{f,C} 4\pi r_C^2 A_C \exp\left(-\frac{E_{a_C}}{RT}\right)\left(C_{CO_2} - \frac{C_{CO}^2}{K_{e_C}}\right) \tag{4-8}$$

式中　$S_{f,C}$——还原剂颗粒的形状修正系数；

　　　r_C——还原剂颗粒的瞬时半径，m；

　　　A_C——碳素溶损过程的指前因子，m/s；

　　　E_{a_C}——碳素溶损过程的活化能，J/mol；

　　　K_{e_C}——碳素溶损过程的平衡常数。

局部碳素溶损反应速率可以由式（4-9）表示：

$$\nu_C = \frac{\omega_C \rho}{\frac{4}{3}\pi r_{C_0}^3 \rho_{C_0}} v_C \tag{4-9}$$

式中　ω_C——碳元素的局部质量分数，%；

　　　r_{C_0}——碳颗粒的初始半径，m；

　　　ρ_{C_0}——还原剂碳的初始密度，kg/m³。

在求解方程式（4-2）时，CO 与 CO_2 的生成或消耗速率可由式（4-10）和式（4-11）表示。

$$S_{g,C_{CO}} = 2\nu_C - \sum_{i = Fe_2O_3,\ Fe_3O_4,\ FeO} \nu_i \tag{4-10}$$

$$S_{g,C_{CO_2}} = \sum_{i = Fe_2O_3,\ Fe_3O_4,\ FeO} \nu_i - \nu_C \tag{4-11}$$

而由于 N_2 为惰性气体，其在自还原过程中没有生成也没有被消耗，因此其源项为 0。

4.1.2.4　控制方程相关参数的确定

A　能量守恒控制方程

球团的局部瞬时综合密度 ρ_m 可通过球团的初始密度，除去局部耗碳量与局部失氧量求得，如式（4-12）所示。

$$\rho_m = \rho_{m,0} - \int_0^t \left(0.012\nu_C + 0.016 \sum_{i = \mathrm{Fe_2O_3,\ Fe_3O_4,\ FeO}} \nu_i \right) \mathrm{d}t \tag{4-12}$$

球团内部的局部比热容与微元体的成分有关，此处采用各物质的简单加权平均数来计算，如式（4-13）所示。

$$c = \sum \omega_i c_i \tag{4-13}$$

对于未参加还原过程的物质，其瞬时质量分数与球团的局部瞬时综合密度成反比。

$$\omega_i = \frac{\rho_{m,0}}{\rho_m} \omega_{i,0} \tag{4-14}$$

而对于含铁物料或固体碳元素，还需要考虑由反应带来的影响，其局部瞬时质量分数可分别由式（4-15）~式（4-19）表示。

$$\omega_C = \left(\rho_{m,0} \cdot \omega_{C,0} - 0.012 \cdot \int_0^t \nu_C \mathrm{d}t \right) / \rho_m \tag{4-15}$$

$$\omega_{\mathrm{Fe_2O_3}} = \left(\rho_{m,0} \cdot \omega_{\mathrm{Fe_2O_3},0} - 0.016 \cdot \int_0^t \nu_{\mathrm{Fe_2O_3}} \mathrm{d}t \right) / \rho_m \tag{4-16}$$

$$\omega_{\mathrm{Fe_3O_4}} = \left(\rho_{m,0} \cdot \omega_{\mathrm{Fe_3O_4},0} + 0.464 \cdot \int_0^t \nu_{\mathrm{Fe_2O_3}} \mathrm{d}t - 0.232 \cdot \int_0^t \nu_{\mathrm{Fe_3O_4}} \mathrm{d}t \right) / \rho_m \tag{4-17}$$

$$\omega_{\mathrm{FeO}} = \left(\rho_{m,0} \cdot \omega_{\mathrm{FeO},0} + 0.216 \cdot \int_0^t \nu_{\mathrm{Fe_3O_4}} \mathrm{d}t - 0.072 \cdot \int_0^t \nu_{\mathrm{FeO}} \mathrm{d}t \right) / \rho_m \tag{4-18}$$

$$\omega_{\mathrm{Fe}} = \left(\rho_{m,0} \cdot \omega_{\mathrm{Fe},0} + 0.056 \cdot \int_0^t \nu_{\mathrm{FeO}} \mathrm{d}t \right) / \rho_m \tag{4-19}$$

表 4-1 中列出了硼铁精矿含碳球团中各类简单物质的比热容。

表 4-1　固相各物质比热容计算公式

物质名称	比热容值/$\mathrm{J \cdot (kg \cdot K)^{-1}}$
C	$(17.16 + 4.27 \times 0.001 \times T - 8.79 \times 100000/T^2)/(12 \times 0.001)$
$\mathrm{Fe_2O_3}$	$(132.675 + 7.364 \times 0.001 \times T)/[(56 \times 2 + 16 \times 3) \times 0.001]$
$\mathrm{Fe_3O_4}$	$(86.27 + 208.9 \times 0.001 \times T)/[(56 \times 3 + 16 \times 4) \times 0.001]$
FeO	$(50.82 + 8.615 \times 0.001 \times T - 3.310 \times 100000/T^2)/[(56 + 16) \times 0.001]$
Fe	$(23.991 + 8.36 \times 0.001 \times T)/(56 \times 0.001)$
MgO	$(48.982 + 3.142 \times 0.001 \times T - 11.44 \times 100000/T^2)/[(24 + 16) \times 0.001]$

物质名称	比热容值/J·(kg·K)$^{-1}$
SiO_2	$(71.626 + 1.891 \times 0.001 \times T - 39.058 \times 100000/T^2)/[(28 + 16 \times 2) \times 0.001]$
B_2O_3	$(57.03 + 73.01 \times 0.001 \times T - 14.06 \times 100000/T^2)/[(22 + 48) \times 0.001]$
CaO	$(49.62 + 4.520 \times 0.001 \times T - 6.950 \times 100000/T^2)/[(40 + 16) \times 0.001]$
Al_2O_3	$(120.516 + 9.192 \times 0.001 \times T - 48.367 \times 100000/T^2)/[(27 \times 2 + 16 \times 3) \times 0.001]$

由于球团多孔介质的成分、结构较为复杂,且这些因素均受还原进度的影响,因此球团中导热系数的取值较为困难。Akiyama 等人[6]对不同孔隙率条件下球团的导热性能进行了试验研究与模拟,并给出了较为准确合理的球团导热系数的计算公式,如式(4-20)所示。

$$\lambda = \lambda_s \frac{1 - 2\varepsilon(\kappa - 1)/(2\kappa + 1)}{1 + \varepsilon(\kappa - 1)/(2\kappa + 1)} \quad (4-20)$$

式中　λ_s——固体的平均导热系数,W/(m·K);

　　　κ——$\kappa = \lambda_s/\lambda_g$;

　　　λ_s——$\lambda_s = \Pi\lambda_{s,i}^{\omega_i}$。

根据 Donskoi 等人[7]的研究,混合气体的导热系数的近似表达式为:

$$\lambda_g = \frac{\sum y_j \lambda_{g,j} M_j^{1/3}}{\sum y_j M_j^{1/3}} \quad (4-21)$$

式中　y_j——气体 j 的体积分数,%;

　　　$\lambda_{g,j}$——气体 j 的导热系数(各气体组分的计算方程如表4-2所示),W/(m·K);

　　　M_j——气体 j 的相对分子质量。

表4-2　各物质导热系数计算方程

物质名称	导热系数/W·(m·K)$^{-1}$
CO	$-0.006243 + 0.06762/T + 0.00006966 \times T - 7.130 \times 10^{-9} \times T^2$
CO_2	$-0.009703 + 0.6614/T + 0.00008961 \times T - 1.342 \times 10^{-8} \times T^2$
N_2	$3.5478 \times 10^{-2} - 5.4318/T + 2.6004 \times 10^{-5}T + 0.63342 \times 10^{-8} \times T^2$
C	$4.0526 - 553.804/T + 0.00254608 \times T - 1.57951 \times 10^{-6} \times T^2$
Fe	$-22.6774 + 57.1977 \times 10^{-3} \times T + 16.5732 \times 10^{-6} \times T^2$
FeO	$1/(-1.047 \times 10^{-4} \times T + 0.3926)$
Fe_3O_4	$1/(2.967 \times 10^{-6} \times T + 0.1508)$
Fe_2O_3	$1/(8.319 \times 10^{-5} \times T + 9.243 \times 10^{-2})$

物质名称	导热系数/W·(m·K)$^{-1}$
MgO	$1/(8.5936 \times 10^{-5} \times T - 0.00471)$
SiO$_2$	$1.97 + 0.0001074 \times T$
Al$_2$O$_3$	$1/(1.00224 \times 10^{-4} \times T - 0.00183)$

Donskoi 等人[7]在前人试验研究数据的基础上，对从室温至 1650 K 条件下碳热还原过程中的反应热数据进行了分析，发现它与温度具有以下近似关系式：

$$H_r = A + B \times 10^{-3}T + C \times 10^{-6}T^2 + D \times 10^{-9}T^3 \quad kJ/mol \tag{4-22}$$

表 4-3 中给出了还原相关反应的反应热参数；根据假设（4），570 ℃以下 $Fe_3O_4 \rightarrow Fe$ 反应过程被忽略，因此表中未给出其反应热参数。

表 4-3　各物质反应热参数计算公式

反 应 式	温度/K	A	B	C	D
$3Fe_2O_3 + CO = 2Fe_3O_4 + CO_2$	298~600	−47.17	—	—	7.251
	600~850	−213.54	793.083	−1265.5	683.491
	850~970	−202.972	408.893	−247.092	—
	970~1050	—	243.201	−584.769	301.851
	1050~1300	−104.746	116.996	−52.622	—
	1300~1600	−21.224	—	−21.994	7.676
$Fe_3O_4 + CO = 3FeO + CO_2$	298~850	53.434	−46.41	127.212	−127.936
	850~1600	165.113	−324.134	236.199	−54.003
$FeO + CO = Fe + CO_2$	298~900	−10.505	−25.712	16.498	—
	900~1045	—	−10.906	−53.86	45.499
	1045~1184	—	−127.502	179.183	−70.717
	1184~1650	−9.868	−6.666	1.036	—
$CO_2 + C = 2CO$	298~900	124.574	29.834	−27.128	8.605
	900~1650	128.288	16.306	−10.539	1.778

B　质量守恒控制方程

假设球团大小与含铁物料颗粒不会随着还原过程的进行而发生变化，于是局部孔隙率会随着还原剂颗粒的溶损而增大，如式（4-23）所示。

$$\frac{\partial \varepsilon}{\partial t} = 0.012 \cdot \nu_c / \rho_c \tag{4-23}$$

当孔隙直径远大于气体分子的平均自由程时，孔道边壁对于分子运动的影响很小，扩散阻力主要来自气体分子之间的相互碰撞，这种扩散模式被称为分子扩散，在该模式之下，对于 A 与 B 两种气体组成的混合体系，有效扩散系数受孔隙率 ε 与多孔结构的曲折度 τ 影响，具体如式（4-24）所示。

$$D_{\text{eff,AB}}^{\text{m}} = D_{\text{AB}}^{\text{m}} \frac{\varepsilon}{\tau} \tag{4-24}$$

式中　D_{AB}^{m}——气体 A 与 B 的固有扩散系数，m^2/s，其值可通过 Fuller 公式（4-25）计算得到[8]。

$$D_{\text{AB}}^{\text{m}} = \frac{10^{-7} T^{1.75}}{p(\gamma_{\text{A}}^{1/3} + \gamma_{\text{B}}^{1/3})} \times \sqrt{\frac{1}{M_{\text{A}}} + \frac{1}{M_{\text{B}}}} \tag{4-25}$$

式中　p——气相总压，atm（1 atm = 101.325 kPa）；

$\gamma_{\text{A}}, \gamma_{\text{B}}$——气体 A 与 B 的摩尔扩散体积，$\text{cm}^3/\text{mol}$。

对于本模拟所涉及的几种气体的摩尔扩散体积，其数值由表 4-4 给出。

表 4-4　各类气体的摩尔扩散体积

气体种类	CO	CO_2	N_2
$\gamma/\text{cm} \cdot \text{mol}^{-1}$	17.9	26.9	17.9

当体系由两种以上组分构成时，可采用式（4-26）计算固有扩散系数[9]。

$$\frac{1}{D_i^{\text{m}}} = \frac{1}{1 - y_i} \sum_{j \neq i} \frac{y_j}{D_{ij}^{\text{m}}} \tag{4-26}$$

当气体密度或多孔介质的孔径较小时，则气体的平均自由程可能远大于孔径，此时气体分子与孔道边壁之间的碰撞概率要多于分子之间的碰撞概率，它将成为阻止气体扩散的主要因素，此扩散模式被称为克努森扩散，气体的固有扩散系数可由式（4-27）表示[9]。

$$D_i^{\text{K}} = 97 \bar{r} \cdot \left(\frac{T}{M_i}\right)^{1/2} \tag{4-27}$$

式中　$\bar{r}$——多孔介质中微孔的平均半径，m。

本研究认为球团内部气体的扩散受两种模式混合控制，有效扩散系数可以通过公式（4-28）计算得到。

$$\frac{1}{D_{\text{eff},i}} = \left(\frac{1}{D_i^{\text{m}}} + \frac{1}{D_i^{\text{K}}}\right) \frac{\tau}{\varepsilon} \tag{4-28}$$

C　化学反应速率方程

将还原过程中各反应的活化能、指前因子、平衡常数在表 4-5 中列出；而颗粒的形状修正系数、粒径以及颗粒数量密度在表 4-6 中给出。

表 4-5　各类化学反应的指前因子、活化能及平衡常数

反　应	A/s^{-1}	$E_a/J \cdot mol^{-1}$	K_e
$3Fe_2O_3+CO \rightleftharpoons 2Fe_3O_4+CO_2$	2700	113859	$\exp(5815.5/T+5.5076)$
$Fe_3O_4+CO \rightleftharpoons 3FeO+CO_2$	25.0	75980	$\exp(-663.57/T+1.52)$
$FeO+CO \rightleftharpoons Fe+CO_2$	17.0	63485	$\exp(2376.46/T-2.82)$
$CO_2+C \rightleftharpoons 2CO$	1.87×10^8	184410	$\exp(-20765.92/T+32.8)$

表 4-6　铁矿粉与煤粉颗粒的形状因子、平均粒径及数量密度

铁氧化物			无烟煤粉		
数量密度/m^{-3}	平均粒径/m	形状因子	数量密度/m^{-3}	平均粒径/m	形状因子
5.368×10^{12}	7.283×10^{-5}	1.83	4.988×10^{10}	1.756×10^{-4}	1.56

4.1.2.5　定解条件的确定

A　初始条件

温度初始条件如式（4-29）所示。

$$T|_{t=0} = 298 \text{ K} \quad (0 \leqslant r \leqslant r_0, \ 0 \leqslant z \leqslant z_0) \tag{4-29}$$

　　球团中气相初始成分是以氮气为主，再适当给定一定量的 CO 与 CO_2，以代替固–固反应推动气–固还原过程的启动；而固相各组分的浓度则是依据生球成分确定的。

B　边界条件

a　传热过程边界条件

$$\frac{\partial T}{\partial r} = 0 \quad (r = 0) \tag{4-30}$$

$$\frac{\partial T}{\partial z} = 0 \quad (z = 0) \tag{4-31}$$

$$\lambda \frac{\partial T}{\partial r} = h(T_f - T_s) + \sigma\theta(T_f^4 - T_s^4) \quad (r = r_0) \tag{4-32}$$

$$\lambda \frac{\partial T}{\partial z} = h(T_f - T_s) + \sigma\theta(T_f^4 - T_s^4) \quad (z = z_0) \tag{4-33}$$

式中　h——球团表面对流换热系数，$W/(m^2 \cdot K)$；

　　　σ——斯蒂芬–玻耳兹曼常数，5.67×10^{-8} $W/(m^2 \cdot K^4)$；

　　　θ——表面发射率。

对流换热系数 h 可通过努塞尔数进行计算，二者的关系如式（4-34）所示。

$$Nu = \frac{2R_0h}{\lambda} \tag{4-34}$$

式中 R_0——球团的等表面积当量半径，m。

根据相关文献，在匀速流体中圆球表面的平均传热系数可采用经验公式 (4-35) 表示：

$$Nu = 2 + (0.4Re^{1/2} + 0.06Re^{2/3})Pr^{0.4}\left(\frac{\mu_\infty}{\mu_w}\right)^{1/4} \tag{4-35}$$

式中 μ_∞——外掠主流气体的综合动力黏度系数，Pa·s；

μ_w——球团表面气体的综合动力黏度系数，Pa·s。

而雷诺数与普朗特数可分别由式 (4-36) 和式 (4-37) 表示：

$$Re = \frac{2R_0 v\rho_\infty}{\mu_\infty} \tag{4-36}$$

$$Pr = \frac{c_p\mu_\infty}{\lambda_\infty} \tag{4-37}$$

式中 v——外掠主流气体的速度，m/s；

c_p——气体比定压热容，J/(kg·K)；

λ_∞——外掠主流气体的导热系数，W/(m·K)。

联立式 (4-34) 和式 (4-35) 便可计算对流换热系数。气体综合导热系数的计算可采用式 (4-21)；单个气体组元的动力黏度则可用 Sutherland 公式计算，如式 (4-38) 所示。

$$\mu_i = \mu_{0,i}\left(\frac{T}{T_c}\right)^{1.5}\frac{T_c + T_{s,i}}{T + T_{s,i}} \tag{4-38}$$

式中 $\mu_{0,i}$——组元 i 在常压与 0℃ 条件下的黏度，Pa·s；

T_c——0℃ 的开尔文表达，273.15 K；

$T_{s,i}$——Sutherland 常数，与气体 i 的性质相关，K。

表 4-7 中给出了不同温度下还原涉及的几种气体的动力黏度系数与 Sutherland 常数。

表 4-7 不同温度下气体的动力黏度系数与 Sutherland 常数

气体	温度/℃				Sutherland 常数/K
	0	20	40	60	
	动力黏度系数 μ_i/Pa·s				
CO	16.807×10^6	17.680×10^6	18.553×10^6	19.151×10^6	100
CO_2	13.807×10^6	14.699×10^6	15.699×10^6	16.700×10^6	254
N_2	16.606×10^6	17.484×10^6	18.375×10^6	19.259×10^6	104

而气体混合物的综合动力黏度可由式（4-39）和式（4-40）计算得到。

$$\mu = \sum_{i=1}^{n} \frac{y_i \mu_i}{\sum_{j=1}^{n} y_i \phi_{ij}} \tag{4-39}$$

$$\phi_{ij} = \frac{\left[1 + (\mu_i/\mu_j)^{1/2}(M_j/M_i)^{1/4} \right]^2}{\left[8(1 + M_i/M_j) \right]^{1/2}} \tag{4-40}$$

b　气体传质过程边界条件

$$\frac{\partial C_i}{\partial r} = 0 \quad (r = 0) \tag{4-41}$$

$$\frac{\partial C_i}{\partial z} = 0 \quad (z = 0) \tag{4-42}$$

$$D_{\text{eff},i} \frac{\partial C_i}{\partial r} = k_{\text{m},i}(C_{i,\text{out}} - C_{i,\text{surface}}) \quad (r = r_0) \tag{4-43}$$

$$D_{\text{eff},i} \frac{\partial C_i}{\partial z} = k_{\text{m},i}(C_{i,\text{out}} - C_{i,\text{surface}}) \quad (z = z_0) \tag{4-44}$$

式中　$k_{\text{m},i}$——球团表面组元 i 的对流传质系数，m/s，其数值与舍伍德数有关。

$$Sh_i = \frac{2R_0 k_{\text{m},i}}{D_i} \tag{4-45}$$

而相关文献又表明[9]，当强制流体流过球体表面时，舍伍德数可采用经验公式（4-46），将其与式（4-45）联立后即得到球团表面的对流传质系数。

$$Sh_i = 2 + 0.39 Re_i^{1/2} Sc_i^{1/3} \tag{4-46}$$

式中　Sc_i——施密特数，其表达式为式（4-47）。

$$Sc_i = \frac{\mu_i}{\rho_i D_i} \tag{4-47}$$

4.1.3　模型的求解方法

4.1.3.1　方程的离散

数学模型中各个控制方程均为柱坐标下的偏微分形式，且传热、传质以及化学反应过程之间存在较强耦合关系，采用解析方法解决该类问题难度较大，此处运用数值方法对模型进行求解。由于球团的整个还原过程在管式电阻炉中的恒温带内完成，外部温度与气氛均一稳定，所以球团内部温度场和各种气体的浓度场关于圆柱体轴线呈中心对称。两底面间的中心截面呈镜面对称，模型研究的对象可以缩小至圆柱旋转面的一半区域，并将该区域分解成 $n \times n$ 个离散单元，如图 4-2 所示。

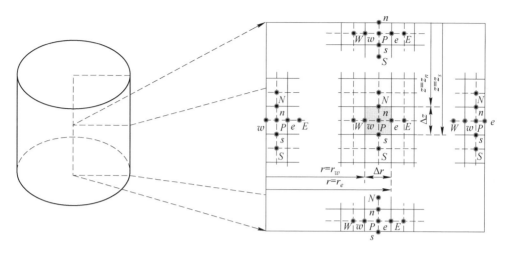

图 4-2　网格划分示意图

图 4-2 中给出了 1 个内部节点与 4 个边界节点，对于内部节点 P 而言，w、e、n 与 s 表示其所代表离散单元的边界面，而 W、E、N 与 S 代表其相邻节点，为便于数值计算，采用控制体积法对各个控制方程在该微元体内进行离散处理，得到用于求解各节点未知物理量的全隐格式差分方程：

$$a_P \phi_P = a_E \phi_E + a_W \phi_W + a_S \phi_S + a_N \phi_N + a_P^0 \phi_P^0 + S_u \tag{4-48}$$

式中　ϕ——待求解的物理量，包括各气相组分的浓度以及温度。

A　能量守恒方程

对方程式 (4-1) 在时间区域 $(t, t+\Delta t)$ 内，沿半径和高度方向在微元体内积分：

$$\rho_{m,p,t} c_{p,t} \int_w^e \int_n^s (T_{P,t+\Delta t} - T_{P,t}) \, dz dr = \frac{1}{r_p} \int_t^{t+\Delta t} \int_n^s \left[\left(r\lambda \frac{\partial T}{\partial r} \right)_e - \left(r\lambda \frac{\partial T}{\partial r} \right)_w \right] dz dt +$$

$$\int_t^{t+\Delta t} \int_w^e \left[\left(\lambda \frac{\partial T}{\partial r} \right)_s - \left(\lambda \frac{\partial T}{\partial r} \right)_n \right] dr dt +$$

$$\int_w^e \int_n^s \int_t^{t+\Delta t} \left(\sum_i \nu_k \Delta H_k \right) dt dz dr \tag{4-49}$$

由于采用全隐格式差分方程，由化学反应引起的源项也为未知数，其数值处理十分重要，应用较为广泛的方法是将源项局部线性化，即在温度的微小变动范围内，将源项视为温度的线性函数，令 $S_H = \sum_i \nu_k \Delta H_k$，则在 P 所代表的控制体内，它可以表示为：

$$S_{H,T_P} = S_{H,T_P^0} + (T_P - T_P^0) \left(\frac{\partial S_H}{\partial T} \right)_{T_P^0} \tag{4-50}$$

在此基础上，方程 (4-49) 经过线性化处理后，可得：

$$\rho_{m,p}c_p(T_P - T_P^0)\Delta r\Delta z = \frac{1}{r_p}\left(r_e\lambda_e\frac{T_E - T_P}{\Delta r} - r_w\lambda_w\frac{T_P - T_W}{\Delta r}\right)\Delta z\Delta t +$$

$$\left(\lambda_s\frac{T_S - T_P}{\Delta z} - \lambda_n\frac{T_P - T_N}{\Delta z}\right)\Delta r\Delta t +$$

$$\Delta r\Delta z\Delta t\left[S_{H,T_P^0} + (T_P - T_P^0)\left(\frac{\partial S_H}{\partial T}\right)_{T_P^0}\right] \qquad (4-51)$$

整理得：

$$\left[\rho_{m,p}c_p\frac{\Delta r\Delta z}{\Delta t} + \frac{\lambda_e r_e}{r_p\Delta r}\Delta z + \frac{\lambda_w r_w}{r_p\Delta r}\Delta z + \frac{\lambda_n\Delta r}{\Delta z} + \frac{\lambda_s\Delta r}{\Delta z} + \left(\frac{\partial S_H}{\partial T}\right)_{T_P^0}\Delta r\Delta z\right]T_P$$

$$= \frac{\lambda_e r_e\Delta z}{r_p\Delta r}T_E + \frac{\lambda_w r_w\Delta z}{r_p\Delta r}T_W + \frac{\lambda_n\Delta r}{\Delta z}T_N + \frac{\lambda_s\Delta r}{\Delta z}T_S +$$

$$\left[\rho_{m,p}c_p\frac{\Delta r\Delta z}{\Delta t} + \left(\frac{\partial S_H}{\partial T}\right)_{T_P^0}\Delta r\Delta z\right]T_P^0 + S_{H,T_P^0}\Delta r\Delta z \qquad (4-52)$$

将式（4-52）与式（4-48）对比后，可以发现 $a_E = \frac{\lambda_e r_e}{r_p\Delta r}\Delta z$，$a_W = \frac{\lambda_w r_w}{r_p\Delta r}\Delta z$，

$a_N = \frac{\lambda_n\Delta r}{\Delta z}$，$a_S = \frac{\lambda_s\Delta r}{\Delta z}$，$a_P^0 = \rho_{m,p}c_p\frac{\Delta r\Delta z}{\Delta t} + \left(\frac{\partial S_H}{\partial T}\right)_{T_P^0}\Delta r\Delta z$，$S_u = S_{H,T_P^0}\Delta r\Delta z$，同时

$a_P = a_E + a_W + a_N + a_S + a_P^0$；边界面上的导热系数 λ 用相邻节点的调和平均数表示，即 $\lambda_e = (1/\lambda_P + 1/\lambda_E)^{-1}$，$\lambda_W = (1/\lambda_P + 1/\lambda_W)^{-1}$，$\lambda_n = (1/\lambda_P + 1/\lambda_N)^{-1}$，$\lambda_s = (1/\lambda_P + 1/\lambda_S)^{-1}$。

B 质量守恒方程

对方程式（4-2）在时间区域 $(t, t + \Delta t)$ 内，沿半径和高度方向在微元体内积分：

$$\varepsilon_P\int_w^e\int_n^s(C_{i,P,t+\Delta t} - C_{i,P,t})\mathrm{d}z\mathrm{d}r = \frac{1}{r_p}\int_t^{t+\Delta t}\int_n^s\left[\left(rD_{\mathrm{eff},i}\frac{\partial C_i}{\partial r}\right)_e - \left(rD_{\mathrm{eff},i}\frac{\partial C_i}{\partial r}\right)_w\right]\mathrm{d}z\mathrm{d}r +$$

$$\int_t^{t+\Delta t}\int_w^e\left[\left(D_{\mathrm{eff},i}\frac{\partial C_i}{\partial z}\right)_s - \left(D_{\mathrm{eff},i}\frac{\partial C_i}{\partial z}\right)_n\right]\mathrm{d}r\mathrm{d}t +$$

$$\int_w^e\int_n^s\int_t^{t+\Delta t}(S_{g,P,C_i})\mathrm{d}t\mathrm{d}z\mathrm{d}r \qquad (4-53)$$

同样对源项进行局部线性化，可以得到：

$$S_{g,P,C_i} = S_{g,P,C_i^0} + (C_{P,i} - C_{P,i}^0)\left(\frac{\partial S_{g,i}}{\partial C}\right)_{C_{P,i}^0} \qquad (4-54)$$

在此基础上，方程式（4-53）经过线性化处理后得到：

$$\varepsilon_e(C_{P,i} - C_{P,i}^0)\Delta r\Delta z = \frac{1}{r_p}\left(r_eD_{\mathrm{eff},e,i}\frac{C_{E,i} - C_{P,i}}{\Delta r} - r_wD_{\mathrm{eff},w,i}\frac{C_{P,i} - C_{W,i}}{\Delta r}\right)\Delta z\Delta t +$$

$$\left(D_{\text{eff},n,i} \frac{C_{S,i} - C_{P,i}}{\Delta z} - D_{\text{eff},s,i} \frac{C_{P,i} - C_{N,i}}{\Delta z} \right) \Delta r \Delta t +$$

$$\Delta r \Delta z \Delta t \left[S_{g,C_i^0} + (C_{P,i} - C_{P,i}^0) \left(\frac{\partial S_{g,i}}{\partial C} \right)_{C_{P,i}^0} \right] \tag{4-55}$$

整理得:

$$\left[\varepsilon_P \frac{\Delta r \Delta z}{\Delta t} + \frac{D_{\text{eff},e,i} r_e}{r_P \Delta r} \Delta z + \frac{D_{\text{eff},w,i} r_w}{r_P \Delta r} \Delta z + \frac{D_{\text{eff},s,i} \Delta r}{\Delta z} + \frac{D_{\text{eff},n,i} \Delta r}{\Delta z} + \left(\frac{\partial S_{g,i}}{\partial C} \right)_{C_{P,i}^0} \Delta r \Delta z \right] C_{P,i}$$

$$= \frac{D_{\text{eff},e,i} r_e \Delta z}{r_P \Delta r} C_{E,i} + \frac{D_{\text{eff},w,i} r_w \Delta z}{r_P \Delta r} C_{w,i} + \frac{D_{\text{eff},s,i} \Delta r}{\Delta z} C_{N,i} + \frac{D_{\text{eff},n,i} \Delta r}{\Delta z} C_{S,i} +$$

$$\left[\varepsilon_P \frac{\Delta r \Delta z}{\Delta t} + \left(\frac{\partial S_{g,i}}{\partial C} \right)_{C_{P,i}^0} \Delta r \Delta z \right] C_{P,i}^0 + S_{g,C_i^0} \Delta r \Delta z \tag{4-56}$$

上述方程式中,微元体边界面上扩散系数也采用相邻节点扩散系数的调和平均值。

4.1.3.2 边界条件的离散处理

边界条件的处理遵循附加源项法,以能量守恒方程为例,当 $r=0$ 或 $z=0$ 时,相应边界面上的热流量也为 0,即 $\lambda_w \frac{T_P - T_W}{\Delta r} = 0$ 或 $\lambda_n \frac{T_P - T_N}{\Delta z} = 0$,除此以外该类控制方程的离散化处理过程与其他内部控制体相同,此处不再赘述;对于表面控制体,其表面热流密度等于对流换热与辐射换热密度之和,在 $r = r_0$ 情况下,令 $S_{H'} = h(T_f - T_s) + \sigma\theta(T_f^4 - T_s^4)$,则该控制体的能量守恒方程可以表示为:

$$\rho_{\text{m},p} c_p (T_P - T_P^0) \Delta r \Delta z$$

$$= \frac{1}{r_p} \left(r_e S_{H'} - r_w \lambda_w \frac{T_P - T_W}{\Delta r} \right) \Delta z \Delta t + \left(\lambda_s \frac{T_S - T_P}{\Delta z} - \lambda_n \frac{T_P - T_N}{\Delta z} \right) \Delta r \Delta t +$$

$$\Delta r \Delta z \Delta t \left[S_{H,T_P^0} + (T_P - T_P^0) \left(\frac{\partial S_H}{\partial T} \right)_{T_P^0} \right] \tag{4-57}$$

将 $S_{H'}$ 中的表面温度 T_s 近似处理为该控制体的节点温度 T_P,并对 $S_{H'}$ 关于 T_P 作局部线性化处理得到:

$$S_{H'} = S_{H',T_P^0} + (T_P - T_P^0) \left(\frac{\partial S_{H'}}{\partial T} \right)_{T_P^0} \tag{4-58}$$

将式(4-58)代入式(4-57)得到离散方程的标准形式:

$$\left[\rho_{\text{m},p} c_p \frac{\Delta r \Delta z}{\Delta t} - \frac{r_e \Delta z}{r_p} \left(\frac{\partial S_{H'}}{\partial T} \right)_{T_P^0} + \frac{\lambda_w r_w}{r_p \Delta r} \Delta z + \frac{\lambda_n \Delta r}{\Delta z} + \frac{\lambda_s \Delta r}{\Delta z} + \left(\frac{\partial S_H}{\partial T} \right)_{T_P^0} \Delta r \Delta z \right] T_P$$

$$= \frac{\lambda_w r_w \Delta z}{r_p \Delta r} T_W + \frac{\lambda_n \Delta r}{\Delta z} T_N + \frac{\lambda_s \Delta r}{\Delta z} T_S + \frac{r_e \Delta z}{r_p} S_{H', T_P^0} + S_{H, T_P^0} \Delta r \Delta z +$$

$$\left[\rho_{m,p} c_p \frac{\Delta r \Delta z}{\Delta t} + \left(\frac{\partial S_H}{\partial T} \right)_{T_P^0} \Delta r \Delta z - \frac{r_e \Delta z}{r_p} \left(\frac{\partial S_{H'}}{\partial T} \right)_{T_P^0} \right] T_P^0 \qquad (4\text{-}59)$$

采取类似的方法, 在 $z = z_0$ 处对能量守恒方程进行处理, 得到标准形式, 如式 (4-60) 所示。

$$\left[\rho_{m,p} c_p \frac{\Delta r \Delta z}{\Delta t} + \frac{\lambda_e r_e}{r_p \Delta r} \Delta z + \frac{\lambda_w r_w}{r_p \Delta r} \Delta z + \frac{\lambda_n \Delta r}{\Delta z} - \Delta z \left(\frac{\partial S_{H'}}{\partial T} \right)_{T_P^0} + \left(\frac{\partial S_H}{\partial T} \right)_{T_P^0} \Delta r \Delta z \right] T_P$$

$$= \frac{\lambda_e r_e \Delta z}{r_p \Delta r} T_E + \frac{\lambda_w r_w \Delta z}{r_p \Delta r} T_W + \frac{\lambda_n \Delta r}{\Delta z} T_N + \Delta z S_{H', T_P^0} + S_{H, T_P^0} \Delta r \Delta z +$$

$$\left[\rho_{m,p} c_p \frac{\Delta r \Delta z}{\Delta t} + \left(\frac{\partial S_H}{\partial T} \right)_{T_P^0} \Delta r \Delta z - \Delta z \left(\frac{\partial S_{H'}}{\partial T} \right)_{T_P^0} \right] T_P^0 \qquad (4\text{-}60)$$

4.1.3.3　离散方程的求解

模型所描述的传热与传质等过程均为二维问题, 为了加快迭代过程的收敛速率, 本书采用块迭代法对离散形式的代数方程组进行求解。将图 4-2 中 $n \times n$ 个控制单元组成的计算区域分解成若干个块, 每个块由横向网格线穿过的 n 个控制单元组成, 迭代实施方式为 Gauss-Seidel 模式, 每一步计算取相邻点的最新值进行[10], 计算扫描方向为自上而下, 此时有:

$$a_P \phi_P^{(n)} = a_E \phi_E^{(n-1)} + a_W \phi_W^{(n-1)} + a_S \phi_S^{(n-1)} + a_N \phi_N^{(n)} + a_p^0 \phi_p^0 + S_u \qquad (4\text{-}61)$$

式中, 上标 n 与 $(n-1)$ 表示迭代轮次。

计算程序采用 Matlab 进行编码, 图 4-3 为模型的求解流程图。根据定解条件输入球团温度、成分、孔隙率与周边气氛等参数的初始值后, 进入以还原时间为循环条件的计算模块, 计算得到的当前时刻整个体系的所有参数后, 将其保存为下一时刻计算所需的初始值, 以此类推直到还原结束。

4.2　还原过程数学模型所需关键参数的获取

为了获取建立模型所需的铁氧化物还原与碳素溶损过程的活化能, 采用热重试验对这两种反应进行动力学分析, 本试验在等温条件下进行。

热重分析试验的样品均采用 5~6 mg 粉末试剂, 在刚玉坩埚中铺展成薄层, 从而减少外部传质阻力。在碳素溶损反应的热分析试验中, 经过脱挥发分处理的煤粉从室温开始加热, 升温速率为 20 ℃/min, 终点温度分别为 1000 ℃、1100 ℃、1150 ℃ 与 1200 ℃, 其间反应室内通有 100 mL/min 高纯 N_2 作为惰性保护气氛, 待煤粉样品温度恒定, 将高纯 N_2 切换为 CO_2 (60 mL/min), 启动等温条件下的碳素溶损过程, 并开始采集热重数据。

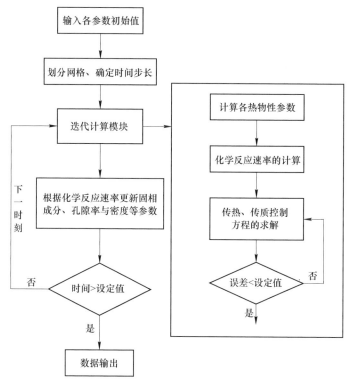

图 4-3 球团还原过程数学模型求解流程图

在 CO 还原铁氧化物的热重分析试验中,以 20 ℃/min 的加热速率升温,终点温度分别为 850 ℃、900 ℃、950 ℃与 1000 ℃,温度恒定后将保护气氛切换为反应气氛,并开始采集样品质量数据。Fortini 等人[11]的研究显示,Fe_3O_4 在一定的温度与气氛条件下,能被还原为较稳定的浮士体,因此可以强制将铁氧化物的还原分为两段:第一段为原矿→FeO,反应气氛为 50% CO 与 50%CO_2,流量各为 50 mL/min,当样品质量不再发生变化时,即认为首段还原已经完成,将反应气氛变为 100%CO,流量为 100 mL/min,令反应体系进入 FeO→Fe 阶段。热分析试验中的转化率可用试样在反应过程中的失重率 α 表示。

$$\alpha = \frac{W_0 - W_t}{AW_0} \qquad (4\text{-}62)$$

式中　W_0——样品的初始质量,g;

　　　W_t——t 时刻样品质量,g;

　　　A——样品在反应过程中最大失重率。

4.2.1　碳素溶损反应

不同温度下碳素溶损反应进度随时间的变化曲线如图 4-4 所示,图 4-5 所示的为经过前面各速率方程处理后碳素溶损反应的动力学曲线，图中 GOF 为拟合优度，可见 $1-(1-f)^{1/3}$ 与时间 t 之间的线性关系最好，因此可以判断碳素溶损反应由界面化学反应控速。

根据 $1-(1-f)^{1/3}$ 与时间 t 的线性关系，可算出不同温度下的速率常数 k，1000 ℃、1100 ℃、1150 ℃ 与 1200 ℃ 下速率常数分别为 $1.360×10^{-2}$ s^{-1}、$0.759×10^{-2}$ s^{-1}、$0.514×10^{-2}$ s^{-1} 与 $0.124×10^{-2}$ s^{-1}，阿伦尼乌斯公式式（4-63）表明了 $\ln k$ 与 $1/T$ 之间存在线性关系，其中 E_a 为反应活化能，R 为理想气体常数 [8.314 J/(mol·K)]，A 为指前因子。

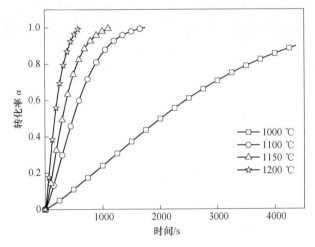

图 4-4　不同温度下碳素溶损过程的转化率曲线

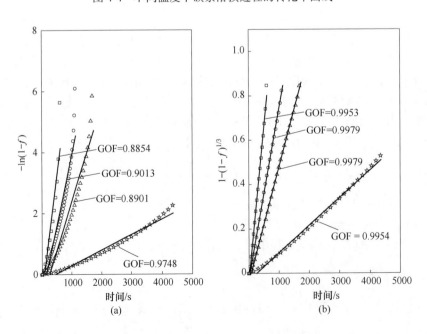

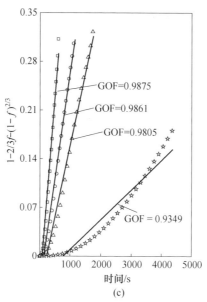

图 4-5 不同速率表达式下碳素溶损过程的动力学数据

（a）均质反应控速；（b）界面化学反应控速；（c）内扩散控速

$$\ln k = \frac{E_a}{RT} + \ln A \tag{4-63}$$

由图 4-6 中回归直线可推导出碳素溶损反应的活化能为 184.41 kJ/mol。另外，本书也采用 Friedman 法对各类化学反应的活化能进行了评估[12]，该方法不需要确定整个反应的控速环节便能推算出活化能。化学反应速率的通用计算表达式为：

$$\frac{\mathrm{d}\alpha}{\mathrm{d}t} = kF(\alpha) \tag{4-64}$$

式中，$k = A\exp\left(-\frac{E_a}{RT}\right)$，积分后得到：

$$\int \mathrm{d}t = \frac{1}{A\exp\left(-\dfrac{E_a}{RT}\right)} \int \mathrm{d}\alpha / F(\alpha) \tag{4-65}$$

所以当反应转化率被固定时，反应时间与温度之间存在以下关系式：

$$t_\alpha = \frac{\mathrm{constant} \cdot \exp\left(\dfrac{E_a}{RT}\right)}{A} \tag{4-66}$$

$$\ln t_\alpha = \ln\left(\frac{\mathrm{constant}}{A}\right) + \frac{E_a}{R} \cdot \frac{1}{T} \tag{4-67}$$

可见达到给定转化率所需时间 t_α 与温度倒数之间存在线性关系。表 4-8 中给出了

Friedman 法推导出在不同转化率下无烟煤气化的活化能及其均值，可见与常规方法所得结果几乎一致，说明界面化学反应的确是碳素溶损过程的控速环节。S. Ergun[13] 在常压与 700~1400 ℃ 范围内对三种不同来源的碳质还原剂的 CO_2 气化过程进行了动力学分析，得到活化能均约为 195.48 kJ/mol；张林仙等人[14] 研究了六种中国典型无烟煤的气化反应活性，发现由于灰分中的矿物质对碳素溶损过程有催化作用，而各类煤种在灰分成分与含量上存在差异，其活化能也各不相同，但它们的活化能均分布在 150~250 kJ/mol 范围内。综上，该结果可为数学模型的建立提供数据支撑。

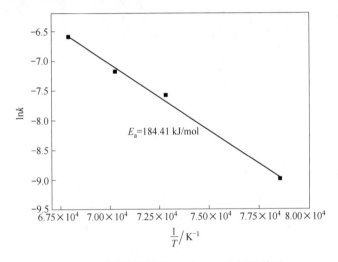

图 4-6　碳素溶损过程 $\ln k$ 与 $1/T$ 之间的关系

表 4-8　碳素溶损反应不同转化率下无烟煤气化的活化能及其均值

$\alpha \times 100$	R^2	$E_a / \mathrm{kJ \cdot mol^{-1}}$	$E_{a,\mathrm{mean}} / \mathrm{kJ \cdot mol^{-1}}$
20	0.9974	191.29	
40	0.9973	192.98	184.72
60	0.9965	179.58	
80	0.9946	175.02	

4.2.2　铁氧化物还原反应

原料分析显示，硼铁精矿中基本全为磁铁矿（Fe_3O_4），本书根据叉子曲线图，通过控制气氛与温度，强制将含铁物料的还原过程划分为两个阶段（$Fe_3O_4 \rightarrow FeO$ 与 $FeO \rightarrow Fe$），图 4-7 中给出了这两个阶段还原度与反应时间之间的关系曲线，可见第一阶段耗时明显短于第二阶段，且前者反应气氛中 CO 浓度又低于后者，所以可以判断硼铁精矿的实际碳热还原过程受限于 FeO 的还原。

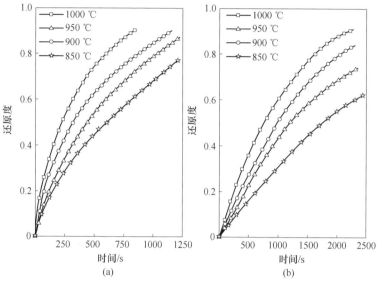

图 4-7　不同温度下 CO 还原硼铁精矿的转化率曲线

（a）原矿→FeO；（b）FeO→Fe

图 4-8 和图 4-9 分别为不同速率表达式下 Fe_3O_4→FeO 与 FeO→Fe 过程的动力学数据，可见对于磁铁矿的还原过程，速率表达式 $1 - (1 - f)^{1/3} = kt$ 的拟合优度最高；而对于氧化亚铁的还原过程，$-\ln(1 - f)$ 与 $1 - (1 - f)^{1/3}$ 均能与时间 t 保持较好的线性关系，然而选择后者的拟合优度更高，而且该速率方程能使模型中

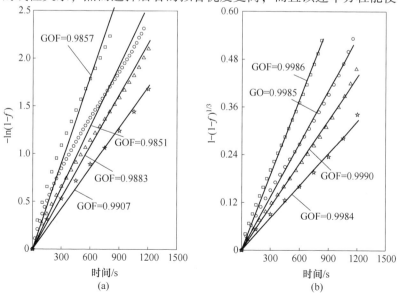

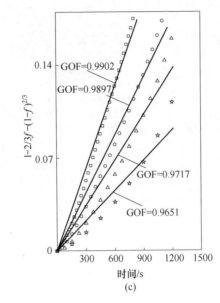

(c)

图 4-8　各速率表达式下 CO 还原 Fe_3O_4 的动力学数据

（a）均质反应控速；（b）界面化学反应控速；（c）内扩散控速

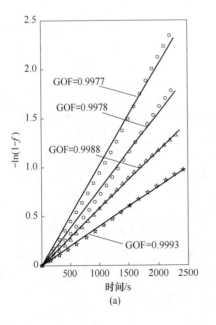

(a)

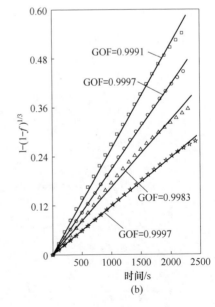

(b)

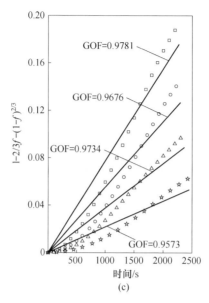

图 4-9 各速率表达式下 CO 还原 FeO 的动力学数据

（a）均质反应控速；（b）界面化学反应控速；（c）内扩散控速

化学反应的计算得到归一化，提高计算效率，因此确定磁铁矿与氧化亚铁的还原均受界面化学反应控速。

从图 4-10 中 $\ln k$ 与 $1/T$ 之间的线性关系可推导出 $Fe_3O_4 \rightarrow FeO$ 与 $FeO \rightarrow Fe$ 两

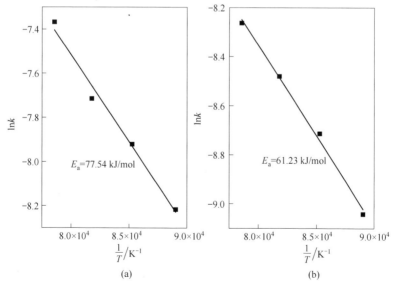

图 4-10 CO 还原 Fe_3O_4 与 FeO 过程 $\ln k$ 与 $1/T$ 之间的关系

（a）$Fe_3O_4 \rightarrow FeO$；（b）$FeO \rightarrow Fe$

个阶段的反应活化能分别为 77.54 kJ/mol 与 61.23 kJ/mol，表 4-9 中给出了 Friedman 法推导得到的两个还原过程的活化能，可见两种方法所得结果之间存在一定差异，这里取二者的均值用于数值模拟计算。Tsay 等人[15] 的研究显示以 CO 作为还原剂时，$Fe_3O_4 \rightarrow FeO$ 的活化能为 74 kJ/mol，$FeO \rightarrow Fe$ 的活化能为 70 kJ/mol，而许多数学模型研究工作所用两个阶段的活化能也在 60~75 kJ/mol 范围内[16-17]。综上，本次试验结果可作为 CO 还原铁氧化物过程的本征动力学参数。

表 4-9　铁氧化物还原在不同转化率下的活化能及其均值

反　　应	$\alpha \times 100$	R^2	$E_a / \text{kJ} \cdot \text{mol}^{-1}$	$E_{a,\text{mean}} / \text{kJ} \cdot \text{mol}^{-1}$
$Fe_3O_4 \rightarrow FeO$	20	0.9947	74.24	74.42
	40	0.9889	75.78	
	60	0.9895	73.25	
$FeO \rightarrow Fe$	20	0.9928	68.17	65.74
	40	0.9890	63.93	
	60	0.9860	65.12	

4.3　模型的验证与讨论

4.3.1　模型的验证

基于无烟煤脱挥发分所得产品中的固定碳含量和硼铁精矿预焙烧所得产品中的氧含量，将两种原料按设定的 C/O 进行混合，并外配 7%（质量分数）的水分，混匀后在 20 MPa 压力作用下压制成尺寸为 ϕ24 mm×12 mm 的柱状球团，放入 120 ℃烘箱中干燥 4 h，用于还原焙烧试验。

试验开始前，首先将管式电阻炉加热至设定温度（1100 ℃、1200 ℃ 与 1300 ℃），随后从底部向炉管内通入氮气，流量为 10 L/min，吹扫过程持续 15 min，令管内反应区保持惰性气氛，吹扫完毕后将氮气流量切换为 6 L/min；将已知质量的球团放入铁铬铝丝编制的吊篮之中，吊篮通过吊线与天平相连，本体被置于炉管恒温带，还原开始后球团质量通过电子天平测得并传回计算机，当天平读数不再变化，即认为还原过程已结束；另外，也采取化学分析方法考察了球团还原进度随时间的变化情况，当还原进行到预定时间后将球团从炉中取出，保护冷却至室温，破碎后测定全铁及金属铁含量从而确定金属化率。

图 4-11 是 1100 ℃、1200 ℃ 与 1300 ℃ 下，尺寸为 ϕ24 mm×12 mm 球团表观还原度随还原时间变化的试验值与模拟曲线，图 4-12 中则显示了计算所得球团

金属化率变化曲线与试验测定值的对比，可见在 1100~1300 ℃范围内，模型计算曲线与试验值吻合较好，仅在 1300 ℃下的还原末期，模拟的表观还原度略高于试验。众所周知，在铁矿石还原过程中，除了存在铁氧化物向金属铁的转化过程，由于矿石中不可避免会夹带一定含量的脉石，其中的酸性氧化物在高温条件下极易与低价铁氧化物结合，生成铁橄榄石与铁尖晶石，阻碍还原过程的进一步发展，根据原矿的成分分析，脉石中酸性氧化物主要为 SiO_2，因此铁橄榄石的生成应是高温条件下还原度模拟值低于试验值的主要原因。总体上模型能体现球团的实际还原规律，可用于考察硼铁精矿含碳球团的实际还原过程。

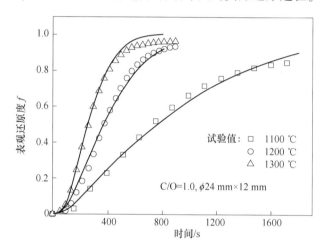

图 4-11 不同温度下球团表观还原度随时间变化的模拟与试验曲线

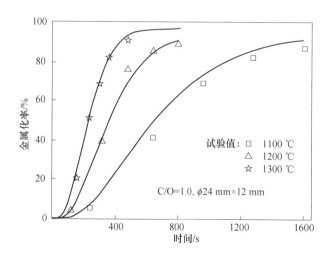

图 4-12 不同温度下球团金属化率随时间变化的模拟与试验曲线

4.3.2　还原过程中温度与含铁物相含量的变化

4.3.2.1　温度的变化

图 4-13 中显示了 1200 ℃条件下，还原过程中球团不同位置温度随时间的变化曲线，可以看出各个位置的温度变化情况存在差异。在还原初始阶段，各点温度均以较快速率上升，由于传热条件的影响，球团中心的升温速率最慢，而圆柱体表面各点的温度变化情况也不尽相同，其中圆柱底面中心点与边缘点的加热曲线几乎重合，圆柱母线中心点的升温速率则明显慢于这两个表面点，这说明在球团加热过程中，径向传热速率快于轴向传热速率。

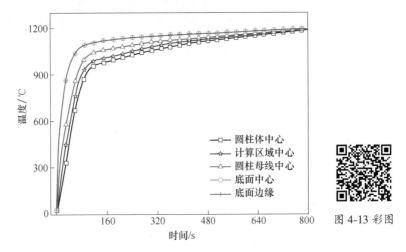

图 4-13　1200 ℃下球团各特征点温度随时间的变化曲线

从图 4-13 中还可以发现，各点的升温曲线在还原时间约为 100 s 时有一个明显的折点，随后以缓慢的速率上升至炉温。碳素溶损反应在铁矿石煤基直接还原过程中至关重要，它不仅能生成还原性气体从而推进整个过程的发展，而且由于强烈的吸热效应，对于传热过程的影响也不容忽视，所以本书也模拟了忽略碳气化过程吸热效应时球团的升温情况，结果如图 4-14 所示，同时分析了各个过程（包括球团吸热及化学反应）在整个球团范围内的能耗概况，如图 4-15 所示。

还原刚开始时，在考虑和不考虑碳素溶损吸热两种情况下，同一点的升温曲线几乎重合，说明此时温度较低，不足以使反应以较快速率进行，所以也不会存在因反应热效应而导致的对球团温度场的影响，从图 4-15 也可以发现，在还原开始的较短时间内，不存在碳气化吸热效应，来自周边环境的热量主要用于球团的物理加热；随着体系温度的进一步上升，碳素溶损反应速率逐渐加快，并在达到某个临界温度时开始剧烈进行（相关文献指出该临界温度为 1100 ℃[18]），此时球团温度的上升趋势开始受到抑制。图 4-14 中同一点考虑与不考虑碳气化热效应的两条加热曲线开始分离，其中对于表面点来说，曲线分离时间约为 60 s，中心点则约为 90 s，而球团中心升温速率下降幅度最为明显；随着还原的进一步发展，体系内碳素含量逐渐降低，碳素溶损速率也因此下降，同一点考虑与不考虑碳气化热效应的加热曲线又开始重合。

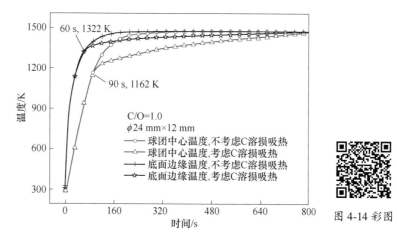

图 4-14　1200 ℃下碳素溶损反应对球心与表面升温过程的影响

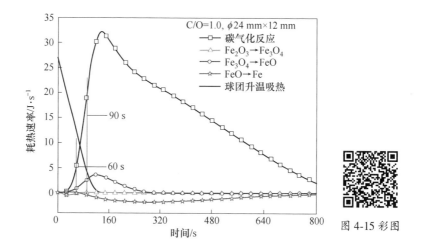

图 4-15　1200 ℃下各物理化学过程耗热速率随还原的变化曲线

对图 4-15 中各耗热速率曲线进行积分计算又可以得知，单个球团还原总能耗约为 13.68 kJ，其中碳气化能耗 86.02%，球团物理升温能耗占 10.82%，而亚铁还原为还原过程补偿的能量约为 0.841 kJ，其所起作用并不明显，这也从另一方面证实了碳素溶损反应对传热过程的重要性。

4.3.2.2 固相成分的变化

图 4-16 和图 4-17 分别为 1100 ℃ 与 1200 ℃ 条件下，C/O = 1.0，尺寸为 $\phi24$ mm×12 mm 的球团内铁氧化物与金属铁含量随还原时间的变化曲线。反应刚开始时，由于硼铁精矿含碳球团中含有微量 Fe_2O_3，且其还原所需的还原势较低，所以这部分反应优先进行，同时 Fe_3O_4 的含量也略微增加。随着球团内部温度与还原势的逐渐上升，$Fe_3O_4 \rightarrow FeO$ 过程被启动，并在较短时间内达到最大反应速率，与此同时一部分新生成的氧化亚铁也被还原成金属铁。当球团中的 Fe_3O_4 被还原完毕时，FeO 含量达到峰值，而金属铁也达到最大增长速率，随后氧化亚铁含量逐渐降低，还原反应也仅剩下了 $FeO \rightarrow Fe$ 过程。

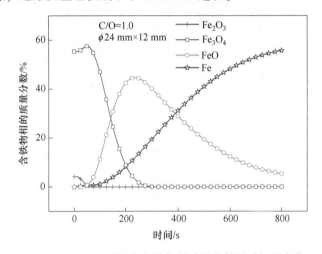

图 4-16　1100 ℃球团内含铁物料质量分数随时间的变化

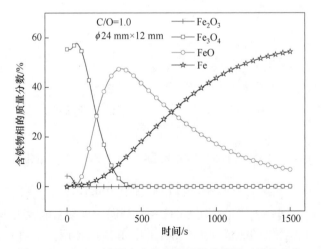

图 4-17　1200 ℃球团内含铁物料质量分数随时间的变化

4.3.2.3 气相成分的变化

图 4-18 和图 4-19 分别为 1100 ℃ 与 1200 ℃ 条件下，从球团表面逸出的 CO 与 CO_2 在气流中的体积分数随时间变化的模拟与试验曲线，可见反应刚开始 CO_2 的生成速率要稍快于 CO，因为此时存在一部分 Fe_2O_3 的还原过程，而根据叉子曲线，此反应处于平衡状态时，气相中 $CO_2/(CO_2+CO)$ 值接近 100%，因此 CO_2 的生成具有一定优势；随着球团温度的上升，碳气化反应开始剧烈进行，CO 浓度急剧上升，参照图 4-16 和图 4-17 所示的物相演变情况可以发现，此时磁铁矿转化为浮士体的化学反应也开始加速进行，部分新生成的氧化亚铁由于高还原势被转化为金属铁，但大量由还原生成的 CO_2 来不及逃离球团表面就被碳素溶损过程消耗，只有少部分能进入尾气流之中，因此尾气中 CO_2 浓度不仅没有继续增

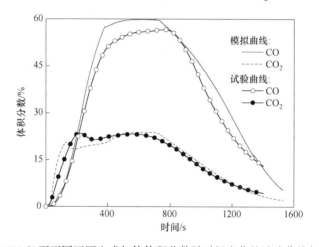

图 4-18 1100 ℃ 下不同还原生成气体体积分数随时间变化的试验曲线与模拟曲线

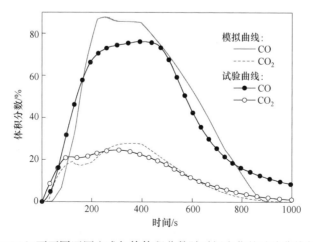

图 4-19 1200 ℃ 下不同还原生成气体体积分数随时间变化的试验曲线与模拟曲线

长，而且有略微下降的趋势，而将图 4-19 与图 4-14 对比也可以发现，当尾气中 CO_2 含量停止上升时，球团中心温度的上升开始受到碳气化反应的抑制。随着球团中氧化亚铁浓度的持续上升，且温度与还原势一直保持在较高水平，金属铁开始加速生成，而球团内碳素浓度的下降导致气化反应开始受到抑制，这使尾气中 CO 浓度停止增长，CO_2 体积分数则呈现微小的上升态势，两条浓度曲线在随后一小段时间内保持了稳定状态。当氧化亚铁还原速率与碳素气化速率都由于反应物浓度下降而开始减小时，两种气体的在尾气中的体积分数逐渐降低，直至整个直接还原过程结束。

从总体上看，通过数值模拟算得的结果能很好地描述实际过程中气体产物生成量随反应时间的变化规律，仅在两个方面试验值与模拟值之间存在一定的偏差，首先模拟所得两个温度下 CO 的最大体积分数均高于试验值，另外当还原过程接近终点时，模拟所得的 CO 体积分数能以较快速率降低为 0，而在试验过程中，在较长一段时间里尾气中仍含有一定含量的 CO。还原试验过程中的一部分新生成的氧化亚铁与脉石中的酸性物质 SiO_2 结合生成了铁橄榄石，其还原条件较为苛刻，而在气固还原体系中，铁氧化物的还原与碳素溶损过程是相互依赖的，还原条件的恶化导致 CO 的生成速率降低，这是反应中期 CO 体积分数试验值低于理论值的原因。而当试验快结束时，球团内一部分铁元素仍以反应活性较低的橄榄石形式存在，高温条件下的熔融或烧结等重构行为导致其与残留下来的碳颗粒紧密接触，令还原能以固-固方式（$Fe_2SiO_4 + 2C = 2Fe + SiO_2 + 2CO$）持续缓慢地进行下去，这就是试验尾气中 CO 能持续存在的原因。

鉴于上述讨论分析，以后的铁矿碳热还原数值模拟研究工作可在以下方面作出改进：首先，可通过试验确定球团中铁氧化物与脉石之间的反应动力学机理，确定铁橄榄石等复杂氧化物关于反应时间的动力学方程或经验公式；其次，复杂氧化物在气基条件下也存在一定的还原特性，因此对于该类反应的动力学机理的考察也是不可或缺的；固体碳颗粒与还原条件苛刻的复杂氧化物间的固-固还原行为是最主要的末期反应模式，探究其动力学机理对于模型计算精度的提高也是很有裨益的；最后，将上述三个方面的试验结果转化成简单数学模型，并嵌入整个数值模拟框架之中，以期能更精准地描述球团的实际还原过程。

4.3.3　不同因素对碳热还原过程的影响

4.3.3.1　球团大小对金属化率的影响

图 4-20 为 1200 ℃、C/O = 1.0 条件下，球团大小对金属化率的影响。根据还原速率的大小，这些曲线均可被分为三个阶段。在初始阶段由于球团整体温度不高，碳素溶损过程进展缓慢，气相中 CO 浓度较低，此时主要反应过程是碳素溶损反应和高价铁氧化物的还原，金属化率接近于 0；球团温度与还原势持续增

加，氧化亚铁浓度也开始上升，这使得金属铁开始加速生成，并在中期一直以最大速率生成；当反应接近结束时，金属化率的上升趋势开始减缓，直至其不再增大。对比分析六种尺寸条件下球团的还原曲线，可以得出以下结论：由于大球团升温速率较慢，其内部 $FeO \rightarrow Fe$ 反应的启动时间较晚，达到最大反应速率所需时间也更长，所以在还原中期，大球团还原进度略落后于小球团；当金属铁的生成速率开始减缓时，可以发现球团尺寸越小，还原速率减小得更加剧烈，这使得大球团的最终金属化率要高于小球团，杜挺与杜昆[18]在研究含碳球团的再氧化行为时，也发现了该现象。还原反应速率与球团内部气氛的还原势有关，影响还原势的因素有两个，一是铁氧化物还原与碳素溶损两个耦合过程，二是气体在球团与周边环境之间的传质过程，反应后期残碳量的降低令碳素溶损速率下降，球团内部还原势降低，而大球团中气体分子到达表面的运动行程较长，扩散阻力较大，未参与还原过程而直接逸出的 CO 量较少，另外球团越小，比表面积越大，暴露在外界气氛中的碳元素比例越大，这一部分碳元素并没有参与铁氧化物之间的耦合反应，而是直接被外部气氛中的 CO_2 气化，导致了碳的利用率降低。

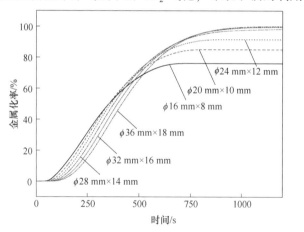

图 4-20 彩图

图 4-20 1200 ℃下球团大小对金属化率的影响（C/O = 1.0）

4.3.3.2 配碳量对金属化率的影响

在金属化球团的生产过程中，生球配碳量的确定需要考虑多方面因素的影响，首先配碳量过低会导致铁氧化物还原不彻底，最终产品的金属化率降低；而过量的碳一方面会造成资源的浪费，同时会导致生球机械强度的下降，而金属化球团中残碳量的上升也会降低产品强度，另外配碳量的上升使得由煤粉带入原料中的灰分量增加，从而降低原料的含铁品位和熔渣中有价组分的含量。

图 4-21 是固定炉温为 1200 ℃，不同碳氧比（C/O 分别为 0.8、0.9、1.0、1.1 与 1.2）条件下金属化率随还原时间的变化曲线。在反应初期，碳氧比的提升对还原过程的促进作用并不是很明显，375 s 以后这些曲线之间的差别才开始

显现，碳氧比越低，金属铁生成速率的降低幅度越大，而且最终金属化率也由于配碳量的减少而降低。因为在还原初期，碳气化反应的限制因素是温度，不是碳浓度；而当球团的整体温度接近炉温时，碳素溶损过程的主要影响因素是碳素浓度，初始碳氧比越小，反应中后期残碳量越低，还原过程受限越严重。从图 4-21 中还可以发现，当球团碳氧比低于 1.1 时，配碳量的上升对提高产品指标作用明显，当碳氧比大于 1.1 时，增大碳氧比对还原过程的促进作用已十分有限。

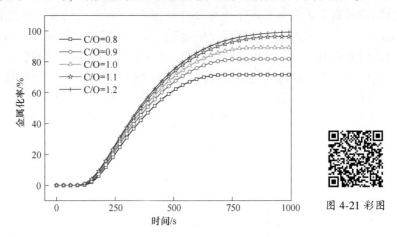

图 4-21　1200 ℃ 下球团 C/O 对金属化率的影响（ϕ24 mm×12 mm）

4.3.3.3　球团初始孔隙率对金属化率的影响

球团的孔隙率与造球压力以及原料的粒度分布情况有关，在本模型中孔隙率的大小不仅随还原时间变化，而且球团内部不同位置处的孔隙率也不同，为简化分析，此处以初始孔隙率作为还原过程的影响因素。图 4-22 是 1200 ℃、C/O =

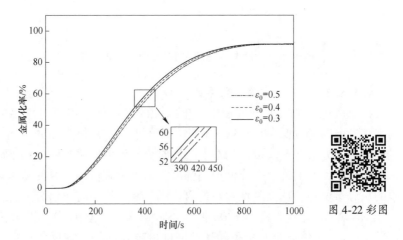

图 4-22　1200 ℃ 下球团初始孔隙率对金属化率的影响（C/O = 1.0）

1.0，初始孔隙率分别为0.3、0.4与0.5时金属化率随还原时间的变化曲线，可以看出球团的还原速率随着初始孔隙率的减小而略微增大，但总的来看三条曲线之间差别不大。

孔隙率对还原过程的影响主要体现为空气的导热系数远小于固态介质，所以孔隙率越大球团的导热系数就越小，而球团直接还原是一个强吸热反应，所以孔隙率的上升令传热条件变差，还原速率降低，但传热过程对还原过程的限制仅体现在反应初期的较短时间内，当球团整体温度接近炉温时，孔隙率已无法借助传热这个中间过程对整个反应产生较大影响。

4.3.3.4 固体反应物粒度对金属化率的影响

图4-23和图4-24分别是1200 ℃、C/O＝1.0时，不同还原剂粒度和铁矿粉粒度条件下球团的金属化率随还原时间变化曲线。由图4-23可知，当铁矿粉粒

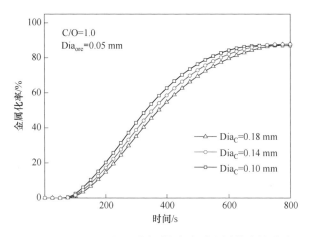

图4-23 1200 ℃下还原剂颗粒大小对金属化率的影响

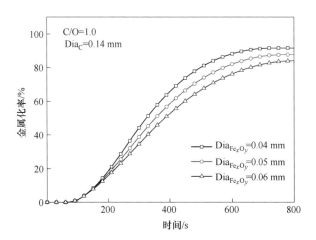

图4-24 1200 ℃下铁氧化物颗粒大小对金属化率的影响

度一定时，还原剂颗粒的粒径越大，球团内部金属铁的生成速率越慢，还原时间为 400 s 时，当还原剂颗粒粒径从 0.10 mm 增长至 0.18 mm，瞬时金属化率由 62.73% 下降至 54.69%，但 800 s 时三条曲线的金属化率均为 88% 左右。而铁矿粉粒径对还原速率的影响更为明显，将铁矿粉粒径分别设定为 0.06 mm、0.05 mm 与 0.04 mm，相应金属化率曲线之间的差别在约 200 s 时开始显现，还原时间为 800 s 时，对应的金属化率由 84.06% 上升至 91.58%。铁矿石还原与碳素溶损都是气-固反应，在物料质量相同的情况下，颗粒越小，与反应气氛的接触面积越大，气-固反应速率越大；固体碳粒度的减小虽然提高了 CO 的生成速率，使得过程中期的金属化率得到了较明显的上升，但球团初始碳氧比是固定的，因此还原剂粒径对于最终脱氧量的影响并不明显，最终得到的金属化率也几乎没有变化；而铁氧化物粒径的增大不仅减小了反应界面面积，由于孔隙中的气体还原剂 CO 同时进行着还原过程与对外扩散过程，界面面积的减小令一部分 CO 气体无法参与还原过程，最终只能扩散至外界气氛之中，所以碳素利用率是随着铁氧化物粒径的减小而降低的，因此还原终点的金属化率也随之下降。

4.3.3.5　反应活化能对金属化率的影响

图 4-25 是 1200 ℃下、C/O=1.0 时煤粉气化活化能和铁氧化物还原活化能对球团金属化率的影响。由图可知，煤粉气化活化能对还原影响主要体现在中前期，还原时间为 400 s，煤粉气化活化能从原始值的 0.95 倍上升至 1.05 倍时，球团金属化率从 64.10% 下降至 47.57%，但还原末期 3 种球团的金属化率之间差别较小。而根据图 4-26，当铁氧化物还原活化能从原始值的 0.95 倍上升至 1.05 倍时，不仅还原速率明显下降，球团最终的金属化率也从 96.38% 下降至 86.42%。

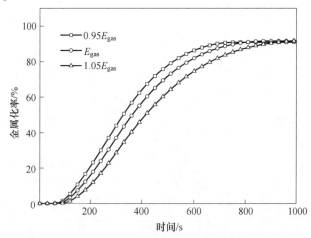

图 4-25　1200 ℃下碳素溶损反应过程活化能对金属化率的影响（C/O=1.0）

整个过程的限制性环节可能有：（1）碳的气化；（2）还原气体在孔隙中的扩散；（3）界面或局部还原反应。由图 4-22 可知还原基本不受孔隙中气体扩散过程影响。根据图 4-25 和图 4-26，煤粉气化活化能和铁氧化物还原活化能对反应速率的作用在反应前期已显现，并且碳素溶损活化能的作用效果更为明显，这是因为反应前期球团的整体温度较低，而碳素溶损速率对温度的作用更为敏感；到了还原中期碳素溶损活化能对于金属化率的最大增长速率影响不大，因为球团整体温度已接近炉温，碳素溶损已得到充分发展，但 FeO 还原活化能的上升明显抑制了最大还原速率，并且越接近反应终点，抑制现象越明显。因此可以推断，在碳热还原前期，反应受碳气化和铁氧化物还原反应混合控速，而后期控速环节为铁氧化物还原反应。

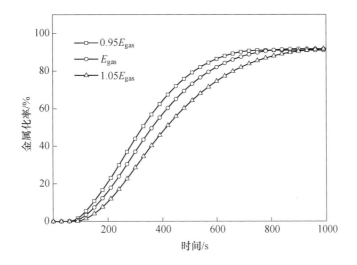

图 4-26　1200 ℃下氧化亚铁还原过程活化能对金属化率的影响（C/O=1.0）

4.3.3.6　反应气氛对金属化率的影响

在球团还原过程中，铁氧化物的还原与碳素溶损反应均为可逆的一级反应，因此气体反应物的浓度不仅影响这两个反应的速率，也决定了它们的进行方向，因此金属铁和低价铁氧化物在氧化性气氛中会发生再氧化现象，气相中的 CO 在高浓度情况下也会发生析碳现象，这里仅考虑气氛对含碳物料还原过程的影响。相关文献指出，工业炉中 CO_2 在炉气中所占比例的上限为 40%[5]，将该值设定为球团周边气相中 CO 与 CO_2 的体积分数之和，以 CO_2 在这部分气体中的相对含量作为因变量，考察其对球团还原过程的影响，所得结果如图 4-27 所示。可见当 CO_2 的体积分数为 15%、20% 与 25% 时，800 s 时球团的金属化率仍有一定的上升趋势；$w(CO_2)$ 分别为 30% 与 35% 时，还原反应在 800 s 时基本到达终点，而

当 CO_2 的相对含量继续增加时，作为反应推进剂的固体碳被提前耗尽，球团将不再具有抗氧化与自还原能力，此后金属化率随时间的增长而降低。

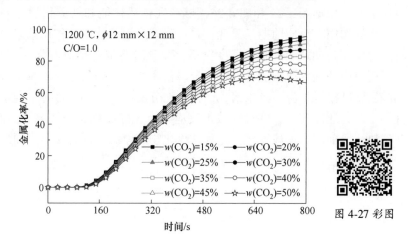

图 4-27 彩图

图 4-27　外界气氛中 CO_2 浓度对金属化率的影响

参 考 文 献

[1] YAGI S, KUNII D. Studies on a fluidized-solids reactor for particles with decreasing diameter [J]. Chemical Engineering Journal, 1955 (5): 500.

[2] SZEKELY J, EVANS J W. Studies in gas-solid reactions: Part I. A structural model for the reaction of porous oxides with a reducing gas [J]. Metallurgical Transactions, 1971, 2 (6): 1691-1698.

[3] ARGENTO C, BOUVARD D. Modeling the effective thermal conductivity of random packing of spheres through densification [J]. International Journal of Heat and Mass Transfer, 1996, 39 (7): 1343-1350.

[4] SHI J, DONSKOI E, MCELWAIN D, et al. Modelling the reduction of an iron ore-coal composite pellet with conduction and convection in an axisymmetric temperature field [J]. Mathematical and Computer Modelling, 2005, 42 (1/2): 45-60.

[5] 秦洁, 刘功国, 李占军, 等. 一种简易的转底炉气氛分析方法: 中国, CN2014101579971 [P]. 2014-07-16.

[6] AKIYAMA T, OHTA H, TAKAHASHI R. Measurement and modeling of thermal conductivity for dense iron oxide and porous iron ore agglomerates in stepwise reduction [J]. ISIJ International, 1992, 32 (7): 829-837.

[7] DONSKOI E, MCELWAIN D. Estimation and modeling of parameters for direct reduction in iron ore/coal composites: Part I. Physical parameters [J]. Metallurgical and Materials Transactions B, 2003, 34 (1): 93-102.

[8] FULLER E N, SCHETTLER P D, GIDDINGS J C. New method for prediction of binary gas-

phase diffusion coefficients [J]. Industrial and Engineering Chemistry, 1966, 58 (5): 18-27.

[9] 华一新. 冶金过程动力学导论 [M]. 北京: 冶金工业出版社, 2004.

[10] 陶文铨. 数值传热学 [M]. 西安: 西安交通大学出版社, 2001.

[11] FORTINI O M, FRUEHAN R J. Rate of reduction of ore-carbon composites: Part Ⅰ. Determination of intrinsic rate constants [J]. Metallurgical and Materials Transactions B, 2005, 36 (6): 865-872.

[12] KUMAR D S, BISWANATH J, AMITAVA J. Kinetics and reduction characteristics of hematite-non-coking coal mixed pellets under nitrogen gas atmosphere [J]. ISIJ International, 1993, 33 (7): 735-739.

[13] ERGUN S. Kinetics of the reaction of carbon with carbon dioxide [J]. The Journal of Physical Chemistry, 1956, 64 (4): 480-485.

[14] 张林仙, 黄戒介, 房倚天, 等. 中国无烟煤焦气化活性的研究: 水蒸气与二氧化碳气化活性的比较 [J]. 燃料化学学报, 2006, 34 (3): 265-269.

[15] TSAY Q T, RAY W H, SZEKELY J. The modeling of hematite reduction with hydrogen plus carbon monoxide mixtures: Part Ⅰ. The behavior of single pellets [J]. AIChE Journal, 1976, 22 (6): 1064-1072.

[16] SUN S, LU W K. Building of a model for the reduction of iron ore in ore/coal composites [J]. ISIJ International, 1999, 39 (2): 130-138.

[17] JUNG S, YI S H. A Kinetic study on carbothermic reduction of hematite with graphite employing thermogravimetry and quadruple mass spectrometry [J]. Steel Research International, 2013, 84 (9): 908-916.

[18] 杜挺, 杜昆. 含碳球团-铁浴熔融还原法关键技术的应用基础研究 [J]. 金属学报, 1997, 33 (7): 718-727.

5 硼铁精矿碳热还原强化研究

纵观国内目前已建成的转底炉直接还原生产线,虽然所处理的原料不同,但是有一些共同的不足,就是金属化球团的金属化率较低、球团中残碳较高、金属化球团强度较低等,解决这些问题除了改进工艺与操作,如还原制度、燃烧制度、配料制度等,还有一个重要方向就是在原料预处理上进行深入研究。还原温度偏低是造成金属化球团金属化率低的主因,国内转底炉现有还原段的最高温度在 1230~1280 ℃,且还原时间有限,而受制于燃料条件以及转底炉自身因素的限制,继续提高还原温度难度较大或成本较高。为此,本书探索了"煤基低温快速还原工艺",综合运用各种手段对硼铁精矿煤基还原过程进行强化,从而降低还原温度、提高还原速率,达到提高效率和降低能耗的双重目的,并使硼铁精矿转底炉煤基直接还原工艺更易于实施、更具有可行性。

5.1 试验方法与方案

以 B1 硼铁精矿为原料,配碳量为 C/O = 1.0,为了考察强化因素对硼铁精矿碳热还原过程的影响,主要进行了如下试验:

(1) 非等温还原试验。

1) 机械力活化。机械力活化是在圆盘振动制样机中进行的,将 10 g 左右的物料放入盘中,开启制样机,磨至一定时间。被磨物料包括硼铁精矿、无烟煤以及硼铁精矿/无烟煤混合物 (C/O = 1.0)。用综合热分析仪考察矿煤混磨及单一磨矿对硼铁精矿碳热还原行为的影响,升温速率为 10 ℃/min,保护气体为高纯 N_2,流量为 100 mL/min。

2) 添加催化剂。碱金属碳酸盐是典型的碳热还原催化剂,本书以 Na_2CO_3 为研究对象。以无烟煤 (-0.18 mm) 为还原剂,C/O = 1.0,用综合热分析仪考察不同 Na_2CO_3 配比的硼铁精矿/无烟煤混合物的重量随温度的变化,试验参数不变,将 Na_2CO_3 加入硼铁精矿和无烟煤的混合物中,加水润湿、混匀,使 Na_2CO_3 溶解,然后烘干,烘干后的样品用研钵研细并混匀后用于热重试验,Na_2CO_3 的配比设定为 0.5%、1.0% 和 1.5%。

3) 添加高反应性还原剂。生物质及其半焦具有反应性好、可再生、来源广、有害元素 (如硫、磷) 含量低等优点,将其配入含碳球团中,既可以提高还原速率，还可以减少对不可再生的煤炭资源的消耗，金属化球团的质量也将提高。本书以木炭为碳质还原剂替代一定比例的无烟煤，考察其对硼铁精矿碳热还原行为的影响。配碳量为 C/O = 1.0，木炭的配入量为占总碳原子配加量的 10%、20%、40% 和 100%，试验设备为综合热分析仪，试验参数不变。所用木炭成分如表 5-1 所示。与焦炭、无烟煤、烟煤等相比，木炭中硫、灰分含量很低，挥发分含量高，灰分成分主要是 CaO、K_2O、MgO 等碱性物质。木炭和无烟煤与 CO_2 的反应性对比分析如图 5-1 所示，测试条件为升温速率 10 ℃/min、CO_2 流量 60 mL/min、还原剂粒度-0.075 mm，从图中可以看出，木炭的反应性要明显好于无烟煤，起始气化温度很低，大概在 650 ℃左右，随着温度的增加，气化速率加快，960 ℃时已反应完全，而此时无烟煤的气化反应才刚刚开始，1200 ℃时才接近完全反应。

表 5-1 木炭成分 (质量分数) (%)

工 业 分 析				灰 分 分 析						
CF_d	V_d	A_d	S	SiO_2	Al_2O_3	Fe_2O_3	CaO	MgO	K_2O	Na_2O
58.8	37.53	3.66	0.05	2.58	0.77	1.56	61.86	8.6	15.05	0.97

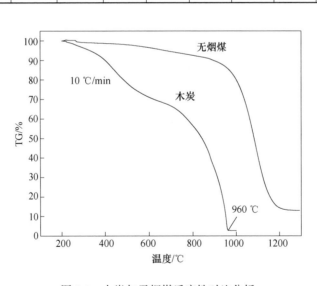

图 5-1 木炭与无烟煤反应性对比分析

4）混合强化。为了最大限度地降低还原温度和提高还原速率，以提高转底炉生产效率和降低能耗，本书同时引入上述三种强化因素，考察混合强化对硼铁精矿的碳热还原行为的影响。试验参数确定为：木炭占总碳原子的 40%、0.5% Na_2CO_3、机械混磨 0.5 min。

（2）等温还原试验。选取适宜的单一强化还原参数，如木炭占总碳原子的

40%、0.5% Na₂CO₃、机械混磨 0.5 min 以及上述参数的混合对矿煤混合物进行
处理，用钢模压制成 ϕ20 mm×10 mm 的柱状团块，在竖式还原炉中于 1000 ℃ 还
原 30 min。保护气氛为高纯 N₂，流量为 4 L/min。考察了强化还原试样与空白试
样以及不同强化还原方式在还原速率、碳素消耗、气体产物生成、体积变化以及
微观结构诸方面的差异。

5.2　单一因素强化

5.2.1　机械力活化

不同磨矿时间样品的 TG 曲线如图 5-2（a）所示，结果表明，通过矿/煤机
械混磨活化可以显著提高还原速率，降低起始还原温度，磨矿时间为 0.5 min 时
即可起到明显的促进作用，延长磨矿时间，还原速率进一步加快，但增加的幅度
很小。磨矿时间为 0、0.5 min、1.0 min 和 1.5 min 时，起始还原温度分别为
1000 ℃、931 ℃、922 ℃ 和 911 ℃。对磨后样品进行粒度分析表明，磨矿时间为
0.5 min 时粒度明显变小，继续延长磨矿时间，粒度基本不再变化。磨矿后还原
失重曲线中 Fe₃O₄→FeO 阶段的反应变得难以明显辨别，此外，1300 ℃ 时终点还
原度随磨矿时间的延长有所增加。

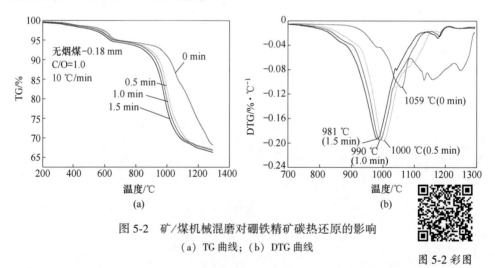

图 5-2　矿/煤机械混磨对硼铁精矿碳热还原的影响
（a）TG 曲线；（b）DTG 曲线

图 5-2 彩图

不同磨矿时间样品的 DTG 曲线如图 5-2（b）所示，未磨样品的 DTG 曲线形
状较为复杂，磨后样品的 DTG 曲线变得相对规则，磨矿时间为 0、0.5 min、
1.0 min 和 1.5 min 时的样品的反应峰值温度分别为 1059 ℃、1000 ℃、990 ℃ 和
981 ℃，相对应的反应速率为 1.09 %/min、1.96 %/min、1.95 %/min 和
1.93 %/min，可见，机械力活化可以显著降低反应峰值温度，提高峰值反应速

率，延长磨矿时间对峰值温度和峰值反应速率的影响较弱。综合考虑促进效果、生产效率和能耗等因素，本试验条件下适宜的磨矿时间宜控制在 0.5 min 以内，但是当采用不同的磨矿方式以及不同的装料量时适宜的磨矿时间应该是不同的。

　　未活化与活化 0.5 min 的矿煤混合物（C/O=1.0）压制的球团于 1000 ℃还原 30 min 后球团的金属化率如图 5-3 所示，从图中可以看出，短时间的机械力活化就可以使球团金属化率从 42.5%提高至 86.6%，接近基准球团 1100 ℃时金属化率的数值（89.6%），可见机械力活化对球团还原的促进作用十分显著。除了强化还原外，机械力活化还可以促进成球，提高生球强度。但是，要在工业生产中大规模实现机械力活化难度比较大，不仅要增加投资，还可能降低生产效率，具体可以参考现有钢铁联合企业中氧化球团生产中所使用的润磨机。

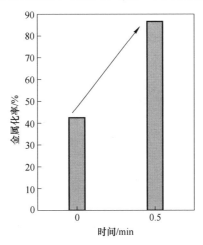

图 5-3　机械力活化对硼铁精矿含碳球团金属化率的影响

（1000 ℃，30 min，C/O=1.0）

　　润磨机是在球磨机基础上发展起来的，主要处理含水量为 8%~13%的物料，其工作时物料受到球与球之间和球与筒体衬板之间的碎磨，使物料充分暴露出新鲜表面，充分细化和混合。使用润磨机可以缩短球团生产工艺，节省设备能耗，降低膨润土添加量，提高生球强度，改善劳动条件和环保条件等。现有润磨机的处理能力远大于目前国内已建成转底炉（20 万吨/a）的生产能力。

　　不同机械力活化方式对硼铁精矿碳热还原的影响如图 5-4 所示，无论对硼铁精矿还是对无烟煤进行机械力活化，均可以降低起始还原温度，提高还原速率。当固定活化时间为 0.5 min 时，单独对矿进行活化对还原的促进作用最小，单独对煤进行活化的促进作用略好于单独对矿进行活化。当矿和煤分别活化 0.5 min 再按 C/O=1.0 混合后进行还原时，还原速率进一步加快，但仍明显低于矿/煤混磨活化 0.5 min。上述结果表明，还原剂的影响要大于铁矿粉，矿/煤混磨后产生了协同作用，而这种协同作用是复杂的和多方面的。

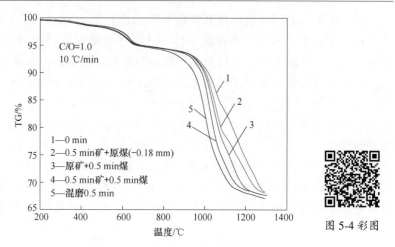

图 5-4 彩图

图 5-4　活化方式对硼铁精矿碳热还原的影响

机械力活化对硼铁精矿含碳球团生球结构的影响如图 5-5 所示，从图中可以

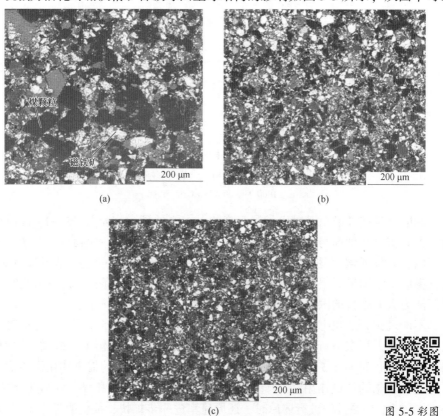

图 5-5 彩图

图 5-5　机械力活化对硼铁精矿含碳球团生球结构的影响

（a）原矿+原煤；（b）0.5 min 矿+0.5 min 煤；（c）混磨 0.5 min

看出，机械磨矿可以显著改变生球的原始状态。一般来说，铁矿含碳球团加速还原的优势在于粉矿和粉煤的紧密接触，强化了动力学过程，使得还原时间缩短，而机械力活化使得这一优势进一步发展，主要表现在原料粒度减小、矿煤间接触面积增加，晶体的无定型化和缺陷的增加也可促进还原。此外，与单独磨矿相比，矿煤混磨可以使原料粒度进一步减小、接触面积进一步增加、球团成分进一步均匀，降低了传质阻力，使得还原速率进一步加快。

5.2.2 添加催化剂

添加 Na_2CO_3 对硼铁精矿碳热还原行为的影响如图 5-6 所示，结果表明，$0.5\%Na_2CO_3$ 即可以较明显降低还原开始温度，加快还原速率，表明 Na_2CO_3 在还原过程中起到的是催化作用，所以少量添加即可满足需求。Na_2CO_3 配比越高，$Fe_3O_4 \rightarrow FeO$ 阶段的还原速率就越快，但增加的幅度逐渐降低，此外，$FeO \rightarrow Fe$ 阶段的还原速率变化不太明显。Na_2CO_3 的热分析试验结果如图 5-7 所示，在本试验条件下，Na_2CO_3 于 853 ℃ 左右开始熔化（Na_2CO_3 熔点为 850 ℃[1]），熔化的同时发生剧烈的分解反应，1180 ℃ 时已经有 62% 左右的 Na_2CO_3 发生了分解，并且分解反应并没有结束，随着温度的增加，分解反应还将继续，分解反应方程式如式（5-1）和式（5-2）所示[2]。根据图 5-6 所示结果可知，Na_2CO_3 在熔化之前已经开始加速硼铁精矿碳热还原反应。

$$Na_2CO_3(l) \Longrightarrow Na_2O(s) + CO_2(g) \tag{5-1}$$

$$Na_2O(l) \Longrightarrow 2Na(g) + \frac{1}{2}O_2(g) \tag{5-2}$$

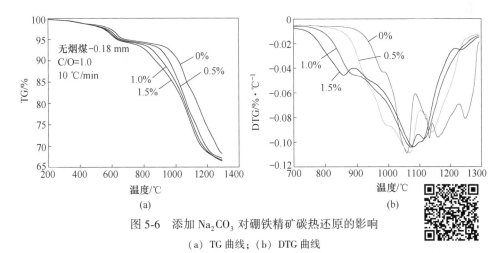

图 5-6 添加 Na_2CO_3 对硼铁精矿碳热还原的影响
(a) TG 曲线；(b) DTG 曲线

图 5-6 彩图

基准球团和配加 $0.5\%Na_2CO_3$ 的球团于 1000 ℃ 还原 30 min
后球团的金属化率如图 5-8 所示，从图中可以看出，添加少量 Na_2CO_3 后，球

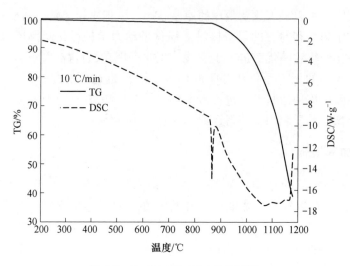

图 5-7　Na₂CO₃ TG–DSC 分析结果

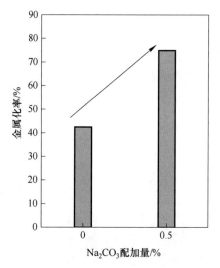

图 5-8　Na₂CO₃ 对球团金属化率的影响

（1000 ℃，30 min，C/O＝1.0）

团金属化率从 42.5%提高至 74.9%，接近基准球团 1050 ℃时金属化率的数值（77.4%），可见配加 Na₂CO₃ 对球团还原的促进作用也较为明显，在实际生产中也较容易实现，但配加 Na₂CO₃ 会提高生产成本，并且 Na₂CO₃ 分解后进入气相中会造成环境污染。此外，当球团中 Na₂CO₃ 添加量在 2%以上时，熔分富硼渣的活性会明显降低，因此 Na₂CO₃ 的添加量越少越好，若要配加，宜控制在0.5%以下。

5.2.3 添加高反应性还原剂

不同木炭含量的矿煤混合物的热分析试验结果如图 5-9 所示，随着木炭配比的增加，各温度下的失重率相应增加，1300 ℃终点失重实验值与计算的理论总失重率基本相同。矿石的烧损、煤挥发分和木炭挥发分在 900 ℃前基本全部析出，且木炭挥发分的析出温度较低。木炭的加入可以在一定程度上降低还原反应开始温度，提高还原速率，并且随着配入量的增加，促进作用逐渐增加。

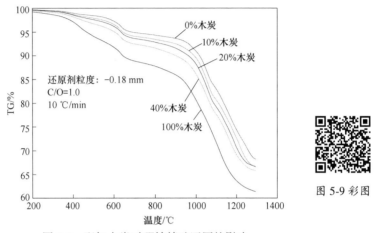

图 5-9 彩图

图 5-9 配加木炭对硼铁精矿还原的影响

基准球团和木炭占总碳原子的 40%的球团于 1000 ℃还原 30 min 后球团的金属化率如图 5-10 所示，从图中可以看出，配加木炭后球团金属化率从 42.5%提高至 70.1%，略低于基准球团 1050 ℃时金属化率的数值（77.4%），配加木炭在一定程度上促进了球团的还原。

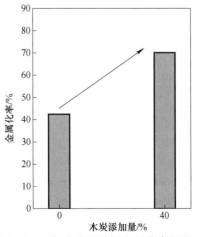

图 5-10 配加木炭对球团金属化率的影响

（1000 ℃，30 min，C/O=1.0）

5.3　混合强化

木炭占总碳原子的 40%、0.5% Na$_2$CO$_3$、机械混磨 0.5min 的混合强化热分析试验结果如图 5-11 所示，并与单一因素的试验结果进行了对比。试验结果表明，机械力活化对还原速率的影响最明显，既显著降低了起始还原温度，又提高了还原速率，其他因素虽然可以一定程度上降低起始还原温度，但对还原速率的影响不大，配加 0.5%Na$_2$CO$_3$ 与配加 40%木炭对还原速率的影响基本相同；多因素的混合要远远优于单一因素的作用效果，起始还原温度显著降低，还原速率明显加快。

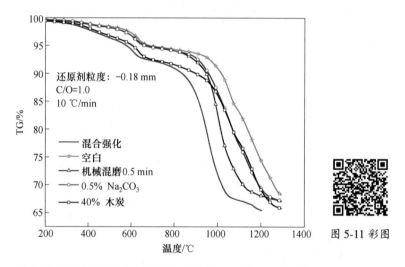

图 5-11　不同强化因素对硼铁精矿非等温还原过程的影响

混合强化及单一强化因素对硼铁精矿 1000 ℃ 等温碳热还原过程的影响如图 5-12 所示，与非等温碳热还原试验结果相比，二者有良好的一致性：机械力活化对还原过程有最明显的促进作用，提高了后期（大于 10 min）还原的速率，终点还原度较高；混合强化时样品的还原速率明显加快，并较快地达到还原终点，20 min 以后还原度变化不再明显。

不同因素强化条件下，1000 ℃ 还原 30 min 时球团的金属化率如图 5-13 所示，从图中可以看出，强化处理的球团金属化率明显升高，各因素的强化效果由弱到强依次为：40%木炭<0.5%Na$_2$CO$_3$<机械混磨 0.5 min<混合强化，混合强化与矿/煤混磨活化的作用效果最明显且相近。经过混合强化，可以将还原温度降低 150 ℃ 而不影响还原效果，从而显著降低还原过程的难度和能耗，提高生产效率。

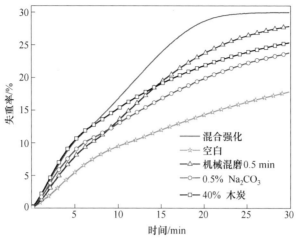

图 5-12　不同强化因素对硼铁精矿等温还原过程的影响

（1000 ℃，30 min，C/O = 1.0）

图 5-12 彩图

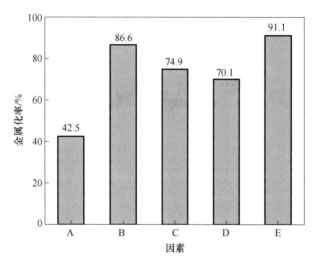

图 5-13　不同强化因素对硼铁精矿等温还原终点金属化率的影响

（1000 ℃，30 min，C/O = 1.0）

A—空白；B—机械混磨 0.5 min；C—0.5%Na₂CO₃；D—40%木炭；E—混合强化

5.4　强化还原过程分析

　　不同因素强化条件下，1000 ℃还原 30 min 时所得金属化球团的残碳含量、碳素消耗率和碳素利用效率如图 5-14 所示，通过对比分析可知，金属化率越高，球团内的残碳含量越低，与不同温度时的还原结果一致。有一个现象需要注意，虽然混合强化球团的金属化率与空白球团 1150 ℃时还原 30 min 所得金属化率相近，但是混合强化球团的残碳含量要低于 1150 ℃还原的空白球团，也就是说获得同一金属化率时，混合强化球团消耗了更多的碳，碳素的利用效率降低，其他强化还原的球团也存在类似的还原度升高同时碳素利用效率降低的情况。综合各试验结果可以得出如下结论：要想获得高的还原度，必须消耗足够的碳量，同时产生足够浓度或数量的 CO，但这样会导致碳原子的利用效率降低，增加产物气体的量和还原势。

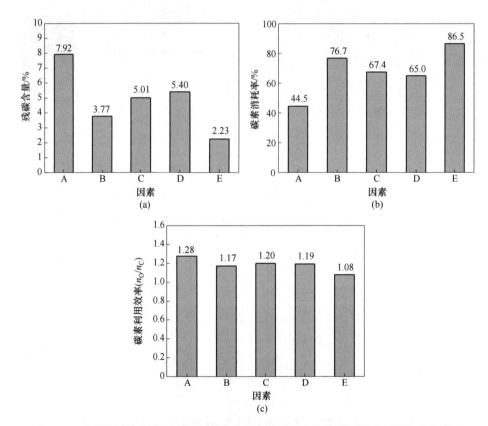

图 5-14　不同强化因素对等温还原终点残碳含量、碳素消耗率和碳素利用效率的影响

(1000 ℃, 30 min, C/O = 1.0)

(a) 残碳含量；(b) 碳素消耗率；(c) 碳素利用效率

A—空白；B—机械混磨 0.5 min；C—0.5% Na_2CO_3；D—40%木炭；E—混合强化

　　不同强化因素等温还原产物气体产率及气体组成如表 5-2 所示，由表可见，强化作用使得球团还原度升高，同时总的气体产率和 CO 产率增加，产物中 CO 的浓度也相应升高，但是混合强化作用的球团的 CO_2 产率明显降低，单一强化因素作用的球团 CO_2 产率增加或与空白球团持平，混合强化球团产物气体的 CO 分

压最高，达 92.14%。

表 5-2 不同强化因素等温还原产物气体产率及气体组成（1000 ℃，30 min）

因 素	CO 产率/mol·g⁻¹	CO₂ 产率/mol·g⁻¹	气体组成 [CO/(CO+CO₂)]/%
空白	$3.15×10^{-3}$	$1.20×10^{-3}$	72.39
机械混磨 0.5 min	$6.21×10^{-3}$	$1.28×10^{-3}$	82.86
0.5%Na₂CO₃	$5.26×10^{-3}$	$1.30×10^{-3}$	80.15
40%木炭	$5.02×10^{-3}$	$1.20×10^{-3}$	80.74
混合强化	$7.58×10^{-3}$	$0.65×10^{-3}$	92.14

强化因素对还原过程中球团体积的变化产生了明显的影响，进而影响了金属化球团的强度。1000 ℃还原 30 min 时，不同强化因素下硼铁精矿含碳球团还原过程体积收缩特性如图 5-15 所示，机械混磨 0.5 min 和配加 0.5%Na₂CO₃ 不仅可以促进还原，还可以使球团的体积收缩率进一步增加，其中机械混磨 0.5 min 的球团还原后体积收缩最明显。但是，配加 40%木炭的球团还原后体积有所膨胀，混合强化的球团体积膨胀更加明显，膨胀率达 8.45%，此时金属化球团发生破裂，强度很差。

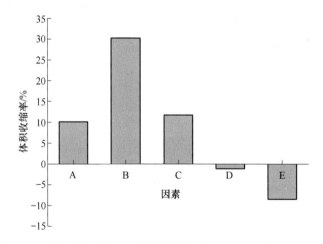

图 5-15 不同强化因素下硼铁精矿含碳球团还原过程体积收缩特性

（1000 ℃，30 min，C/O=1.0）

A—空白；B—机械混磨 0.5 min；C—0.5%Na₂CO₃；D—40%木炭；E—混合强化

1000 ℃还原 30 min 时，不同强化因素下硼铁精矿含碳球团还原所得金属化球团的微观结构如图 5-16 所示，经强化处理后，与空白球团相比，金属化球团中的金属铁的尺寸和含量明显增加。机械混磨 0.5 min 的金属化球团，脉石颗粒

和金属铁颗粒均比较细小，颗粒间的空隙较小，金属铁颗粒呈粒状；配加 0.5%
Na$_2$CO$_3$ 的金属化球团中金属铁的颗粒比较粗大；配加 40% 木炭的金属化球团中
金属铁的数量增加，金属铁颗粒的尺寸小于配加 0.5% Na$_2$CO$_3$ 的球团；混合强化
的金属化球团，金属铁颗粒的尺寸较小，呈细条状，颗粒间的空隙（或距离）
比较大，这是由于球团还原膨胀造成的。

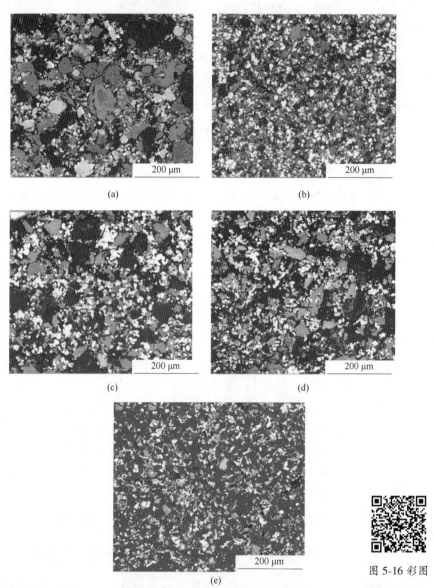

图 5-16 彩图

图 5-16　不同强化因素下还原球团结构（1000 ℃，30 min）
（a）空白；（b）机械混磨 0.5 min；（c）0.5% Na$_2$CO$_3$；（d）40% 木炭；（e）混合强化

　　一般来说，球团的异常膨胀主要是在浮士体还原成金属铁时生成铁晶须引起的[3-8]。将 1000 ℃还原 30 min 的球团打断，用 SEM 观察其断面上金属铁颗粒的形貌，结果如图 5-17 所示，空白金属化球团中金属铁颗粒细小，生长在铁矿物颗粒的边缘；机械混磨 0.5 min 的金属化球团中金属铁颗粒尺寸有所变大，以粒状形式生长在铁矿物颗粒的边缘；配加 0.5% Na_2CO_3 的金属化球团中金属铁颗粒发生了变形，呈片状，且片状的金属铁发生了一定程度的扭曲。上述球团在还原过程中均发生正常收缩，表明上述试验条件下获得的金属铁颗粒不会造成球团的膨胀。配加 40% 木炭的金属化球团中金属铁颗粒明显变成细条状的铁晶须，导致球团发生膨胀，混合强化的球团还原反应更加迅速，金属铁大量生成，导致金属铁颗粒形成的晶须更细长，使得球团发生异常膨胀而失去强度。可见，木炭的加入是导致球团膨胀的原因，这是由木炭的特性决定的，木炭加快了球团的还原速率、改变了球团内的气氛、引入了碱金属 K_2O 和 Na_2O、提高了还原过程中球团的孔隙率等，这些因素都会诱发铁晶须的形成和发展，Gupta 的研究也发现了木炭会造成球团还原过程的异常膨胀[9]。

(a)　　　　　　　　　　　　　　　(b)

(c)　　　　　　　　　　　　　　　(d)

(e)

图 5-17 彩图

图 5-17　不同强化因素下金属铁颗粒形貌 （1000 ℃, 30 min）

（a）空白；（b）机械混磨 0.5 min；（c）0.5%Na₂CO₃；（d）40%木炭；（e）混合强化

参 考 文 献

［1］杨俊和，冯安祖，杜鹤桂. 矿物质催化指数与焦炭反应性关系 ［J］. 钢铁, 2001, 36 （6）: 5-9.

［2］梁英教，车荫昌. 无机物热力学数据手册 ［M］. 沈阳: 东北大学出版社, 1993.

［3］KIM J W, LEE H G. Thermal and carbothermic decomposition of Na_2CO_3 and Li_2CO_3 ［J］. Metallurgical and Materials Transactions B, 2001, 32 （1）: 17-24.

［4］NICOLLE R, RIST A. The mechanism of wisker growth in the reduction of wustite ［J］. Metallurgical Transactions B, 1979, 10 （3）: 429-438.

［5］齐渊洪，周渝生，蔡爱平. 球团矿的还原膨胀行为及其机理的研究 ［J］. 钢铁, 1996, 31 （2）: 1-5.

［6］ABDEL H K S, BAHGAT M, EL-KELESH H A, et al. Metallic iron whisker formation and growth during iron oxide reduction: basicity effect ［J］. Ironmaking and Steelmaking, 2009, 36 （8）: 631-640.

［7］周取定，郭春泰. 碱金属和氟对球团矿还原膨胀影响机理的研究 ［J］. 金属学报, 1986, 22 （6）: 249-256.

［8］NASCIMENTO R C, MOURAO M B, CAPOCCHI J D T. Kinetics and catastrophic swelling during reduction of iron ore in carbon bearing pellets ［J］. Ironmaking and Steelmaking, 1999, 26 （3）: 182-186.

［9］GUPTA R C, MISRA S N. Composite pre-reduced pellet quality as affected by reductant reactivity ［J］. ISIJ International, 2001, 41: S9-S12.

6 硼-铁分离过程研究

硼铁精矿作为低品位硼铁矿原矿经选矿工艺得到的产物，必须采用额外新的处理工艺方能使硼-铁进一步分离，以提高硼的总收得率，即二次分离富集。火法分离具有物料处理量大、反应迅速、生产节奏快、产品质量好等优点，因此有学者提出了"高炉法""固相还原—电炉熔分"等硼-铁分离新工艺。硼-铁火法分离也是本书所提出的基于转底炉煤基直接还原综合硼铁精矿新工艺的关键环节，在完成硼铁精矿含碳球团固态还原行为研究的基础上，尚需要进一步对富硼渣熔融特性、硼铁精矿含碳球团一步还原熔分（即"珠铁工艺"）、预还原硼铁精矿含碳球团熔分等涉及硼-铁火法分离工艺过程的基础问题进行相关研究，以期为新工艺的开发提供科学依据。

6.1 B_2O_3-MgO-SiO_2 渣系熔融特性研究

6.1.1 试验方法及内容

6.1.1.1 熔化性

炉渣的熔化温度是其重要性质之一，对冶金工艺过程的控制有重要作用。按照热力学理论，熔点通常是指标准大气压下固-液二相平衡共存时的平衡温度。炉渣是复杂多元系，其平衡温度随固-液二相成分的改变而改变，实际上多元渣的熔化温度是一个温度区间。在降温过程中液相中刚刚析出固相时的温度叫开始凝固温度（升温时称之为完全熔化温度），即相图中液相线温度；液相完全变成固相时的温度叫完全凝固温度（或开始熔化温度），此即相图中固相线上的温度。由于实际渣系的复杂性，一般没有适合的相图供查阅，也很难从理论上确定其熔化温度[1]。

熔点是热分析仪最常测定的物性数据之一，因此，本书采用同步热分析仪（SDT Q600）对渣系的熔点进行测定。试验过程中气氛为高纯氮，流量为100 mL/min，升温速率为 20 ℃/min，所用坩埚为刚玉坩埚（ϕ5.3 mm × 5.3 mm），试样为粉末状，装料量为 10~15 mg。所得典型 DSC 曲线如图 6-1 所示，取吸热峰的峰值温度作为熔点[2]。

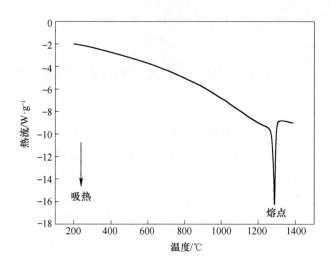

图 6-1　典型 DSC 曲线及熔点的选取

6.1.1.2　流动性

炉渣的流动性也是炉渣的重要物理化学性质之一，对于冶金过程的传热、传质及反应速率均有明显的影响。在生产中，熔渣与金属的分离、能否从炉内顺利排出以及对炉衬的侵蚀等问题均与其流动性密切相关[1]。炉渣的流动性主要是通过测量炉渣的黏度来反映的，测量黏度一般是在黏度计中进行的，常用的黏度计为外柱体旋转黏度计。由于高温试验的困难，炉渣黏度的测量受到一定的限制，因此，只对重要的体系进行了研究，无法全面深入展开[3-4]。

一般情况下，黏度测量是在炉渣的液相区温度以上进行的，这不仅反映了熔体的黏度，也是熔体微观结构的宏观表现，此时温度较高，试验难度大，而有的工艺过程是在液相温度以下进行的，如含碳球团珠铁工艺，没有必要知道液相温度以上的黏度的准确数值，如果能找到一种在工艺自身温度范围内评价熔渣流动性的方法则可能更具有实用性和指导意义。此外，有的试验研究，只是对比评价几种组成炉渣的流动性，也没有必要测定黏度的准确数值。

有学者提出了基于液相流动面积的流动性测定方法，即液相流动性指数的概念，评价了烧结混合料黏结相和高炉炉渣的流动性[5-6]。液相流动性指数通过以下公式计算：

$$L = \frac{S_2 - S_1}{S_1} \qquad (6-1)$$

式中　L——液相流动性指数；

　　　S_1——试样流动前垂直投影面积，m^2；

S_2——试样流动后垂直投影面积，m^2。

流动性指数测定如图 6-2 所示。

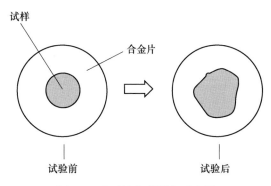

试样

合金片

试验前　　　　　　试验后

图 6-2　流动性指数测定示意图

本书中炉渣液相流动性测定的试验步骤设定如下：

（1）将炉渣（-0.177 mm）和 3% 糊精混合均匀，加入 7% 的水分，再次混匀。

（2）称取混合好的炉渣试样 1.0 g，放入钢模中，用手扳式压样机压制成直径为 8 mm、高度为 8 mm 左右的小圆柱，压制压力为 10 MPa，试样放入烘干箱内烘干后待用。

（3）将压制好的试样放入马弗炉，在 1450 ℃下进行焙烧（若温度低，多数样品的流动面积偏小；若温度高，则某些 B_2O_3、SiO_2 含量高的样品会发生爆炸性铺展），时间为 5 min，焙烧结束后，测量小饼试样的投影面积，计算炉渣的液相流动性指数。

6.1.1.3　试验方案

为了能够对后续渣铁熔分过程起指导作用，并对更加广泛的原料条件具有借鉴意义，本书以分析纯 B_2O_3、MgO 和 SiO_2 为原料，基于硼铁矿矿物组成和矿物的化学成分，配制了一定组成的渣系，来考察化学成分对富硼渣熔化性能和流动性能的影响，具体如表 6-1 所示。上述炉渣均在 1500 ℃预熔 40 min 并冷却磨细后再进行熔化性和流动性测试。再进一步，以 13 号渣的成分为基础，配入一定量的 FeO，来考察 FeO 对富硼渣熔化性能和流动性能的影响，具体添加比例为：外配 5%、10% 和 15%。FeO 是由分析纯 Fe_3O_4 压块后在 900 ℃、50%CO_2+50%CO 气氛下还原 3h 制得的，并由 XRD 分析验证确认为 FeO。

表 6-1　**B₂O₃-MgO-SiO₂ 三元渣系组成**（质量分数）　　　　　　（%）

序号	B_2O_3	MgO	SiO_2
1	16	56	28

序号	B_2O_3	MgO	SiO_2
2	16	54	30
3	16	52	32
4	16	50	34
5	18	56	26
6	18	54	28
7	18	52	30
8	18	50	32
9	20	56	24
10	20	54	26
11	20	52	28
12	20	50	30
13	22	56	22
14	22	54	24
15	22	52	26
16	22	50	28
17	24	56	20
18	24	54	22
19	24	52	24
20	24	50	26

6.1.2　熔化性分析

B_2O_3-MgO-SiO_2 三元渣系熔点的测定结果如图 6-3 所示，从图中可以看出，当渣系中的 B_2O_3 含量固定时，随着 MgO 含量从 56% 降低至 50%（SiO_2 含量同步相应增加），渣系的熔点从 1290 ℃左右逐渐降低至 1190 ℃左右，变化较为明显。当渣系中的 MgO 含量固定时，B_2O_3 含量的变化对不同 MgO 含量渣系熔点的影响略有不同：56%MgO 时，B_2O_3 含量从 16% 增加至 24%（SiO_2 含量同步相应降低），熔点略有增加，但变化非常微小；50%～54%MgO 时，B_2O_3 含量从 16% 增加至 22%，熔点逐渐升高。

基于 FactSage 计算的 B_2O_3-MgO-SiO_2 三元相图如图 6-4 所示，在本书所研究的渣系组成范围内，随着 B_2O_3、SiO_2 含量的增加，体系的液相线温度逐渐降低，由于 MgO 降低的方向与液相线夹角较大，所以 MgO 含量降低（B_2O_3 含量固定）会造成液相线温度较明显降低。理论上，B_2O_3 含量越高，液相线温度越低，原

因在于 B_2O_3 熔点仅有 450 ℃，可以较显著降低体系的熔点，但具体到本书研究的渣系，当 B_2O_3 含量较低时，SiO_2 对熔渣的影响要大于 B_2O_3，但是当 B_2O_3 含量增加到一定数值时，其对体系熔点的降低作用将主导渣系的性质。

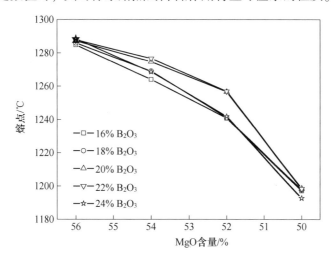

图 6-3　B_2O_3-MgO-SiO_2 三元渣系熔点

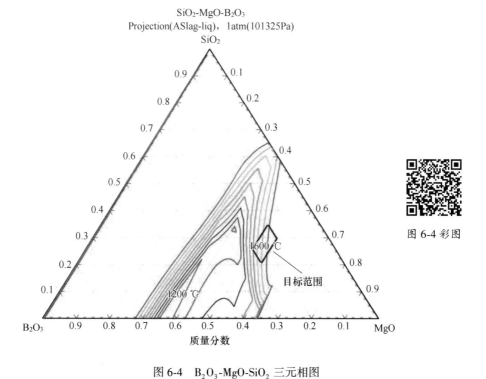

图 6-4 彩图

图 6-4　B_2O_3-MgO-SiO_2 三元相图

FeO 对 B_2O_3-MgO-SiO_2 三元渣系熔点的影响如图 6-5 所示，从图中可以看出，随着渣中 FeO 含量的增加，渣系的熔点逐渐降低，当 FeO 的配入量为 10%左右时，熔点达到最低值，为 1232.8 ℃，继续增加 FeO 的配入量至 20%，渣系的熔点反而升高，但仍低于空白渣系。FeO 的熔点为 1371 ℃，其对 B_2O_3-MgO-SiO_2 三元渣系的影响可根据其在 FeO-B_2O_3 二元系和 FeO-MgO-SiO_2 三元系中的作用来推断：根据 FeO-B_2O_3 二元相图和 FeO-MgO-SiO_2 三元相图可知，在本研究范围内，FeO 可以微弱降低 FeO-MgO-SiO_2 三元系的液相线温度，但会较明显提高 FeO-B_2O_3 二元系的液相线温度，FeO 含量越高，作用就越明显[7]。当 FeO 含量增加至某一数值时，其提高 FeO-B_2O_3 二元系的液相线温度的作用大于降低 FeO-MgO-SiO_2 三元系的液相线温度的作用，导致体系熔点出现最低值后增加。

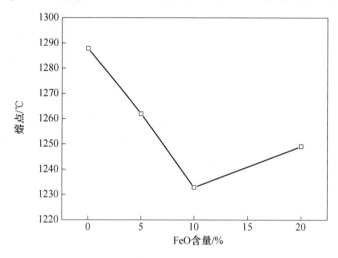

图 6-5　FeO 对 B_2O_3-MgO-SiO_2 三元渣系熔点的影响

6.1.3　流动性分析

1450 ℃时不同组成渣系的流动性测试结果照片如图 6-6 所示，从图中可以看出，低 B_2O_3、低 SiO_2 时，B_2O_3-MgO-SiO_2 三元渣流动性较差，16%~18%B_2O_3 条件下，$w(SiO_2)$ < 30% 时，渣仅发生了熔融，流动程度很小；当 B_2O_3 含量不低于 22%时，渣的流动程度明显变好，B_2O_3 含量为 24%时，渣几乎全部铺展在合金片表面。B_2O_3-MgO-SiO_2 三元渣系的流动性指数计算结果如图 6-7 所示，从图中可以看出，在本书所考察的任一 MgO 含量范围内（50%~56%），随着渣中 B_2O_3 含量的增加，流动性指数逐渐增加，当 B_2O_3 含量大于 20%时，流动性指数明显增加；当 B_2O_3 含量为 16%~22%时，随着 MgO 含量的降低（即 SiO_2 含量增加），流动性指数逐渐增加，且高 B_2O_3 含量时增加的速率大，但是当 B_2O_3 含

量为 24%时，随着 MgO 含量的降低（即 SiO$_2$ 含量增加），流动性指数逐渐降低。

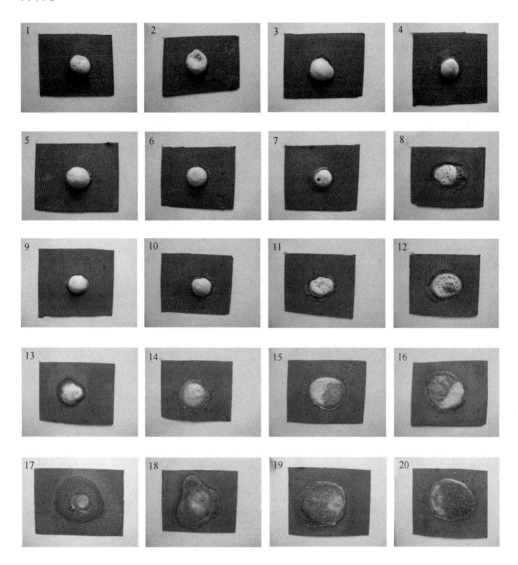

图 6-6 B$_2$O$_3$-MgO-SiO$_2$ 三元渣系流动性测试结果（1450 ℃，5 min）

FeO 对 22%B$_2$O$_3$-56%MgO-22%SiO$_2$ 三元渣系流动性影响测试结果照片如图 6-8 所示，从图中可以看出，随着渣中 FeO 含量的增加，渣在合金片表面铺展的程度略有增加。流动性指数计算结果如图 6-9 所示，从图中可以看出，随着渣中 FeO 含量的增加，流动性指数逐渐增加，流动性能逐渐变好。

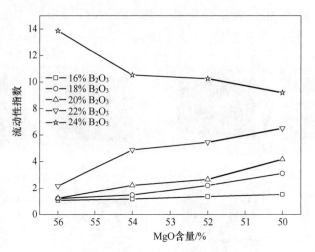

图 6-7 化学组成对 B_2O_3-MgO-SiO_2 三元渣系流动性指数的影响（1450 ℃，5 min）

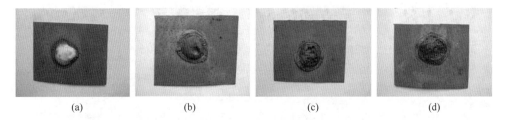

(a)   (b)   (c)   (d)

图 6-8 FeO 对 B_2O_3-MgO-SiO_2 三元渣系流动性影响测试结果（1450 ℃，5 min）

（a）0%FeO；（b）5%FeO；（c）10%FeO；（d）20%FeO

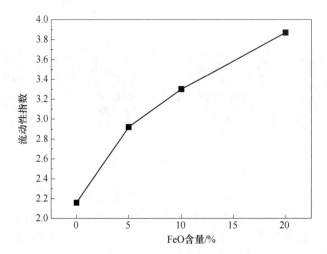

图 6-9 FeO 对 B_2O_3-MgO-SiO_2 三元渣系流动性指数的影响（1450 ℃，5 min）

6.2　硼铁精矿含碳球团一步还原熔分

6.2.1　还原熔分过程中的形貌变化

将硼铁精矿粉（B1）和无烟煤粉（−0.5 mm）按照 C/O = 1.2 配料，混匀后加7%水并再次混匀，经对辊压球机压制成枕状椭球形的含碳球团（40 mm×30 mm×20 mm），于150 ℃电热烘干箱内干燥12 h后备用。采用箱式高温硅钼炉模拟转底炉进行还原熔分，反应容器为石墨质托盘，以防止对炉底的侵蚀，试验装置如图 6-10 所示。试验前，将铺有石墨粉的石墨盘放入炉膛中进行预热，待炉温恢复到设定温度后，将球团置于石墨盘中，然后将石墨盘推入炉膛中进行焙烧，到达预定时间后，取出石墨盘，若球团没有熔分，将球团放入碳粉中，进行埋碳冷却以防止二次氧化。

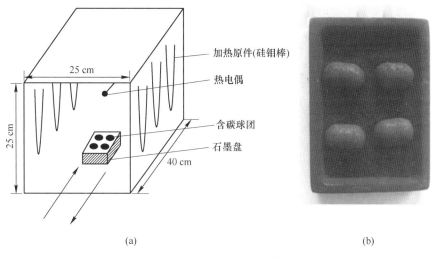

(a)　　　　　　　　　　　　　　　　　(b)

图 6-10　试验装置示意图

（a）高温炉；（b）石墨盘及含碳球团

1400 ℃时球团的熔分形貌如图 6-11 所示，从图中可以看出，随着还原的进行，球团体积逐渐收缩，9 min 时球团表面生成了熔融的渣相，10 min 时球团开始熔分，9~10 min 球团形貌变化十分显著，11 min 以上渣铁可以实现彻底分离。球团还原过程中不同形态铁随时间变化如图 6-12 所示，从图中可以看出，初始状态球团中基本是 Fe_3O_4，还原一开始，在很短时间内，Fe_3O_4 被还原成 FeO，金属铁开始出现，2 min 以后，随着还原的进行，FeO 含量持续降低，金属铁含量逐渐增加，Fe_3O_4 和 Fe_2O_3 接近消失。各种铁素形态同时存在的主要原因是还原温度高，还原速率快，但是由于球团尺寸较大，受传热限制，开始阶段球团中心尚未明显反应，2 min 以后，球团中心与表面的温度差减小。

图 6-11　球团还原熔分过程形貌（1400 ℃）

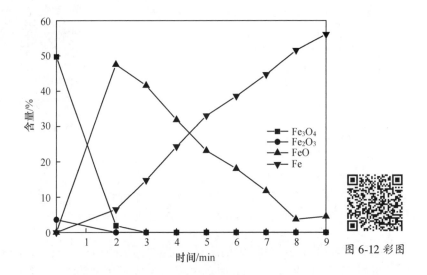

图 6-12　铁素形态随时间的变化（1400 ℃）

　　熔分所得珠铁和富硼渣的化学成分分别如表 6-2 和表 6-3 所示，从表中可以看出，珠铁中含有少量的 B，富硼渣中 B_2O_3 含量较高，约 95.7% 的硼进入了渣相；珠铁中硫含量较高，达 0.27%，难以满足炼钢要求，渣铁间硫的分配系数 $(w(S)/w[S])$ 为 0.44。

表 6-2 珠铁化学成分（质量分数） （%）

C	Si	Mn	B	S	P
3.57	0.018	0.038	0.065	0.27	0.079

表 6-3 富硼渣化学成分（质量分数） （%）

MgO	Al$_2$O$_3$	CaO	B$_2$O$_3$	MFe	FeO	SiO$_2$	S	U
50.72	2.62	1.66	20.01	3.44	2.02	19.44	0.12	0.004

为了能够在线观察球团在还原熔分过程中的行为，采用了高温可视化试验系统，如图 6-13 所示，整个系统主要由高温炉（发热元件为硅碳管）、摄像头-控制柜和计算机组成。称取混合好的矿煤混合物（C/O＝1.2）1.0 g，放入钢模中，压制成 φ8 mm×10 mm 左右的小圆柱，压制压力为 10 MPa。炉管内通入 3 L/min 氮气，为了抑制氧化气氛，在瓷舟中装入一定量的石墨粉。设定升温速率为 10 ℃/min，当炉温升至 1200 ℃以后，将瓷舟推入熔点炉的恒温区，图像会被电脑自动采集保存。所用瓷舟及样品布置方式如图 6-14 所示。

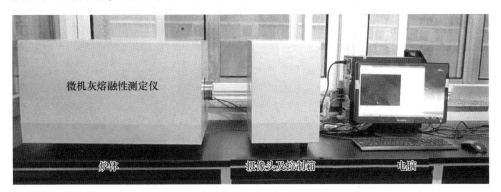

图 6-13 高温在线可视化系统

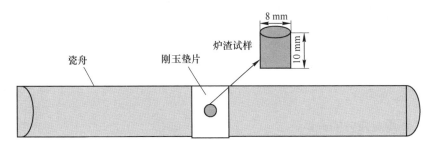

图 6-14 可视化观察用装置及样品示意图

在线观察结果如图 6-15 所示，从图中可以看出，随着还原的进行，球团表面先生成了一层渣相，渣相的生成伴随着铁氧化物进一步还原、金属铁渗碳和软熔，最终球团塌落，经过复杂的化学反应和物理过程，渣铁实现分离。

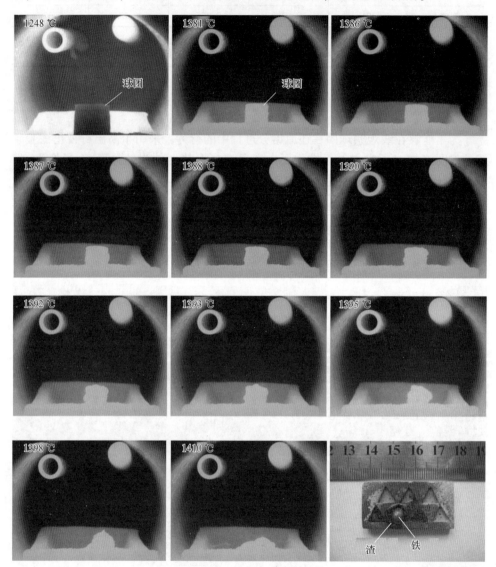

图 6-15　还原熔分过程在线观察

图 6-15 彩图

6.2.2　还原与熔分的关系

在实际生产过程中，炉内温度逐渐升高，球团逐渐被加热、还原、渗碳，最终达到渣铁分离所需的最高温度，完成渣铁分离。根据以往的研究成果，在本书原燃料条件和球团尺寸下，球团的适宜熔分温度为 1400 ℃[8]。为了能够将所得试验结果应用于转底炉生产实际，有必要明晰还原熔分过程中还原阶段和熔分阶段的关系。

将硼铁精矿（B1）和无烟煤按照 C/O=1.2 压制成 ϕ20 mm×20 mm 的团块，烘干后置于带有电子天平的高温炉中进行还原，还原温度分别设定为 1300 ℃ 和 1400 ℃，还原过程通入 4 L/min 的氮气进行保护，试验结果如图 6-16 所示。从图中可以看出，1300 ℃ 时，球团在 16 min 左右完成还原，1400 ℃ 时，球团在 8.5 min 左右完成还原，从球团还原过程中的形貌可知此时球团并未熔分。因此，在本书试验条件下，硼铁精矿含碳球团的一步还原熔分过程（即珠铁过程）经历了先基本还原充分再熔分两个相对独立的阶段。

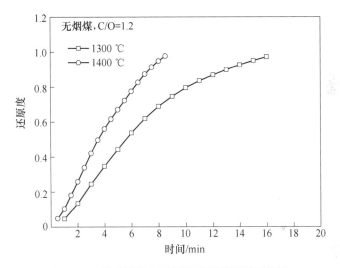

图 6-16　熔分温度和还原温度下等温还原曲线

为了优化硼铁精矿含碳球团还原熔分过程，降低能耗，探索了分步焙烧对球团还原熔分过程及熔分效果的影响。根据等温还原试验结果可知，1200 ℃ 时硼铁精矿含碳球团还原速度明显加快，但随着温度的增加，还原度增加不明显，因此选择起始还原温度为 1200 ℃，具体温度制度和还原熔分过程中球团还原度的变化如图 6-17 所示。球团形貌如图 6-18 所示，最终球团经历了 1200 ℃（10 min）—1300 ℃（5 min）—1400 ℃（5 min）后实现了渣铁分离。

6.2.3　还原熔分过程矿相结构演变

将没有熔分的球团（2 min、4 min、6 min、8 min）经镶嵌抛磨后进行 SEM-EDS、EPMA 观察分析。1400 ℃ 硼铁精矿含碳球团还原熔分过程微观结构如图 6-19 所示。2 min 时，仅球团边缘区域有金属铁生成，金属铁主要围绕在煤颗粒的边缘，铁晶粒的尺寸较小，球团中心无金属铁生成，矿粉颗粒呈松散的接触

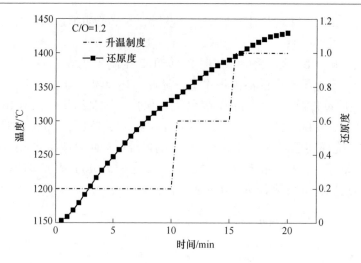

图 6-17　分阶段等温还原曲线

图 6-18　分阶段等温还原球团形貌

图 6-18 彩图

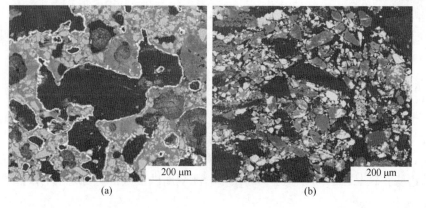

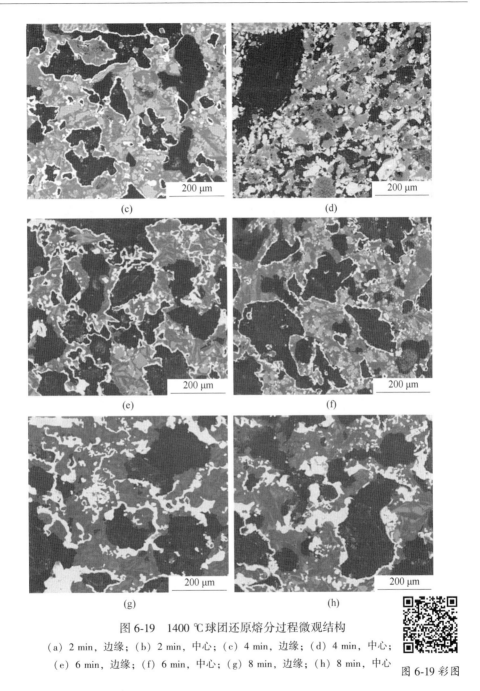

图 6-19　1400 ℃球团还原熔分过程微观结构

（a）2 min，边缘；（b）2 min，中心；（c）4 min，边缘；（d）4 min，中心；
（e）6 min，边缘；（f）6 min，中心；（g）8 min，边缘；（h）8 min，中心

图 6-19 彩图

状态，边缘和中心还原状态的不同主要原因在于球团不同位置的温度不同，这一差异主要是由传热造成的。4 min 时，球团边缘区域金属铁含量增加、尺寸增大，未还原的铁氧化物颗粒大量存在，并向球形化发展，球团中心有少量金属铁生

成，主要分布在铁矿颗粒的边缘，中心的矿粉颗粒仍呈松散的接触状态。6 min时，球团边缘区域金属铁含量明显增加、尺寸明显增大，未还原的铁氧化物颗粒减少，出现富 FeO 渣相，球团中心金属铁明显生成，矿物颗粒烧结在一起。8 min 时，球团边缘区域金属铁含量继续增加，并聚集成大尺寸的金属铁连晶，未还原的铁氧化物颗粒消失，富 FeO 渣相大量出现，球团中心与边缘区域的结构差别减小。8 min 以后球团即出现熔化现象，大尺寸金属铁连晶和富 FeO 渣相的普遍出现可能是开始熔分的标志。

6.2.4 还原剂演变规律

还原温度为 1400 ℃时，配碳量为 C/O = 1.2 的球团还原过程金属化球团内的残碳含量及碳素消耗率如图 6-20 所示。球团初始残碳含量为 13.68%，随着还原的进行，残碳含量逐渐降低，还原 8 min 时，球团内的残碳含量为 5.86%，碳素消耗率则呈逐渐上升的趋势，还原 8 min 时，碳素消耗率为 69.66%，此时球团还原度为 96.1%，即使是按照 C/O = 1.0 配料，碳素消耗率也只能达到 92% 左右，因此有大量的碳剩余。之所以提高配碳量是为了防止球团还原过程中二次氧化以及满足金属铁渗碳的需要。

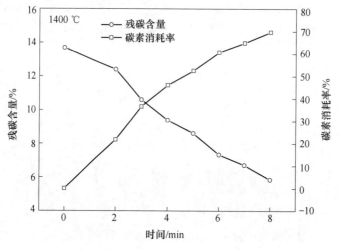

图 6-20 1400 ℃还原过程球团残碳变化

含碳球团在马弗炉内熔分后，在珠铁和熔渣周围会形成一圈红褐色物质，呈颗粒状，粒度与煤粉颗粒相近，如图 6-21 所示。根据上述试验结果可知，还原终点时球团内仍残留有一定量的大颗粒煤粉，当渣铁开始熔融时，渣、铁各自聚集成相，熔分时反应十分剧烈且时间很短，由于还原反应已经基本完成，这些残碳颗粒中的碳素既不能参与还原反应，也来不及参与熔融铁渗碳，因此只能部分消耗，含有碳的颗粒不能被渣相吸收，只能继续残留下来。固态颗粒被熔融渣、铁排斥到渣-铁界面和渣铁-石墨托盘的界面，形成了所观察到的结果。从图6-21可以看出，随着配碳量的降低和还原剂粒度的减小，褐色残留物减少，还原剂利用率增加，球团的熔分效果也变好。

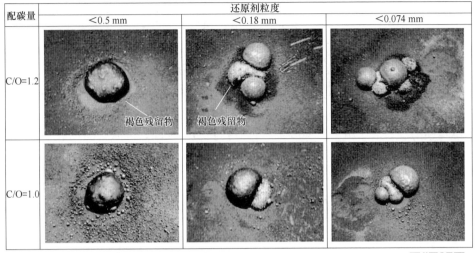

图6-21　球团还原过程褐色残留物（1400 ℃，15 min）

图 6-21 彩图

采用 SEM-EDS 对褐色残留物进行分析，结果如图 6-22 所示。从图中可以明显看出，褐色残留物的结构呈典型的煤结构，区域 1 的主要化学成分为 Al_2O_3、SiO_2，并含有少量的 Na_2O、K_2O，为典型的煤灰成分。由于还原熔分过程中的消耗，残煤中的灰分大量出现并聚集。

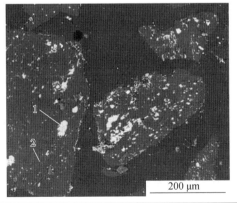

位置	含量(质量分数)/%						
	Al	Si	Na	K	O	C	S
1	33.41	31.76	0.51	3.83	30.49	—	—
2	0.63	1.02	—	—	2.58	95.14	0.63

图 6-22 彩图

图 6-22　球团还原过程褐色残留物的微观结构（1400 ℃，15 min，-0.5 mm）

6.2.5　渣铁熔分瞬态转变过程

根据上述试验结果可知，球团尺寸较大时，反应不均匀，表面与球团中心反应进程有一定差距，导致试验结果不能反映出真实的渣铁宏观分离过程。为此，本书尝试采用较小尺寸球团、较低温度进行还原熔分，试验设备为箱式马弗炉，具体试验条件为：球团尺寸 $\phi15$ mm×10 mm、还原熔分温度 1350 ℃、配碳量 C/O=1.2、取样时间间隔 1 min。所得球团的还原熔分形貌如图 6-23 所示，从图中可以看出，还原熔分过程中，球团中的铁氧化物先被还原成金属铁，形成铁壳，当还原进行到一定程度时球团表面生成渣相（5 min），随着还原的进行，渣相量逐渐增加，由于熔渣对固态金属铁有较好的润湿性，熔渣逐渐包裹在金属铁壳的表面（5~7 min），同时，金属铁渗碳量增加，逐渐软化熔融，熔渣又逐渐和熔融珠铁分离开（7~9 min），最终形成渣铁分离的状态（10 min）。

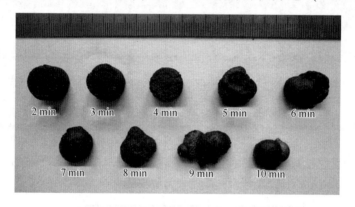

图 6-23 彩图

图 6-23　1350 ℃球团还原熔分过程形貌变化

Kim 等人[9]采用高温共聚焦激光显微镜观察了金属铁、渣和石墨在加热过程中的变化和彼此间的相互作用，揭示了球团初始液相生成和渣铁分离过程的机理。具体过程为：渣先熔化，并与固态金属铁和石墨接触，由于熔渣对固态金属铁有良好的润湿性，因此熔渣逐渐润湿固态金属铁并将其整个包裹，尽管熔渣对石墨的润湿性较差，但是熔渣仍能拖曳石墨向固态金属铁运动使二者距离逐渐靠近，一旦石墨与金属铁发生接触，金属铁就会渗碳并开始熔化。随着渗碳的进行，固态金属铁逐渐变成熔融态 Fe-C 合金，即液态生铁。当金属铁完全熔化后，熔渣则与之分离，即渣-铁之间的接触角从小变大，表明铁熔化后渣-铁之间的界面张力增加，整个过程的示意图如图 6-24 所示。总之，渣-铁之间界面张力的变化决定了熔融渣-铁之间的分离行为。Kim 等人所得结论与本书所得宏观规律基本相同，并可以从微观层面解释本书的试验结果。

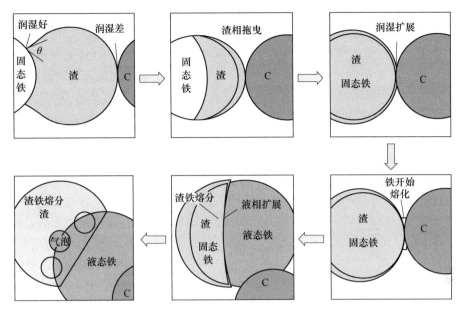

图 6-24　铁熔化及渣铁分离过程微观示意图

6.3　预还原硼铁精矿含碳球团熔分过程

6.3.1　试验方法

将硼铁精矿（B1）和无烟煤粉（-0.18 mm）按照 C/O = 1.0 混匀，压制成球团，于 1200 ℃还原一定时间，得到金属化率 90%左右的金属化球团。为了便于装料，将金属化球团破碎至 0.5 mm 以下，取 20 g 金属化球团粉置于坩埚中，再将坩埚放入竖式高温炉中进行预定温度下的渣铁熔分，熔分过程中炉管内通入 4 L/min 的氮气做保护气。设定熔分温度为：1550 ℃、1500 ℃、1450 ℃、1400 ℃，熔分时间为 20 min，所用坩埚为石墨坩埚和刚玉坩埚。试验结束后，对熔分效果进行分析，并将熔分渣铁制样，进行化学分析，同时对富硼渣进行 XRD、SEM-EDS 分析。

6.3.2　熔分温度的影响

不同考察温度下金属化球团粉均能熔分，与球团直接一步法还原熔分本质上是相同的。但对于实际预还原—熔分工艺，熔分工序所用的设备一般为电炉，这类反应器内要求熔渣和铁水流动性良好，彼此才能够分离，因而熔渣（即富硼渣）在不同温度下的黏度是硼铁精矿含碳球团预还原—熔分硼铁分离工艺的一项关键参数。参考电炉冶炼镍渣的数据，要实现炉渣较好流动，易从炉内排出，在冶炼温度下必须保证炉渣黏度数值在 0.3~0.8 Pa·s，最高不超过 2 Pa·s[10]。

采用旋转柱体法测定了熔分富硼渣的黏度，试验过程中将 150 g 富硼渣放入内径为 40 mm 的钼坩埚中，当炉温达到 1550 ℃以后，将坩埚放入电炉恒温带内，待保温 1 h 后开始降温测定（降温速率为 5 ℃/min），试验结果如图 6-25 所示。从图中可以看出，1475 ℃以上时，富硼渣黏度很小，1475 ℃附近时黏度值从 0.12 Pa·s 急剧陡升至 0.81 Pa·s，随着温度的继续降低，炉渣黏度逐渐增加，1400 ℃时富硼渣黏度为 2.03 Pa·s，此时炉渣流动已较为困难，但在珠铁工艺条件下仍能实现渣铁良好分离。在预还原—熔分工艺中要保证渣铁良好的分离特性，炉温必须要保持在 1475 ℃以上，远高于珠铁工艺所需的温度，因此珠铁工艺可以显著降低反应温度和能耗，并降低对耐材和设备的要求，使得操作更加灵活可控。

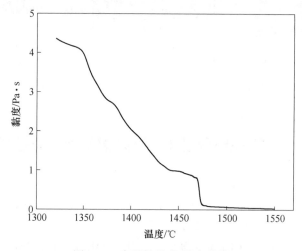

图 6-25　富硼渣黏度-温度曲线

6.3.3　坩埚材质的影响

称取 100 g 左右的预还原试样，分别置于石墨坩埚和刚玉坩埚中，于 1550 ℃加热 30 min，通入氮气保护，熔分完成后，令试样随炉冷却。试验结果表明，两个试样均能良好熔分，形貌如图 6-26 所示。不同坩埚材质时所得富硼渣和含硼生铁的成分分别如表 6-4 和表 6-5 所示。

表 6-4　熔分富硼渣主要成分（质量分数）　　　　　　　　　（%）

坩埚材质	TFe	MFe	FeO	MgO	B₂O₃	SiO₂	S
石墨坩埚	1.67	1.55	0.15	61.0	15.6	16.1	0.63
刚玉坩埚	3.60	0.77	3.64	47.78	19.82	18.16	0.19

表 6-5　熔分生铁主要成分（质量分数）　　　　　　（%）

坩埚材质	C	B	Si	S
石墨坩埚	3.41	0.97	1.44	0.031
刚玉坩埚	1.63	0.070	0.035	0.21

图 6-26　渣铁分离形貌图

（1550 ℃，20 min，石墨坩埚）

图 6-26 彩图

从表 6-4 和表 6-5 中可以看出，石墨坩埚熔分所得富硼渣中 B_2O_3 含量不高，仅为 15.6%，球团中 21.6% 的硼元素还原进入生铁，73.3% 的硼元素富集进入渣相，大约 5.1% 的硼元素挥发进入气相；生铁中硫含量很低，仅为 0.031%，完全满足炼钢要求，渣铁间硫的分配系数（$w(S)/w[S]$）为 20.32。刚玉坩埚熔分所得富硼渣中 B_2O_3 含量为 19.82%，接近理论最大含量，球团中仅有 1.5% 的硼元素还原进入生铁，97.7% 的硼元素富集进入渣相，约 0.8% 的硼元素挥发进入气相；生铁中硫含量较高，为 0.21%，不能满足炼钢要求，渣铁间硫的分配系数（$w(S)/w[S]$）为 0.90，此时渣的脱硫能力很差；由于铁液未达到碳饱和，还原势较低，刚玉质坩埚熔分所得富硼渣中含有一定量的 FeO。可见，坩埚材质对熔分产品的性质有重要影响，用石墨质坩埚进行熔分时，还原势较高，会促进 B_2O_3 的还原和挥发、降低渣中 FeO 含量、强化生铁脱硫。

B_2O_3 碳热还原反应标准吉布斯自由能如图 6-27 所示，从图中可以看出，B_2O_3 被固体碳还原的难度较大，所需温度较高。但是，当液态生铁存在时，还原出来的固体 B 会溶入液态生铁，使得反应的标准吉布斯自由能降低，导致 B_2O_3 的起始还原温度明显降低，约为 1512.6 K。此外，熔分时气相中 CO 的分压远小于 1 atm（1 atm = 101.325 kPa），实际起始还原温度会进一步降低。因此，在固体碳充足的铁浴还原条件下，B_2O_3 在一定程度上可以被还原。

不同材质坩埚熔分所得缓冷富硼渣的 XRD 分析结果如图 6-28 所示，采用石墨质坩埚时，矿石中的 B_2O_3 被大量还原进入液态生铁中，富硼渣品位低，富硼渣的主要物相是小藤石、橄榄石，还出现了一定量的方镁石（MgO）；采用刚玉

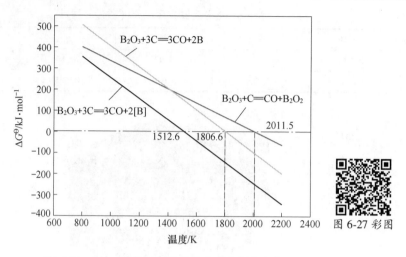

图 6-27　B_2O_3 碳热还原反应标准吉布斯自由能

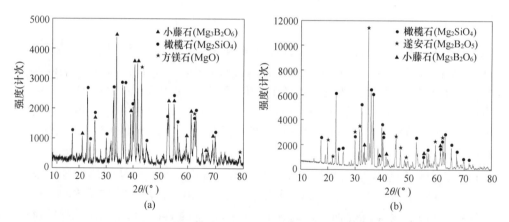

图 6-28　不同材质坩埚熔分所得缓冷富硼渣的 XRD 图谱
(a) 石墨坩埚熔分富硼渣；(b) 刚玉坩埚熔分富硼渣

质坩埚时，矿石中的 B_2O_3 被还原进入液态生铁中的量较少，富硼渣品位高，富硼渣的主要物相是遂安石、小藤石和橄榄石，含硼晶相的数量明显增加，且遂安石的浸出活性要高于小藤石。富硼渣中方镁石的形貌如图 6-29 所示，从图中可以看出，大部分方镁石颗粒呈球形，直径在 $10 \sim 20\ \mu m$。综合分析可知，刚玉质坩埚熔分所得富硼渣的品质要明显好于石墨质坩埚。此外，若是实际生产过程中采用碳质耐材熔分，则富硼渣中 B_2O_3 含量的减少和 MgO 的出现会导致富硼渣熔点升高、黏度变大，从而流动变得困难，会给后期熔炼和渣铁分离带来困难。

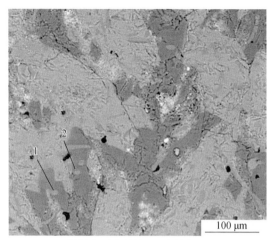

位置	含量(原子分数)/%	
	Mg	O
1	52.72	47.28
2	53.24	46.76

图 6-29 彩图

图 6-29 方镁石形貌及 EDS 分析

6.4 矿石组成对还原熔分过程的影响

为了提高工艺的广泛适用性,通过向基准硼铁精矿中配加分析纯 B_2O_3、MgO、SiO_2 来调节矿石组成,以考察矿石组成对硼铁精矿含碳球团还原熔分过程的影响。在调节矿石组成时,以矿石中 B_2O_3 的含量作为指标,原矿中 B_2O_3 含量为 6.58%,进一步控制矿石中 B_2O_3 的含量分别为 5.5%、6.0%、7.5%。由于矿石主要非铁矿物为硼镁石 $(2MgO \cdot B_2O_3 \cdot H_2O)$ 和蛇纹石 $[Mg_6(Si_4O_{10})(OH)_8]$,所以在提高 B_2O_3 含量时,要按照 $n(MgO)/n(B_2O_3) = 2$ 的比例添加,在降低 B_2O_3 的含量时,要按照 $n(MgO)/n(SiO_2) = 1.5$ 的比例添加,经过调整的矿石组成如表 6-6 所示。

表 6-6 调整后矿石的成分 (质量分数) (%)

B_2O_3	TFe	FeO	SiO_2	CaO	MgO	Al_2O_3
6.58	47.59	19.04	4.98	0.34	15.82	0.15
5.50	39.79	15.92	12.36	0.28	21.42	0.13
6.00	43.42	17.37	8.92	0.31	18.81	0.14
7.50	46.49	18.60	4.86	0.33	15.46	0.15

以无烟煤为还原剂，控制配碳量为 C/O=1.2，将矿/煤混合物压制成含碳球团，在不同温度下进行还原熔分试验，结果如图 6-30 所示。从图中可以看出，原矿制备的含碳球团 1400 ℃时可以实现渣铁完美分离；当矿石含 B_2O_3 为 5.5%时，由于渣相中 B_2O_3 含量降低，渣相熔点升高，球团在 1400 ℃时不能熔分，仅表面生成了一层渣相，进一步提高还原温度至 1450 ℃，球团仍然难以良好熔分，仅生成了一些尺寸较小的铁珠；当矿石含 B_2O_3 为 6.0%时，球团在 1400 ℃时可以熔分，但是渣的熔融状态变差；当矿石含 B_2O_3 为 7.5%时，由于渣相中 B_2O_3 含量升高，渣相熔点降低，球团在 1400 ℃和 1350 ℃时均可以实现良好熔分。

图 6-30　矿石组成对球团熔分形貌的影响

(a) 5.5%B_2O_3, 1400 ℃, 15 min；(b) 6.0%B_2O_3, 1400 ℃, 15 min；
(c) 原矿, 1400 ℃, 15 min；(d) 7.5%B_2O_3, 1400 ℃, 15 min；
(e) 5.5%B_2O_3, 1450 ℃, 15 min；(f) 7.5%B_2O_3, 1350 ℃, 15 min

图 6-30 彩图

不同组成（B_2O_3 含量）矿石熔分渣熔融过程 DSC 曲线（吸热峰向下）如图 6-31 所示，曲线所出现的第一较明显的吸热峰对应于初始液相生成的熔融过程，从曲线中可以得到液相生成开始温度、液相生成峰值温度和液相生成热流等数据，其中液相生成热流值的大小对应于液相生成量的多少，结果如图 6-32 所示。从图中可以看出，矿石组成不同，渣的熔融过程也不同：以 6.5%B_2O_3（基准）为界，较高 B_2O_3 含量矿石熔分渣熔融过程的温度范围较宽，有一个明显的起始熔化阶段，可能的原因在于，渣中 B_2O_3 含量较高，低熔点物质多，在升温过程中先熔化；较低 B_2O_3 含量矿石熔分渣熔融过程的温度范围较窄，没有起始熔化阶段。6.0%、6.5%和 7.5%B_2O_3 矿石熔分渣的熔化峰值温度比较接近，基本在 1243 ℃左右，而 5.5%B_2O_3 矿石熔分渣的熔化峰值温度降低，为 1231 ℃，可能是由于渣中 SiO_2 含量的较明显增加导致的。随着矿石中 B_2O_3 含量的降低，渣的熔融峰逐渐变小，液相生成热逐渐减少，即液相生成量逐渐减少，高熔点物质的存在导致渣难以完全熔化，流动能力逐渐降低，需要更高的温度来增加液相量，因此低 B_2O_3 含量矿石制备的含碳球团所需的熔分温度较高。

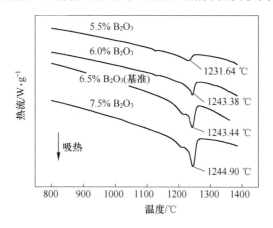

图 6-31　不同组成矿石熔分渣熔融过程 DSC 分析

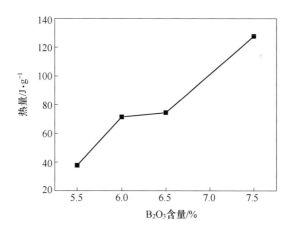

图 6-32　不同组成矿石熔分渣初始熔化液相生成热

　　不同组成矿石熔分渣的流动性测试结果（1450 ℃，5 min）如图 6-33 和图 6-34 所示，从流动形貌可以看出，5.5%B_2O_3 矿石熔分渣的流动程度很低，此时渣并没有完全熔化，随着 B_2O_3 含量的增加，渣的铺展程度逐渐提高，流动性指数也相应增加，7.5%B_2O_3 矿石熔分渣的流动性显著变好，与热分析试验的结果一致。

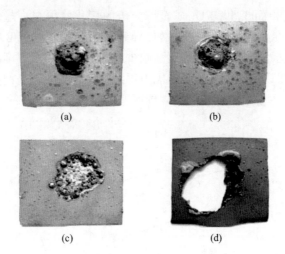

图 6-33　不同组成矿石熔分渣流动形貌

（a）5.5%B_2O_3；（b）6.0%B_2O_3；（c）6.5%B_2O_3；（d）7.5%B_2O_3

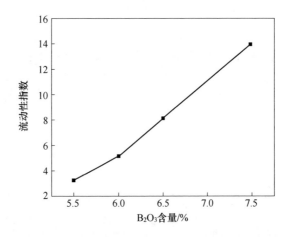

图 6-34　不同组成矿石熔分渣流动性指数

　　从上述试验结果可以知道，随着矿石中脉石矿物（蛇纹石）含量的增加，渣相熔点升高、液相量减少、流动性变差，导致含碳球团熔分效果明显变差，因此在采用含碳球团还原熔分工艺利用硼铁矿的过程中，不宜直接利用硼铁矿原矿，而是应该在矿石开采及后续选别过程中尽最大努力去除脉石矿物，并将得到的硼铁精矿用于还原—熔分工序实现硼-铁分离。

6.5　富硼渣在不同耐材上的铺展特性

　　在转底炉还原熔分过程中会发生熔渣与炉底耐材的黏结问题，因此有必要研究高温下富硼渣在不同耐材上的铺展特性，基本原理如图 6-35 所示。试验方法为静滴法，试验设备为高温可视化试验系统。所选用的耐材分别为：Al_2O_3、高纯石墨和高温合金，尺寸为：40 mm×20 mm×5 mm，试验前将与熔渣接触的面打磨光滑，将富硼渣在钢模中压制成 ϕ8 mm×10 mm 左右的小圆柱用于试验。炉体以 10 ℃/min 升温，以接触角（θ）的大小作为评价熔融富硼渣在不同耐材上铺展程度的标准。

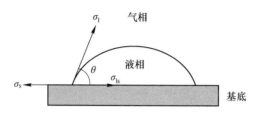

图 6-35　接触角示意图

试验过程中发现，随着温度的升高，熔融富硼渣在耐材片上的铺展程度就越高，本书选取 1260 ℃时富硼渣在不同耐材片上的铺展状态进行比较，结果如图 6-36 所示，从图中可以看出，富硼渣在刚玉和合金片上均可以完全润湿，润湿角分别为 29°和 47°，且在刚玉片上的铺展性要好于合金片；富硼渣在高纯石墨片上的润湿角为 115°，表明其难以在石墨材质上铺展。

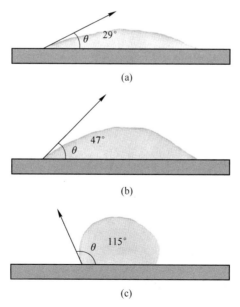

图 6-36　富硼渣在不同耐材上的铺展示意图（1260 ℃）

（a）刚玉；（b）合金；（c）高纯石墨

6.6　关于"一步法"和"两步法"工艺的探讨

　　上述章节对"含碳球团珠铁工艺(一步法)"和"含碳球团预还原—熔分工艺(两步法)"两种硼-铁火法分离工艺涉及的一些基础问题进行了试验研究,结果表明两种工艺理论上均是可行的,若应用于生产需要根据具体情况而定。在世界范围内(包括我国),含碳球团转底炉直接还原工艺已基本成熟,标志是转底炉处理冶金粉尘工艺的普遍应用;含碳球团转底炉珠铁工艺在美国已经建成了商业化工厂,但是在我国尚未有较大规模工业试验的报道。转底炉珠铁工艺的操作温度范围一般为1350~1450 ℃,只要炉内耐火材料和燃料选择合适即能达到上述温度,关键是如何实现平稳连续运行。根据上述研究结果可知,当硼铁精矿的成分发生变化时(特别是B_2O_3的含量),富硼渣的熔化性和流动性即发生较大变化,从而对含碳球团的渣铁分离效果造成较大影响,这就加大了工艺的不确定性。此外,虽然转底炉珠铁工艺具有流程短、投资省、反应迅速等优点,但仅适合实现渣铁分离,难以和后续工艺衔接。含碳球团预还原—熔分工艺需要增加电炉熔分工序和相关设备投资,总能耗也会增加,但减轻了预还原工序的压力同时提高了工艺的灵活性和对资源的适应性。两步法电炉熔分,既可以对金属熔体进行调质,又可以对富硼渣进行改性,对工艺中间产品的控制明显要好,有利于熔分铁水相关后续产品的开发应用,以及硼的有效提取。此外,两步法工艺还可以用于其他资源的高效利用。若建设经费充足,建议采用两步法工艺。

参 考 文 献

[1] 陈伟庆. 冶金工程实验技术 [M]. 北京:冶金工业出版社, 2004.

[2] 于伯龄, 姜胶东. 实用热分析 [M]. 北京:纺织工业出版社, 1990.

[3] 奇峰, 胡晓军, 侯新梅, 等. 高炉渣流动性的计算研究 [C]//2010 年全国冶金物理化学学术会议专辑(上册). 北京:中国金属学会, 2010:131-135.

[4] 王常珍. 冶金物理化学研究方法 [M]. 4 版. 北京:冶金工业出版社, 2013.

[5] 吴胜利, 杜建新, 马洪斌, 等. 铁矿粉烧结液相流动特性 [J]. 北京科技大学学报, 2005, 27 (3):291-293.

[6] LIU X L, WU S L, HUANG W, et al. Influence of high temperature interaction between sinter and lump ores on the formation behavior of primary-slags in blast furnace [J]. ISIJ International, 2014, 54 (9):2089-2096.

[7] VEREIN DEUTSCHER EISENHUTTENLEUTE. Slag atlas [M]. 2nd ed. Düsseldorf (Germany):Verlag Stahleisen GmbH, 1995.

[8] ZHANG P X, ZHANG X P. Effect of factors on the extraction of boron from slags [J]. Metallurgical and Materials Transactions B, 1995, 26 (2):345-351.

［9］ KIM H S, KIM J G, SASAKI Y. The role of molten slag in iron melting process for the direct contact carburization: wetting and separation ［J］. ISIJ International, 2010, 50 （8）: 1099-1106.

［10］ 金哲男, 徐家振, 王景旭, 等. Al_2O_3 对镍电炉渣黏度的影响 ［J］. 东北大学学报 （自然科学版）, 2002, 23 （9）: 848-850.

7 富硼渣结晶过程及活性演变规律

硼铁矿的综合利用以硼为中心，而火法工艺中，硼利用的核心在于富硼渣的高 B_2O_3 品位和高活性。富硼渣的活性高，其作为原料制备硼酸或硼砂时硼的收得率也就高，经济效益就越好，因此提高富硼渣的活性是火法高效利用硼铁精矿的关键。富硼渣的活性与其矿物组成和矿相结构有关，其矿物组成和矿相结构主要受富硼渣组成和冷却制度影响，为了获得最大的硼提取率，有必要对新工艺条件下富硼渣活性的形成和调控机制进行研究。为此，开展了富硼渣矿相结构表征、富硼渣结晶过程及活性演变规律、熔分工艺参数（冶炼温度、渣系组成、冷却速率）对富硼渣结晶过程及活性的影响等的研究，以期为富硼渣的活性控制提供参考。

7.1 富硼渣矿相结构表征

将由硼铁精矿和无烟煤制成的含碳球团（C/O = 1.2）在 1400 ℃ 还原熔分 15 min，然后随炉缓冷至室温。对缓冷富硼渣进行 XRD、SEM-EDS、EPMA 分析，确定富硼渣中物相的种类和数量及物相间的嵌布关系。

缓冷富硼渣的 XRD 物相分析如图 7-1 所示，结果表明，缓冷富硼渣中的主要物相为遂安石（$Mg_2B_2O_5$）、小藤石（$Mg_3B_2O_6$）和橄榄石（Mg_2SiO_4），其中遂安石和小藤石是含硼晶相，且以遂安石为主。

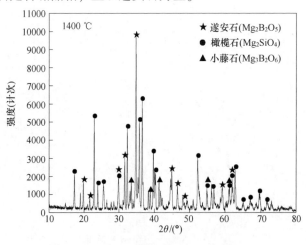

图 7-1　缓冷富硼渣 XRD 物相分析

缓冷富硼渣的微观结构照片如图7-2所示，依据灰度的不同可以将渣中所含物相分成4种，分别标注为1、2、3、4，并进行EPMA分析（如表7-1所示），发现：（1）1相颜色最深，主要成分为MgO、B_2O_3，计算表明$n(MgO)/n(B_2O_3)$ = 2.08，因此该物相为遂安石，遂安石呈板片状、聚片双晶存在，集合体呈放射状，遂安石中固溶了少量的Si、Al、Ca、Mn等元素，面积百分含量约为34%；（2）2相颜色次深，主要成分也是MgO、B_2O_3，计算表明$n(MgO)/n(B_2O_3)$ = 2.83，因此该物相为小藤石，小藤石呈粒状、聚片双晶存在，面积百分含量约为11%；（3）3相颜色为灰色，主要成分是MgO、SiO_2，计算表明$n(MgO)/n(SiO_2)$ = 2.06，因此该物相为橄榄石，镁橄榄石呈柱状、不规则粒状存在，橄榄石中溶了少量的B以及微量的Al、Ca、Mn等元素，面积百分含量约为50%；（4）4相为灰白色，含有的元素种类较多，其中B、Ca元素的含量较高，为玻璃相，熔点较低，最后凝固，主要分布在晶相之间的缝隙中，面积百分含量约为5%。

图7-2 彩图

图7-2 缓冷富硼渣矿相结构照片

表7-1 缓冷富硼渣EPMA物相分析结果

选区	组成（质量分数）/%							物相	含量（面积百分含量）/%
	B_2O_3	MgO	SiO_2	CaO	Al_2O_3	FeO	MnO		
1	47.131	56.439	1.566	0.051	0.065	0	0.058	遂安石	34
2	37.322	60.726	0.605	0.038	0.060	0	0.041	小藤石	11
3	3.140	48.262	35.051	0.064	0.419	0	0.028	橄榄石	50
4	26.310	6.757	7.800	25.825	6.460	5.774	4.341	玻璃相	5

富硼渣中橄榄石相固溶的B已经很少，虽然玻璃相中B含量较高，但是其总量较少，此外含碳球团还原熔分所得珠铁中的B含量也很少，因此绝大部分B元

素富集并形成了遂安石和小藤石，且晶粒尺寸较大，为后续 B 的进一步物理富集提供了可能，这是本工艺在 B 元素富集方面的一大优点，即富集比高、富集相单一、富集相尺寸大。

7.2　富硼渣缓冷结晶过程及活性演变

采用动态淬水的方法研究了富硼渣缓冷过程的结晶规律。将熔分富硼渣置于 6 个石墨坩埚中，当炉温升至 1400 ℃时保温 30 min，将 6 组坩埚放入石墨舟中，然后缓慢推入炉中。保温 15 min 后，关闭电源，令样品随炉冷却。分别于 1400 ℃、1300 ℃、1200 ℃、1100 ℃、1000 ℃、900 ℃时取出一个坩埚迅速淬水，将淬水渣烘干制样，进行 XRD、SEM-EDS、EPMA 和活性检测分析，分析富硼渣结晶过程中结构及活性的变化规律。

活性检测方法为常压碱解法[1-2]，具体如下：用电子天平称取粒度为 98% 小于 0.074 mm 的富硼渣 4 g，将富硼渣置于 250 mL 锥形瓶中，然后按液固比 10∶1 加入 40 mL 质量分数为 20% 的 NaOH 溶液，轻轻摇匀锥形瓶后置于铺有石棉网的三脚架上，将回流管插入锥形瓶口，通入循环水，点燃三脚架下的酒精灯，当锥形瓶中的溶液开始沸腾时计时，保持微沸状态 4 h，4 h 后，趁热将锥形瓶中的溶液倒入铺有滤纸的布氏漏斗中，并用 80 ℃的去离子水洗涤残渣，直至洗涤液为中性，残渣干燥后检测其中 B_2O_3 的含量，按公式（7-1）计算富硼渣的活性。

$$活性 = \frac{富硼渣中的硼元素总质量 - 残渣中硼元素总质量}{富硼渣中的硼元素总质量} \times 100\% \quad (7\text{-}1)$$

7.2.1　缓冷条件下富硼渣结晶过程

随炉缓冷过程中，不同温度下淬冷富硼渣 XRD 物相分析结果如图 7-3 所示，从图中可以看出：1400 ℃时，渣中主要结晶物相是橄榄石；1300 ℃时，渣中主要物相仍然是橄榄石，但是橄榄石的衍射峰强度增加，表明其结晶出来的量有所增加；1200 ℃时，橄榄石的衍射峰强度降低，并且出现了新相小藤石；1100 ℃时，橄榄石、小藤石依然存在，遂安石大量生成；1000 ℃、900 ℃时，物相的种类保持不变，各物相衍射峰的强度也基本不再变化；缓冷至室温的样品中遂安石的衍射峰强度最大。上述试验结果表明，富硼渣最重要的结晶温度范围在 1200～1100 ℃。

随炉缓冷过程中，不同温度下淬冷富硼渣的微观结构如图 7-4 所示，结合 XRD 物相分析结果可知：1400 ℃时，渣中主要物相是粒状的橄榄石，且大部分橄榄石的尺寸比较大，可达 60 μm 左右，这些橄榄石在熔分过程中并没有熔化（即原生橄榄石），尺寸较小的橄榄石可能是从液相结晶出来的（即次生橄榄

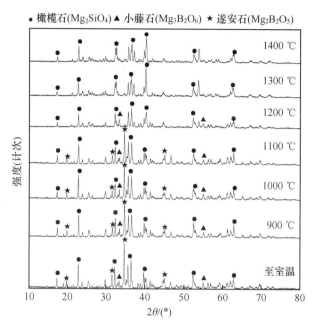

图 7-3　不同温度下淬冷富硼渣 XRD 物相分析

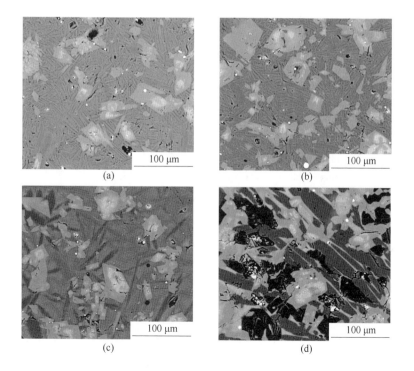

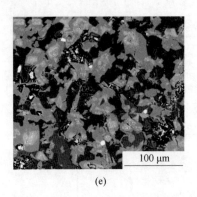 

（e）　　　　　　　　　　　　　（f）　　　　　　图 7-4 彩图

图 7-4　不同温度下淬冷富硼渣的微观结构

（a）1400 ℃；（b）1300 ℃；（c）1200 ℃；（d）1100 ℃；（e）1000 ℃；（f）900 ℃

石），其余是大量的针状物相和针状物相间的基体，针状物相可能为某一矿物的雏晶，针状物相间的基体则可能是淬水前渣中的液相部分；1300 ℃时，渣的结构变化不大，仅是次生橄榄石数量有所增加；1200 ℃时，渣的结构发生较明显变化，出现了条状的深色物相，该物相可能是小藤石，从结构上可以看出此温度下渣中依然存在液相；1100 ℃时，渣的结构发生了明显变化，原生橄榄石以外的物质全部结晶，板条状深色物相大量出现，这主要是遂安石和小藤石，小藤石的尺寸要大于遂安石，玻璃相分布在晶相间的缝隙中，无固定形状；1000 ℃时，含硼晶相的尺寸有所减小，长度明显变短，基本结构变化不大；900 ℃时，渣的结构与缓冷至室温的试样基本相近。

富硼渣熔融过程 DSC 曲线如图 7-5 所示，从图中可以看出，富硼渣的熔化经历了两个阶段：首先在 1211 ℃附近有一个小的熔化吸热峰，可能是由渣中富含

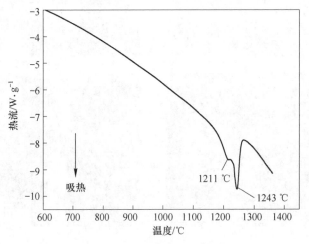

图 7-5　富硼渣熔融过程 DSC 曲线

B_2O_3 的低熔点物质熔化造成的，继续加热至 1243 ℃ 出现了一个较大的吸热峰，此时富硼渣已基本熔化。基于上述结果可知，1200 ℃ 以上富硼渣主要呈熔融态，理论上在熔点附近形核速率和晶体生长速率均比较慢，所以缓冷至 1200 ℃ 以上温度的淬水渣样仅有小藤石雏晶（橄榄石暂不考虑）。

进一步采用 EPMA 对富硼渣结晶过程中矿相转变和元素迁移过程进行了研究，主要是针对 1400 ℃、1300 ℃、1200 ℃ 和 1100 ℃ 的淬水样品，分析结果如图 7-6 所示。1400 ℃ 时，针状物相和针状物相间的基体成分以 B_2O_3、MgO、SiO_2

选区	含量(质量分数)/%						
	B_2O_3	MgO	SiO_2	Al_2O_3	CaO	FeO	MnO
1	46.31	45.64	6.35	0.72	0.51	0.46	0.48
2	51.05	27.81	5.63	3.81	5.27	0.67	1.20
3	2.44	42.54	28.69	0.10	0.05	0.33	0.24
4	5.65	38.81	27.45	0.05	0.07	2.55	0.26

(a)

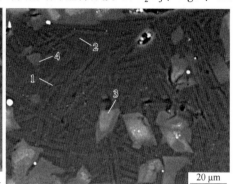

选区	含量(质量分数)/%						
	B_2O_3	MgO	SiO_2	Al_2O_3	CaO	FeO	MnO
1	36.21	44.62	6.22	0.34	0.13	0.43	0.45
2	43.43	31.54	5.46	2.96	3.81	0.68	1.19
3	0	44.87	34.36	0	0.03	5.16	0.29
4	14.88	47.72	33.96	0.10	0.14	2.39	0.37

(b)

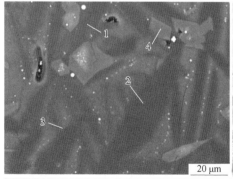

选区	含量(质量分数)/%						
	B_2O_3	MgO	SiO_2	Al_2O_3	CaO	FeO	MnO
1	43.05	47.51	6.19	0.37	0.14	1.56	0.56
2	44.12	45.43	1.90	0.02	0.08	1.38	0.42
3	50.49	23.66	5.79	4.30	5.75	4.13	1.89
4	9.01	43.28	28.66	0.04	0.05	1.03	0.35

(c)

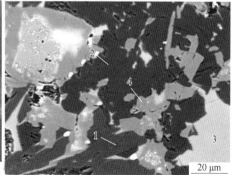

选区	含量(质量分数)/%						
	B_2O_3	MgO	SiO_2	Al_2O_3	CaO	FeO	MnO
1	53.26	48.29	1.05	0.02	0.06	0.44	0.33
2	51.90	40.81	0.10	0.05	0.10	0.30	0.46
3	41.28	17.19	7.01	5.86	18.91	2.63	3.05
4	9.13	45.84	31.24	0.06	0.05	0.65	0.27

(d)

图 7-6 淬冷富硼渣 EPMA 分析

（a）1400 ℃；（b）1300 ℃；（c）1200 ℃；（d）1100 ℃

图 7-6 彩图

为主，还含有少量的 Al_2O_3、CaO、FeO、MnO，其中针状物相中 MgO/B_2O_3（摩尔比）为 1.72，接近遂安石的成分，因此可以判断该相为含硼晶相的前驱体，但是该相中还含有 6.35% 的 SiO_2，导致其偏离了遂安石的成分和结构，针状物相间的基体中 B_2O_3 含量最高，Al_2O_3、CaO、FeO、MnO 等杂质元素的含量也相对较高，必然导致其熔点也相对较低；原生橄榄石和次生橄榄石中均含有一定量的 B_2O_3。1300 ℃ 时，针状物相中 MgO/B_2O_3（摩尔比）略有增加，基体中的 B_2O_3 含量略有降低。1200 ℃ 时，富硼渣物相和结构发生了明显变化，小藤石开始生成，针状物相中 MgO/B_2O_3（摩尔比）继续增加，新生相小藤石中含有少量的 SiO_2 及其他杂质元素，基体中的 B_2O_3 和其他杂质元素进一步富集。1100 ℃ 时，含硼晶体大量形成，尺寸粗大，结晶良好，两种晶体中均含有一定量的 SiO_2 及其他杂质元素，且遂安石中的 SiO_2 含量要低于小藤石，部分 B_2O_3 和其他杂质元素进一步富集成一相，此外，橄榄石中仍含有一定量的 B_2O_3。综上分析可以推断，在富硼渣凝固过程中，首先会从液相中析出一种与遂安石组成类似的 B_2O_3-MgO-SiO_2 三元中间相，剩余的 B_2O_3、MgO 以及 SiO_2、Al_2O_3、CaO、FeO、MnO 等杂质元素富集于残留液相中，随着温度的降低，液相中的 B_2O_3 和 MgO 不断向中间相传递使该相长大，同时该相中的杂质元素不断排出并富集于液相中，直至遂安石和小藤石形成，富含 B_2O_3 以及多种杂质元素的低熔点液相最后凝固，使得其主要分布在其他晶相间的缝隙中。

7.2.2　活性演变规律

随炉缓冷过程中，不同温度下淬冷富硼渣的活性检测结果如图 7-7 所示，从图中可以看出，1400 ℃ 和 1300 ℃ 时，由于没有含硼晶相，淬冷富硼渣的活性很低，仅有 50% 左右，1400 ℃ 时结晶度最差，因而活性也最低；随着结晶度的增

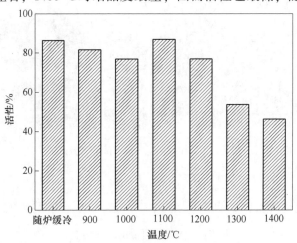

图 7-7　不同温度下淬冷富硼渣活性

加和小藤石相的出现，1200 ℃淬冷富硼渣活性明显增加，达到 77%；1100 ℃时由于含硼晶相的大量出现，活性继续增加，并达到试验过程中的最大值，为87%；1000 ℃时，活性值反而降低，约为 77%，可能是含硼晶相尺寸减小造成的；此后随着缓冷过程的进行，淬冷富硼渣活性逐渐增加，缓冷至室温时渣的活性值为 86%，与 1100 ℃淬冷富硼渣的活性基本相同。为了验证上述结果，又进行了缓冷过程中空冷富硼渣活性变化的测定，结果如图 7-8 所示，可知空冷富硼渣活性的变化规律与淬冷富硼渣基本相同，均在 1100 ℃出现了活性的高值。上述试验结果表明，1100 ℃附近是重要的高活性形成温度区域。与缓冷至室温相比，从 1400 ℃降温至 1100 ℃所需时间很短（高温下降温速度要大于低温区域），从而减少对空间和设备的占用，极大地提高了生产效率。

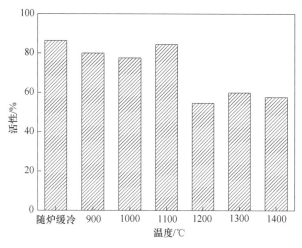

图 7-8　不同温度下空冷富硼渣活性

7.3　富硼渣结晶影响因素研究

7.3.1　冶炼温度的影响

火法硼铁分离工艺不同，则富硼渣的熔融温度不同，即富硼渣熔体的初始结构不同，则各物相在缓冷结晶过程中的行为也将不同，并导致富硼渣的最终结构不同。将硼铁精矿含碳球团于 1400 ℃焙烧 15 min 所得熔分渣，分别于 1550 ℃、1500 ℃、1450 ℃和 1400 ℃保温 15 min 后随炉缓冷至室温，然后对缓冷渣进行XRD、SEM-EDS 分析和活性测定。

XRD 分析表明不同初始熔融温度缓冷富硼渣的物相组成基本相同，仅是1450 ℃以上熔融的缓冷富硼渣中小藤石衍射峰有所增强。不同初始熔融温度缓冷富硼渣的微观结构如图 7-9 所示,从图中可以看出,初始熔融温度对富硼渣的结构和矿物的结晶形貌有重要影响:1400 ℃时,富硼渣中孔洞较多,含硼晶相和橄榄石的尺寸相对较小,橄榄石主要以原生橄榄石为主,呈粒状、条状,最大长度在 200 μm,其尺寸要大于含硼晶相;1450 ℃时,熔渣结构变得致密,橄榄石和含硼晶相发生聚集导致尺寸增加;1500 ℃和 1550 ℃时,橄榄石的尺寸增加最明显,出现了粗大的柱状晶,两端出现尖角而呈竹叶状,有的大于 2 mm,含硼晶相的聚集程度也明显增加,颗粒间直接发生接触。此外,1450 ℃以后玻璃相含量增加,与 1400 ℃时相比,增加了 2~3 倍。从橄榄石的形貌可以推断,那些尺寸粗大的晶体是冷却过程中从熔体中结晶析出的。因此,1500 ℃以上,含碳球团还原过程中形成的橄榄石已大部分熔入渣相中。

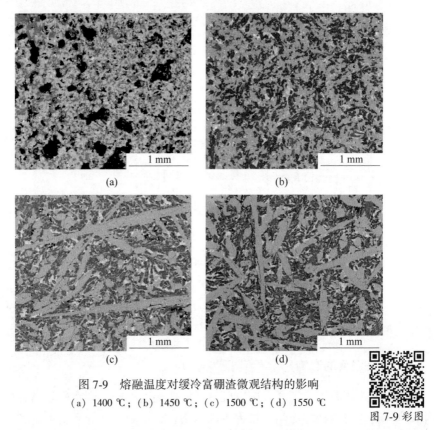

图 7-9　熔融温度对缓冷富硼渣微观结构的影响
(a) 1400 ℃;(b) 1450 ℃;(c) 1500 ℃;(d) 1550 ℃

图 7-9 彩图

　　缓冷结晶过程中,由于橄榄石结晶较早,其会作为后结晶含硼晶相结晶的核心,如果熔炼温度在 1500 ℃以上,绝大部分橄榄石会在富硼渣结晶过程中的早期结晶、长大,导致橄榄石尺寸过大,充当含硼晶相结晶核心的橄榄石比例降低。此外,早期过于粗大的橄榄石晶体也会抑制熔体中物质的传递,从而不利于含硼晶相结晶。

不同初始熔融温度缓冷富硼渣的活性如图 7-10 所示，从图中可以看出，初始熔融温度对富硼渣活性有较明显的影响。随着初始熔融温度的提高，富硼渣的活性逐渐降低，可能原因在于：（1）随着熔融温度的增加，富硼渣熔化程度增加，凝固后富硼渣的致密度增加，导致浸出效率降低；（2）随着熔融温度的增加，缓冷富硼渣中玻璃相含量增加，由于玻璃相中含有较多的 B_2O_3，而只有含硼晶相中的 B_2O_3 才较易浸出，因此，富硼渣活性逐渐降低。

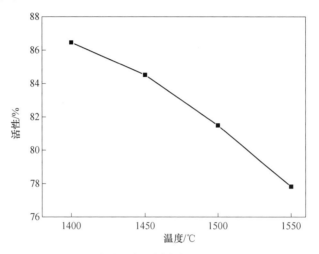

图 7-10 熔融温度对缓冷富硼渣活性的影响

7.3.2 渣系组成的影响

以本书还原熔分试验所得富硼渣为基础，此时渣中含 B_2O_3 为 20%，通过向熔分渣中不断配入分析纯氧化物（B_2O_3、MgO、SiO_2）来调节渣系中 B_2O_3 的含量。渣系组成的变化主要由两个因素造成。

（1）硼铁精矿组成的影响。当原矿组成或者选矿指标不同时，硼铁精矿的组成就不同，从而导致熔分所得富硼渣的组成发生变化。当提高 B_2O_3 含量时，按照硼镁石组成［即 $n(MgO)/n(B_2O_3) = 2$］的比例添加，逐步提高 B_2O_3 含量至 22%、24%；当降低 B_2O_3 的含量时，按照蛇纹石组成［即 $n(MgO)/n(SiO_2) = 1.5$］的比例添加，逐步降低 B_2O_3 含量至 18%、16%，具体渣系设计组成如表 7-2 所示。

（2）B_2O_3 还原的影响。当硼铁精矿在碳饱和条件下熔分时，渣中的 B_2O_3 会被还原进入铁水中，从而导致渣中 B_2O_3 含量降低，而 MgO、SiO_2 含量整体升高，同时 MgO 出现过剩。按照 $n(MgO)/n(SiO_2) = 2$ 和 $n(MgO)/n(B_2O_3) = 2$ 的比例添加 MgO、SiO_2，逐步降低 B_2O_3 含量至 18%、16%、14%，具体渣系设计组成如表 7-2 所示。

表 7-2　渣系组成设计（仅考虑 B_2O_3、MgO、SiO_2）

影响因素	序号	$w(B_2O_3)/\%$	$w(MgO)/\%$	$w(SiO_2)/\%$
硼铁精矿组成	1	16.0	50.5	25.5
	2	18.0	50.6	22.6
	3（基础渣系）	20.0	50.7	19.4
	4	22.0	50.9	17.9
	5	24.0	51.1	16.4
B_2O_3 还原	6	18.0	52.2	20.9
	7	16.0	53.6	22.5
	8	14.0	54.7	24.4

将配置好的渣样（20 g）置于高纯石墨坩埚中在 1420 ℃保温 30 min 后随炉冷却至室温，然后再进行 XRD、SEM、活性检测等分析，以考察渣系组成对富硼渣（缓冷）结晶和活性的影响。

不同组成缓冷富硼渣（矿石组成影响）的物相组成如图 7-11 所示，从图中可以看出，此时富硼渣中主要物相为遂安石和橄榄石，富硼渣组成不同，物相的含量和种类会发生变化，当 B_2O_3 含量 ≥20% 时，渣中存在一定量的小藤石，且随着渣中 B_2O_3 含量的增加，小藤石的衍射峰略有增强；遂安石的衍射峰亦随着渣中 B_2O_3 含量的增加逐渐增强，当渣中 B_2O_3 含量为 16% 时，遂安石的衍射峰明显减弱，表明其含量已经很少。

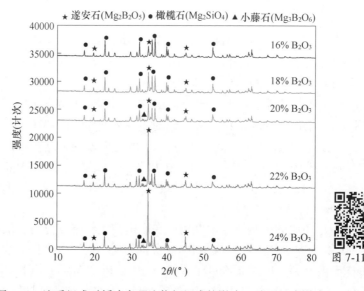

图 7-11　渣系组成对缓冷富硼渣物相组成的影响（矿石组成影响）

不同组成缓冷富硼渣（矿石组成影响）的矿相结构如图 7-12 所示，从图中可以看出，随着渣中 B_2O_3 含量的降低，含硼晶相的尺寸明显变小、体积含量明显降低；当渣中 B_2O_3 含量为 22%、24% 时，渣系熔点较低，缓冷过程中橄榄石可以在较大的温度区间内结晶长大，导致缓冷富硼渣中橄榄石颗粒尺寸明显变大，向条状自形晶发展；当渣中 B_2O_3 含量小于 20% 时，少量橄榄石呈短小的条状，大部分呈粒状。

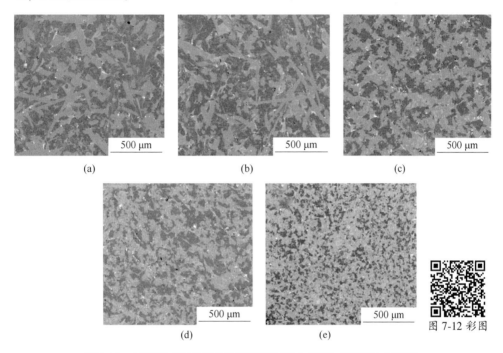

图 7-12 渣系组成对缓冷富硼渣矿相结构的影响（矿石组成影响）
（a）24%B_2O_3；（b）22%B_2O_3；（c）20%B_2O_3；（d）18%B_2O_3；（e）16%B_2O_3

不同组成缓冷富硼渣（矿石组成影响）的活性测定结果如图 7-13 所示，从图中可以看出，随着渣中 B_2O_3 含量的增加，富硼渣的活性逐渐降低，当 B_2O_3 含量从 16% 增加至 18% 时，活性值保持不变，B_2O_3 含量继续增加，则活性值逐渐降低。可能原因在于，当 B_2O_3 含量较高时，渣相熔点较低（即过热度提高），缓冷结晶过程中，橄榄石结晶较为充分，遂安石的结晶受到影响，还生成了一定量的小藤石。此外，B_2O_3 含量较高时富硼渣的结构更致密，也会阻碍硼的浸出。

渣中 B_2O_3 还原对缓冷富硼渣物相组成的影响如图 7-14 所示，从图中可以看出，随着 B_2O_3 的还原，渣中遂安石的衍射峰逐渐减弱，小藤石的衍射峰逐渐增强。20%B_2O_3 时，渣中主要含硼晶相是遂安石，14%B_2O_3 时，渣中主要含硼晶相是小藤石。

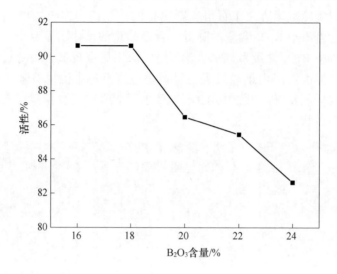

图 7-13　渣系组成对缓冷富硼渣矿相活性的影响（矿石组成影响）

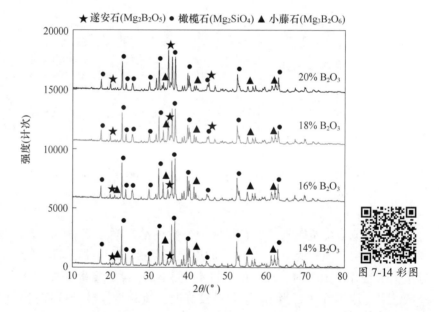

图 7-14　渣系组成对缓冷富硼渣物相组成的影响（B_2O_3 还原影响）

　　不同组成缓冷富硼渣（B_2O_3 还原影响）的矿相结构如图 7-15 所示，从图中可以看出，随着橄榄石和 MgO 含量的增加（即 B_2O_3 的还原），渣中含硼晶相的尺寸明显变小、体积含量明显降低；渣相熔点逐渐升高，液相中橄榄石的溶解量降低，橄榄石难以二次结晶长大，大部分以半自形晶、粒状晶形式存在。

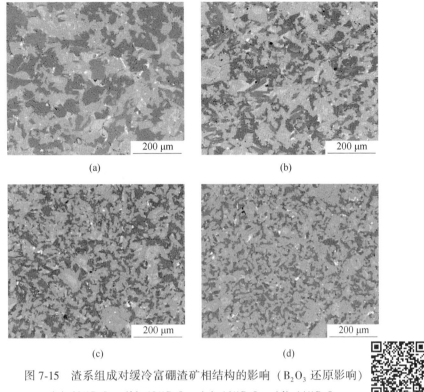

图 7-15 渣系组成对缓冷富硼渣矿相结构的影响（B_2O_3 还原影响）

（a）20%B_2O_3；（b）18%B_2O_3；（c）16%B_2O_3；（d）14%B_2O_3

图 7-15 彩图

不同组成缓冷富硼渣（B_2O_3 还原影响）的活性测定结果如图 7-16 所示，从图中可以看出，随着 B_2O_3 的还原，富硼渣的活性整体上逐渐降低：当 B_2O_3 含量

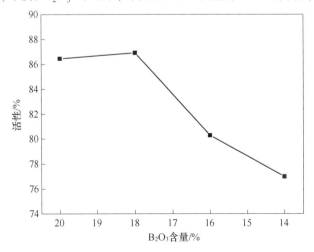

图 7-16 渣系组成对缓冷富硼渣活性的影响（B_2O_3 还原影响）

从 20%降低至 18%时，活性值略有增加，B_2O_3 含量继续降低，则活性值明显降低。可能原因在于，B_2O_3 的还原导致高活性的遂安石相明显减少，较低活性的小藤石相明显增加，从而导致富硼渣活性整体降低。当采用石墨坩埚熔分预还原硼铁精矿时，由于 B_2O_3 被还原进入液态生铁，富硼渣中 B_2O_3 含量明显降低，为 15.6%，富硼渣的活性相应明显降低，仅有 58.7%。

富硼渣中 B_2O_3 含量降低，会导致含硼晶相含量减少、尺寸减小。造成富硼渣中 B_2O_3 含量降低的因素不同，则富硼渣中含硼晶相的变化规律也不同。在富硼渣结晶充分的前提下，含硼晶相中遂安石的比例越高，则富硼渣的活性越高，而富硼渣活性高低与含硼晶相含量的多少无必然对应关系。

7.3.3　冷却速率的影响

凝固富硼渣的结晶状态与冷却速率有密切的关系，对于一定组成的富硼渣，要获得较高的活性就必须保证含硼晶相充分结晶，进而就需要有一个适宜的冷却速率。因此，本节研究了冷却速率对富硼渣结晶效果的影响。

试验方法为 Single Hot Thermocouple Technique（SHTT）[3-4]。试验过程中，将少量渣样置于 B 型热电偶上，然后直接用热电偶加热，同时温度被系统采集，该技术具有优良的控冷性能，可以保证加热和冷却过程试样温度和时间呈良好的线性关系。加热室上方是装有 CCD 摄像头的光学显微镜，可以对渣样的熔化和结晶过程进行观察。试验装置示意图如图 7-17 所示。由于试验过程中，渣样的用量很少，不足以检测富硼渣的活性，因此，仅对不同冷却制度下富硼渣的结构进行了研究。

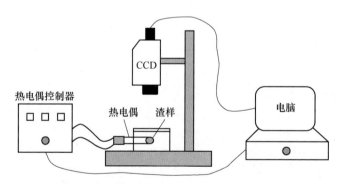

图 7-17　SHTT 装置示意图

试验过程中冷却制度有两种：（1）淬冷，即将渣样以一定的升温速率加热至 1400 ℃，保温一段时间后，迅速冷却至某一温度（所需时间小于 1 s），再保温 60 s，主要考察熔融富硼渣冷却过程中不同温度点的凝固状态和结晶状态，试验结束后对试样进行电镜观察；（2）连续冷却，即将渣样以一定的升温速率加热至 1400 ℃，保温一段时间后，按照一定的冷却速率将熔融富硼渣冷却到 1100 ℃，主要考察冷却速率对富硼渣结晶效果的影响，试验结束后对试样进行电镜观察。具体温度制度如图 7-18 所示。

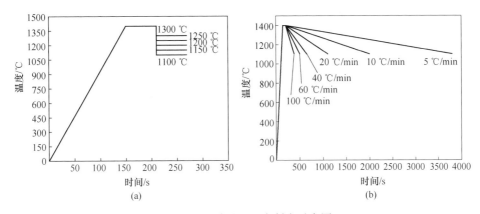

图 7-18　试验过程温度制度示意图

（a）淬冷；（b）连续冷却

1300 ℃、1250 ℃、1200 ℃、1150 ℃、1100 ℃淬冷富硼渣的矿相结构如图 7-19 所示，从图中可以看出：1300 ℃时，渣中仅存在少量的粒状和竹叶状橄榄

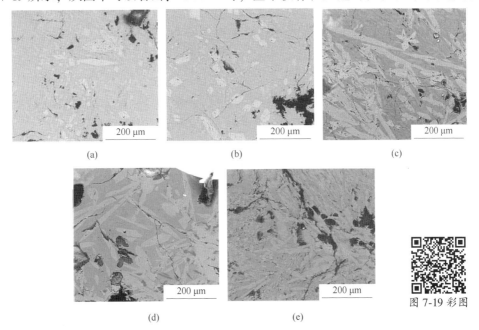

图 7-19　不同淬冷温度富硼渣矿相结构

（a）1300 ℃；（b）1250 ℃；（c）1200 ℃；（d）1150 ℃；（e）1100 ℃

石，无含硼晶相，富硼渣此时以液相为主；1250 ℃时，橄榄石的含量和尺寸增加，仍无含硼晶相，富硼渣此时仍以液相为主；1200 ℃时，出现了尺寸较大的橄榄石柱状晶体，含硼晶相的雏晶开始形成，此时渣中仍存在部分液相；1150 ℃时，橄榄石柱状晶体依然存在，同时出现了少量的含硼晶相，尺寸较小，橄榄石尺寸相比 1200 ℃时有所减小，可能原因在于此时过冷度过大，液相较少且黏度较大，不利于橄榄石结晶长大；1100 ℃时，富硼渣结构发生明显变化，橄榄石晶体呈放射状，少量含硼晶相同时存在，该温度下过冷度进一步增加，富硼渣快速凝固，不利于橄榄石和含硼相的结晶。可见含硼晶相最主要的结晶温度区间为 1150~1200 ℃，与随炉缓冷试验的结论一致，在该温度以上快速冷却有利于抑制橄榄石的结晶，从而为含硼晶相的结晶创造良好条件。

连续冷却过程中，冷却速率对富硼渣矿相结构的影响如图 7-20 所示，从图中可以看出，冷却速率对富硼渣矿相组成和形貌有明显影响：5 ℃/min 时，橄榄石结晶良好，尺寸粗大，渣中杂质元素（如 Ca、Al、Si、Mn）氧化物在结晶过程中不断富集，最终与 MgO、B_2O_3 形成低熔点聚集相存在于橄榄石晶体间的缝隙中，含硼晶相含量较少，尺寸也较小，可见，过低的冷却速率不利于含硼晶相的结晶和长大；10 ℃/min 时，含硼晶相数量增加，晶体尺寸变大，低熔点杂质

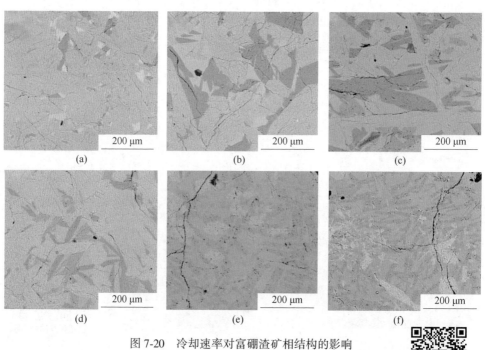

图 7-20   冷却速率对富硼渣矿相结构的影响

(a) 5 ℃/min；(b) 10 ℃/min；(c) 20 ℃/min；(d) 40 ℃/min；
(e) 60 ℃/min；(f) 100 ℃/min

图 7-20 彩图

聚集相消失；20 ℃/min 时，含硼晶相数量和尺寸进一步增加；40 ℃/min 时，含硼晶相数量和尺寸明显减少，含硼晶相结晶不充分；60 ℃/min 和 100 ℃/min 时，富硼渣结晶效果较差，橄榄石尺寸较小，主要为粒状，含硼晶相主要以雏晶形式存在。基于上述试验结果可知，含硼晶相适宜的冷却速率为 10~20 ℃/min。

参 考 文 献

[1] 郎建峰，张显鹏，刘素兰. B_2O_3-MgO-SiO_2 系富硼渣活性的研究 [J]. 东北大学学报，1993，14（1）：32-35.

[2] 郎建峰，李炳焕，曹文华. 富硼渣的碱解反应及活性评价方法的研究 [J]. 1997（2）：16-17.

[3] LI J, WANG X D, ZHANG Z T. Crystallization behavior of rutile in the synthesized Ti-bearing blast furnace slag using single hot thermocouple technique [J]. ISIJ International, 2011, 51 (9): 1396-1402.

[4] KLUG J L, HAGEMANN R, HECK N C, et al. Crystallization control in metallurgical slags using the single hot thermocouple technique [J]. Steel Research International, 2013, 84 (4): 344-351.

8 添加剂对还原熔分及富硼渣的影响

通过前述研究，得出了硼铁精矿含碳球团还原熔分的基本参数，并对渣、铁的基本性质、还原熔分过程及机理有了一定的认识。硼铁精矿铁低、镁高、硫高，为了实现脱硫、降低熔分温度，并同时实现促进还原、降低能耗的目的，因此研究了 Na_2CO_3、CaO 等冶金工业中常用的熔剂对硼铁精矿含碳球团还原熔分的影响。

8.1 试验方案

以无烟煤为还原剂，配料按照 C/O = 1.2、黏结剂 2.0%、水分 7% 进行，试验温度 1350~1450 ℃，考察不同 Na_2CO_3、CaO 配比对球团还原熔分效果和富硼渣矿相结构及活性的影响。试验计划如表 8-1 所示。

表 8-1　添加剂对还原熔分影响试验计划

添加剂种类	添加剂配入量/%	硼铁精矿配入量/%	还原剂配入量/%
Na_2CO_3	2	81.64	16.36
Na_2CO_3	4	79.97	16.03
Na_2CO_3	6	78.30	15.70
CaO	1	82.47	16.53
CaO	3	80.80	16.20
CaO	5	79.14	15.86

8.2 碳酸钠对还原熔分的影响

8.2.1 碳酸钠对还原的影响

碱金属和碱土金属对铁矿的固相还原具有促进作用，是冶金界早已了解的常识。一般认为是，碱金属促进了碳的气化反应速度，而铁矿石的煤基还原主要是由氧化铁的间接还原和碳的气化反应两步组成的，若加入碱金属，会有助于加速氧化铁的还原，降低煤基还原冶炼工艺的能耗，提高其生产效率[1]。本试验中炉腔温度远高于碳气化反应剧烈发生的温度，因此当含碳球团置于炉腔内后，Na_2CO_3 会在一定程度上促进 C 的气化反应的发生，进而加快铁氧化物的还原。Na_2CO_3 对硼铁精矿含碳球团还原过程的影响如图 8-1 所示。

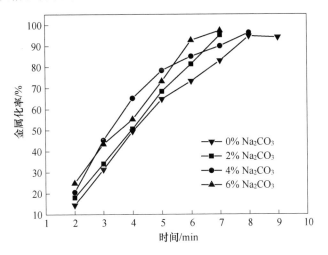

图 8-1　配加 Na_2CO_3 对还原过程的影响（1400 ℃）

从图 8-1 可以看出，配入 Na_2CO_3 后，有 Na_2CO_3 的球团的金属化率均高于相同时间点的无 Na_2CO_3 的球团。配加 4%、6% Na_2CO_3 的球团的还原速率高于 2% Na_2CO_3 的速率。但是，并非配入的 Na_2CO_3 越多还原速率越快，二者之间没有必然的正相关。这也从一定程度上说明，Na_2CO_3 起的是催化作用，并且添加剂的浓度对碳气化反应的催化效果也有一定的影响[2]。

8.2.2　碳酸钠对熔分效果的影响

1350 ℃、20 min 时，各个 Na_2CO_3 配比的球团均没有熔化倾向，因此，若要实现渣铁分离必须提高温度。

图 8-2 给出了 1400 ℃时，Na_2CO_3 配入量对硼铁精矿含碳球团还原熔分形貌的影响。从图中可以看出，加入 2% Na_2CO_3 时，球团 10 min 左右熔分，球团的熔分效果与不加 Na_2CO_3 时相当，仅是渣的形状不太完整，表面不洁净，除大尺寸的珠铁外，还有许多小颗粒的铁珠；但是当球团中配入 4%、6% 的 Na_2CO_3 时，熔分效果显著变差，当焙烧时间为 16 min 时，所生成的珠铁颗粒较小，并且渣中弥散有大量小铁珠。所有配加 Na_2CO_3 的球团，当焙烧至 8 min 左右时，在球团底部均有小铁珠生成，致使球团难以磨碎制样分析，而不配加 Na_2CO_3 的球团，于 1400 ℃焙烧 8 min 时，球团底部仅是渣铁混合物，无铁珠生成，可见 Na_2CO_3 的加入促进了金属铁的形核与长大。

(a)

(b)

(c)

图 8-2　不同 Na_2CO_3 配入量时球团还原熔分形貌的变化（1400 ℃）

（a）2% Na_2CO_3；（b）4% Na_2CO_3；（c）6% Na_2CO_3

图 8-2 彩图

当焙烧温度提高至 1450 ℃时，配入 2% Na_2CO_3 的球团 6 min 开始熔分，8 min 时熔分得较为良好，渣铁形貌规则；但是配入 4%、6% Na_2CO_3 的球团 20 min 时熔分效果仍不理想，且渣的边缘黏附了大量的尺寸在 1~5 mm 的小铁珠，并且渣的内部也包裹了较多的小铁珠，影响了铁的收得率。球团的熔分形貌如图 8-3 所示，从图中可见，当 Na_2CO_3 配入量达到 6%时，熔分已经相当困难。配加 6% Na_2CO_3 的球团，于 1450 ℃焙烧 20 min 时的熔分渣的显微结构如图 8-4 所示，从图中可以看出，添加 Na_2CO_3 后，渣中残存有大量的微细的金属铁颗粒，会进一步造成珠铁中铁的收得率降低。配加 Na_2CO_3 的球团的熔分渣中 TFe、S、Na 含量，以及珠铁中 S 含量如表 8-2 所示。

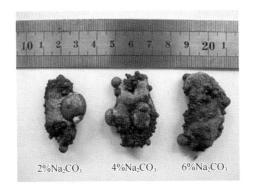

图 8-3 彩图

图 8-3　配加 Na_2CO_3 的球团的熔分形貌（1450 ℃，20 min）

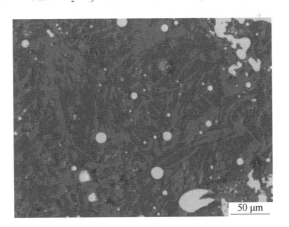

图 8-4 彩图

图 8-4　熔分渣的显微结构
（6% Na_2CO_3，1450 ℃，20 min，空冷，白色物相为金属铁）

对熔分渣进行化学分析可知，此时渣中 FeO 含量接近于零，铁元素基本全部以金属铁形式存在。渣中金属铁主要来自未分捡出来的小尺寸的铁珠以及弥散在渣中的固态海绵铁。

表 8-2　配加 Na_2CO_3 的球团的熔分效果

条　件	渣中 TFe 含量/%	渣中 S 含量/%	珠铁中 [S] 含量/%	渣中 Na 含量/%	Na 的挥发率/%
2%Na_2CO_3，1400 ℃，15 min	15.10	0.31	0.11	1.70	44
2%Na_2CO_3，1450 ℃，20 min	7.68	0.40	0.16	1.05	61
4%Na_2CO_3，1450 ℃，20 min	6.01	0.48	0.10	2.01	62
6%Na_2CO_3，1450 ℃，20 min	7.60	0.46	0.084	3.40	57

虽然富硼渣中 MgO 含量在 50%以上，但是 MgO 的脱硫能力较弱[3]。

$$MgO(s) + [S] + C \Longrightarrow MgS(s) + CO \quad \Delta G^{\ominus} = 44630 - 25.72T, \ J/mol \quad (8\text{-}1)$$

1300 ℃、1500 ℃时，该反应的平衡常数仅为 0.262 和 1.31，加上珠铁生成过程中，渣铁熔分时间短、接触面积小、渣铁流动性差等因素，导致原始富硼渣脱硫能力较低，珠铁中硫含量较高（1400 ℃，15 min），约为 0.27%，硫在渣金间的分配比仅为 0.4 左右。

Na_2CO_3 很早就被人们作为炉外脱硫剂来使用，其分解产生的 Na_2O 是脱硫能力很强的氧化物，并具有同时脱除磷的能力，在铁水预处理过程中，其脱硫能力可达 90%以上，脱硫反应式如下所示[4-5]。

$$Na_2O(s) + [S] + C \Longrightarrow Na_2S(s) + CO \quad \Delta G^{\ominus} = -2000 - 26.28T, \ J/mol \quad (8\text{-}2)$$

1300 ℃、1500 ℃时，该反应的平衡常数分别为 1.06×10^6 和 0.94×10^6。

由表 8-2 中所示的珠铁中硫含量的变化可见 Na_2CO_3 脱硫效果显著，特别是添加 2%、4% Na_2CO_3 时，珠铁中的硫含量从不配加 Na_2CO_3 时的 0.27%，分别降到 0.16%、0.10%。当 Na_2CO_3 配入量由 4%增加至 6%时，由于珠铁中硫含量已降至较低，且渣的黏度增大，流动性降低，脱硫动力学条件变差，因此脱硫效果增幅不大，珠铁中硫含量仅降低至 0.084%，基本满足炼钢要求。随着 Na_2CO_3 配入量的增加，硫在渣金间的分配比逐渐增加。

配加 Na_2CO_3 的含碳球团在炉膛中高温焙烧时，可能发生如下反应：

$$Na_2CO_3(l) + C \Longrightarrow 2CO + Na_2O(l) \quad \Delta G^{\ominus} = 482900 - 303.83T, \ J/mol \quad (8\text{-}3)$$

$$Na_2O(l) + C \Longrightarrow CO + 2Na(g) \quad \Delta G^{\ominus} = 404400 - 321.47T, \ J/mol \quad (8\text{-}4)$$

Na_2CO_3 的熔点约为 850 ℃，在使用 Na_2CO_3 做铁水脱硫剂的生产实践中发现 Na_2CO_3 会挥发。在碳热还原试验条件下，还可能发生 Na_2CO_3 的分解。其分解生成的 Na_2O 与固体碳接触，然后被碳还原，进而加剧了 Na_2CO_3 分解反应的进行。金属钠沸点为 890 ℃[6]，还原成金属态后立即气化进入炉气中，然后被氧化或与其他物质反应转变为氧化物、碳酸盐、硅酸盐等，进而促进了钠由球团内部向外界反应体系的迁移。钠迁移后新生成的产物，或随炉气排出，或沉积于炉衬的缝隙中，从而造成了环境污染和炉衬的侵蚀。经物料平衡计算，Na_2CO_3 配入量为 2%、4%、

6%时，经 1450 ℃ 焙烧 20 min，钠元素的损失率分别为 61%、62%、57%，1400 ℃ 焙烧 15 min 时，损失率为 44%。总体来说，高温碳热还原过程使得内配 Na_2CO_3 发生了较大程度的挥发，随着温度的升高、焙烧时间的延长，挥发量增加。

8.2.3 碳酸钠对富硼渣结构及活性的影响

球团中配入 Na_2CO_3 时，球团的熔分形貌发生了较大的变化，可见其对富硼渣的熔体性质有较大影响。将配加 2%、4%、6% Na_2CO_3 的球团在 1450 ℃ 焙烧 20 min，然后采取空冷和随炉缓冷两种方式研究富硼渣的矿物组成、嵌布关系、元素分布等，以期对熔分过程现象和渣的活性变化进行解释。

配加 Na_2CO_3 球团的空冷熔分渣的物相分析如图 8-5 所示。配加 2% Na_2CO_3 时，渣中含硼物相仅有 $3MgO \cdot B_2O_3$，其余物相主要为 $2MgO \cdot SiO_2$、$MgO \cdot SiO_2$；配加 4% Na_2CO_3 时，渣中含硼物相仍然只有 $3MgO \cdot B_2O_3$，但是衍射峰的强度比添加 2% Na_2CO_3 时有所降低，此外渣中出现了 MgO，其余物相主要为 $2MgO \cdot SiO_2$、$MgO \cdot SiO_2$；配加 6% Na_2CO_3 时，渣中含硼物相消失，MgO 的衍射

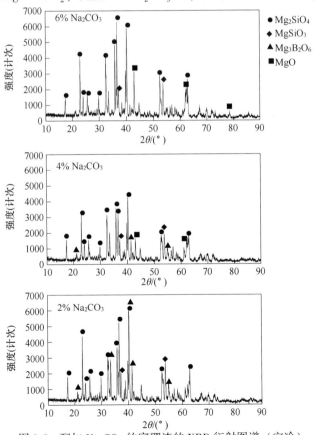

图 8-5 配加 Na_2CO_3 的富硼渣的 XRD 衍射图谱（空冷）

峰增强，其余物相主要为 $2MgO \cdot SiO_2$、$MgO \cdot SiO_2$。可见，随着 Na_2CO_3 配入量的增加，渣中含硼物相逐渐消失，并且渣中出现了 MgO，李杰等人[7]在研究熔态富硼渣的钠化处理过程中也发现渣中生成了 MgO。可能的反应如下：

$$2Na_2CO_3 + Mg_2B_2O_5 = Na_4B_2O_5 + 2MgO + 2CO_2 \qquad (8\text{-}5)$$

$$Na_2CO_3 + Mg_2B_2O_5 = 2NaBO_2 + 2MgO + CO_2 \qquad (8\text{-}6)$$

本试验中并没有发现含硼和钠的晶相，原因可能是 Na_2CO_3 的配入量相比来说不足。MgO 的析出导致渣的熔点升高、黏度增大，金属铁形核后难以聚集长大，因而熔分困难，必须提高焙烧温度，但是会增加生产成本，甚至转底炉实际生产中难以达到 1450 ℃ 以上的高温。同时，配加 Na_2CO_3 会造成珠铁中铁的收得率严重降低。

配加 Na_2CO_3 的球团的空冷熔分渣的 SEM 照片如图 8-6 所示。从图中可以看出，随着 Na_2CO_3 配入量的增加，渣的结构变得复杂，矿物结晶亦变得不完全。

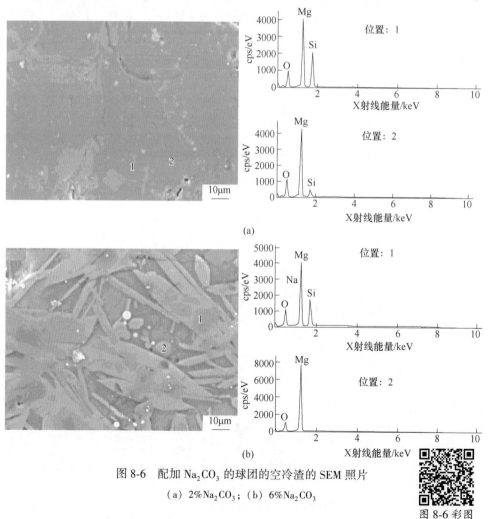

图 8-6　配加 Na_2CO_3 的球团的空冷渣的 SEM 照片

(a) 2%Na_2CO_3；(b) 6%Na_2CO_3

图 8-6 彩图

根据 XRD 分析，图 8-6（a）中位置 1 代表的物相为橄榄石，呈块状或板片状；位置 2 代表的物相为小藤石，呈板片状聚片双晶。图 8-6（b）中位置 1 代表的物相为橄榄石，呈半自形晶；位置 2 代表的物相为方镁石，呈球状。

　　配加 2%Na_2CO_3 的球团的空冷熔分渣的元素面分布分析如图 8-7 所示。结果表明，各元素的分布具有一定的规律性：Na 和 S 元素分布区域大致相同，经能谱分析可知该区域为大量杂质元素聚集的玻璃相，且绝大部分 Na 和 S 偏聚在玻璃相和晶相的边界处。Mg 基本分布在整个渣相中，但玻璃相中分布相对较少，Si 在玻璃相中分布亦相对较少。Mg 和 Si 的复合面扫描，基本上可以区分含硼晶相、橄榄石和玻璃相三相的分布关系。

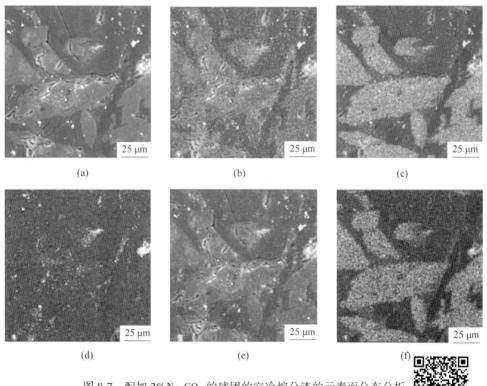

图 8-7　配加 2%Na_2CO_3 的球团的空冷熔分渣的元素面分布分析
（a）空白；（b）Na；（c）Si；（d）Mg；（e）S；（f）Mg+Si

图 8-7 彩图

　　配加 6%Na_2CO_3 的球团的空冷熔分渣的元素面分布分析如图 8-8 所示。其所揭示的基本规律与图 8-7 基本相同，特殊的方面主要有三点：一是玻璃相区有所扩大；二是含硼晶相基本消失，与 XRD 分析基本吻合；三是 Mg 的面分布图中出现了深颜色的圆斑区域，表明镁的含量增加，可以推测深色区域是一种新的含镁结晶物相，结合 XRD 分析，可能是 MgO。

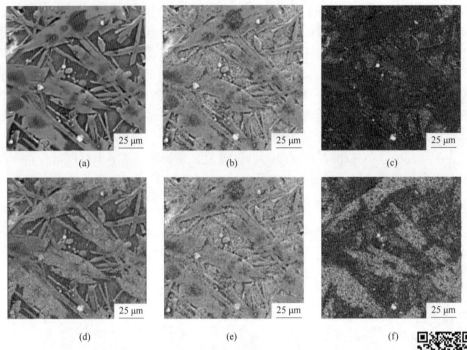

图 8-8　配加 6%Na$_2$CO$_3$ 的球团的空冷熔分渣的元素面分布分析

（a）空白；（b）Na；（c）Mg；（d）Si；（e）Na+S+Ca；（f）Mg+Si

图 8-8 彩图

　　配加 Na$_2$CO$_3$ 的球团的缓冷熔分渣的物相分析如图 8-9 所示。从图中可以看出，随着 Na$_2$CO$_3$ 配入量的增加，遂安石显著减少，小藤石析出增强，当配入 4%

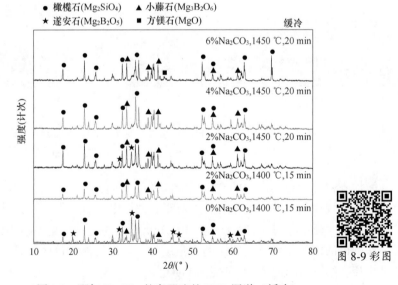

图 8-9 彩图

图 8-9　配加 Na$_2$CO$_3$ 的富硼渣的 XRD 图谱（缓冷）

以上的 Na_2CO_3 时，渣中遂安石基本消失，小藤石成为主要的含硼晶相，但是总体上来说，含硼晶相呈减少的趋势。

　　进一步采用面分布扫描对元素和相分布进行分析。配加 $6\%Na_2CO_3$ 的球团的缓冷熔分渣的元素面分布分析如图 8-10 所示，从图中可以看出，缓冷渣的结晶程度较空冷渣好，但是含硼晶相较少，呈粒状，结合 XRD 分析结果可知为小藤石。经缓冷后，渣中 MgO 几乎消失。

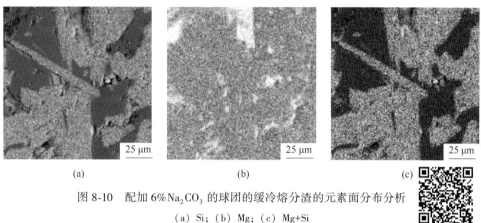

(a)　　　　　　　　　　(b)　　　　　　　　　　(c)

图 8-10　配加 $6\%Na_2CO_3$ 的球团的缓冷熔分渣的元素面分布分析

（a）Si；（b）Mg；（c）Mg+Si

图 8-10 彩图

　　Na_2CO_3 配入量对富硼渣品位、富硼渣活性以及残渣 B_2O_3 含量的影响如图 8-11 所示。可见，随着 Na_2CO_3 配入量的增加，富硼渣中 B_2O_3 的品位和活性下降。同时，残渣中 B_2O_3 的含量呈下降的趋势。对于配入 $2\%Na_2CO_3$ 的球团，1400 ℃即可熔分，经缓冷后，所得富硼渣的活性约为 70%，比同配比的球团在1450 ℃熔分的缓冷渣的活性高。

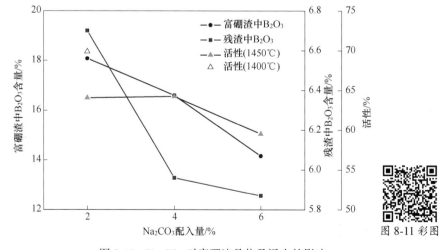

图 8-11 彩图

图 8-11　Na_2CO_3 对富硼渣品位及浸出的影响

　　从缓冷渣的 XRD 和活性分析可知 Na_2CO_3 的加入显著抑制了遂安石的析晶，降低了富硼渣的活性。Na_2O-B_2O_3-SiO_2 是典型的玻璃形成体系，Na_2CO_3 的加入促进了 B_2O_3 与 SiO_2 之间的熔合，有可能导致一部分硼进入玻璃体系，在冷却过程中难以结晶，从而使晶相中硼的总量减少，此时，含硼晶相以小藤石为主，由于小藤石与 NaOH 溶液的反应活性低于遂安石，从而导致富硼渣活性降低。

8.3　氧化钙对还原熔分的影响

8.3.1　氧化钙对还原的影响

　　CaO 对球团还原过程的影响如图 8-12 所示，从图中可以看出，CaO 对还原速率影响较小，CaO 对还原的促进作用随配入量的增加而降低，当配入 3% 及以上时，基本对球团还原不起促进作用。

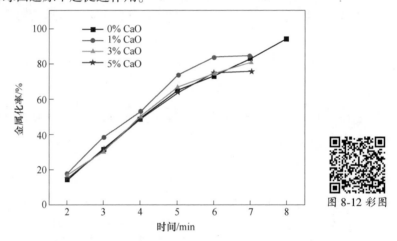

图 8-12　配加 CaO 后球团金属化率随时间的变化（1400 ℃）

　　若从铁氧化物还原机理入手，即 CaO 通过促进碳的气化反应来促进还原进行分析也是非常复杂的：尽管 CaO 对碳的热解和气化具有催化作用，但是根据气化类型、催化剂搭载方式、煤种的变质程度以及 CaO 的配入量等试验条件的不同而起或不起催化作用[8]。本书中最有可能的原因有两个，一是本试验中 CaO 与其他物料只是机械性的混合，并没有使钙均匀分布在还原剂表面，最重要的是 Ca^{2+} 没有与煤焦表面的有机官能团结合，以增加煤焦表面的活性位，形成活性中间体；二是球团在高温焙烧过程中加入的 CaO 发生了烧结反应，CaO 催化失活。

　　有研究认为[8] CaO 能提高球团的孔隙度，所以 CaO 在还原性气氛下能提高球团的还原性；内配碳球团由于是自还原，没有外界还原性气体，故 CaO 的加入对含碳球团的还原无影响。

8.3.2 氧化钙对熔分效果的影响

1400 ℃时，CaO 配入量对硼铁精矿含碳球团还原熔分形貌的影响如图 8-13 所示。从图中可以看出，加入 1% CaO 时，球团 10 min 左右开始熔分，12 min 熔分彻底，球团的熔分效果与不加 CaO 时相当，甚至更好，渣、铁的形貌良好，此时，珠铁中铁的收得率达 98.33%；但是当球团中配入 3% 的 CaO 时，熔分效果显著变差，当焙烧时间为 20 min 时，仅生成较小的珠铁颗粒；配入 5% 的 CaO 时，球团基本不能熔分。

图 8-13 配加 CaO 的球团的熔分形貌（1400 ℃）

配加 3%、5% CaO 的球团，当焙烧至 7 min 左右时，在球团底部均有小铁珠生成（图 8-14），致使球团难以磨碎制样分析，与配加 Na₂CO₃ 的球团的焙烧结果相似。可见 CaO 的加入同样促进了金属铁的形核与长大，前提是 CaO 的配入量要达到一定的数值。

图 8-13 彩图

图 8-14 配入 5% CaO 的球团焙烧 7 min 形貌（1400 ℃）

图 8-14 彩图

　　1450 ℃，焙烧 20 min 时，配加 1%CaO 的球团由于较早的熔分并长时间暴露于高温气氛下，珠铁表面上出现了很多闪亮的金属铁粉（如图 8-15 所示），造成铁的收得率降低，可见长时间高温焙烧对球团熔分不利。配加 5%CaO 的球团依然难以熔分，珠铁被半熔渣覆盖难以长大，此时渣中 CaO 含量为 15.8%，碱度（$R_2 = CaO/SiO_2$）约为 1.0。

图 8-15 彩图

10 mm

图 8-15　配入 1%CaO 的球团熔分珠铁形貌（1450 ℃，20 min）

　　如不考虑渣中的 B_2O_3，添加 CaO 之后的富硼渣即可以看成 CaO-MgO-SiO$_2$ 三元系，添加 CaO 后向 CaO 顶角移动，体系的液相线温度升高，幅度在 100 ℃ 左右，在一定程度上导致体系熔点升高[9]。

　　配加 CaO 的球团的熔分渣中 TFe、MFe 的含量，以及珠铁中 S 的含量如表 8-3 所示。

表 8-3　配加 CaO 的球团的熔分效果

CaO 配比	渣中 TFe 含量/%	渣中 MFe 含量/%	珠铁中 [S] 含量/%
1%CaO，1400 ℃，15 min	5.38	2.75	0.31
1%CaO，1450 ℃，20 min	2.63	2.30	0.16
3%CaO，1450 ℃，20 min	13.29	11.80	0.12
5%CaO，1450 ℃，20 min	27.24	25.31	0.046

　　根据表 8-3 所示结果，铁元素以金属铁为主，渣中 FeO 较少。随着 CaO 配入量的增加，金属铁含量显著增加，原因可能是，当渣中含 CaO 较高时，渣的熔点升高，黏度增大，阻碍了金属铁的传质，因而难以聚集和长大。

　　CaO 的脱硫反应式如下[10]：

$$CaO(s) + [S] + C === CaS(s) + CO \quad \Delta G^{\ominus} = 25320 - 26.33T, \ J/mol \quad (8-7)$$

1300 ℃、1500 ℃时，该反应的平衡常数分别为172和425，远低于同温度下 Na_2CO_3 的脱硫平衡常数。

本试验中，CaO 的脱硫效果也较为显著，与配加 Na_2CO_3 的效果相似，配入少量 CaO 即可显著降低珠铁中的硫含量，配入量进一步增加，脱硫幅度变缓，但最终达到硫含量为 0.046% 的较佳效果。不足的是，此时渣中金属铁含量达到 25.31%，铁的收得率过低，熔分温度也较高，经济性不好。

8.3.3 氧化钙对富硼渣结构及活性的影响

与球团中配入 Na_2CO_3 时相似，当配入 CaO 后球团的熔分变得困难，熔分形貌发生了较大的变化，可见其对富硼渣的熔体性质也有较大的影响。将配加 1%、3%、5%CaO 的球团在 1450 ℃（或1400 ℃）焙烧 20 min（或15 min），然后采取空冷和随炉缓冷两种方式研究富硼渣的矿物组成、嵌布关系、元素分布等，以期对熔分现象和渣的活性变化进行解释。

配加 CaO 的球团在 1450 ℃焙烧 20 min 所得的空冷熔分渣的物相分析如图 8-16 所示。配加 1%CaO 时，渣中含硼物相仅有 $3MgO \cdot B_2O_3$，其余物相主要为 $2MgO \cdot SiO_2$、金属铁；配加 3%CaO 时，渣中含硼物相仍然只有 $3MgO \cdot B_2O_3$，但是衍射峰的强度比添加 1%CaO 时有显著降低，说明其含量明显减少，此外渣中出现了新物相 MgO，其余物相主要为 $2MgO \cdot SiO_2$ 和金属铁，二者衍射强度与添加 1%CaO 时相比有所增强；配加 5%CaO 时，渣中含硼物相消失，MgO 的衍射峰增强，其余物相主要为 $2MgO \cdot SiO_2$ 和金属铁。可见，随着 CaO 配入量的增加，渣中含硼物相逐渐消失，并且渣中出现了 MgO，此外，渣中金属铁含量逐渐增加，铁的收得率降低。

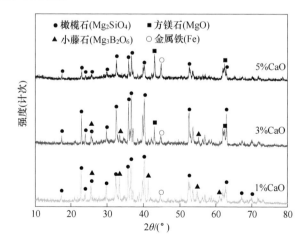

图 8-16 彩图

图 8-16 配加 CaO 空冷的富硼渣的 XRD 衍射图谱

（1450 ℃，20 min，空冷）

配加 3%CaO 的球团于 1450 ℃焙烧 20 min 所得空冷熔分渣的 SEM 和 EDS 分析如图 8-17 所示。该渣结晶程度较差，根据 XRD 分析结果可知，此时渣中主要结晶物相为橄榄石、方镁石以及少量小藤石和金属铁。结合 EDS 分析可知，SEM 照片中位置 4 所代表的相即为方镁石，呈粒状。因此，CaO 的加入导致了 MgO 在高温熔分时析出，使得球团熔分困难。

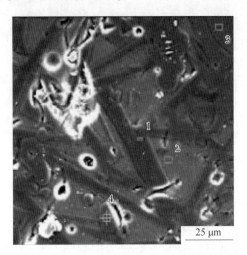

图 8-17 彩图

位置	元素摩尔分数/%								物相
	O	Mg	Al	Si	S	Ca	Mn	Fe	
1	61.14	32.38	0.21	4.70	—	1.40	0.18	—	—
2	62.72	12.59	2.95	3.22	0.41	17.43	0.35	0.33	—
3	55.09	29.60	—	15.11	—	0.20	—	—	橄榄石
4	47.43	51.78	—	—	—	—	—	0.80	方镁石

图 8-17　配加 3%CaO 的球团空冷渣的 SEM 照片和 EDS 分析

配加 3%CaO 的球团于 1450 ℃焙烧 20 min 所得空冷熔分渣的元素面分布分析如图 8-18 所示。由图可知，Ca 相对集中分布，含硼晶相结晶程度较差，MgO 大量析出（深红色区域），并分布在金属铁周围，可能导致金属在还原熔分过程中聚集困难。

配加 CaO 的球团的缓冷熔分渣的物相分析如图 8-19 所示。从图中可以看出，随着 CaO 配入量的增加，遂安石显著减少，小藤石析出增强。1400 ℃时，其他条件完全相同，球团中仅加入 1%CaO，遂安石的衍射峰就较大幅度减弱；当温度由 1400 ℃升温至 1450 ℃时，各物相衍射峰同比增强，但是彼此之间的关系基本不变；1450 ℃时，当配入 3%以上的 CaO 时，渣中遂安石基本消失，小藤石成

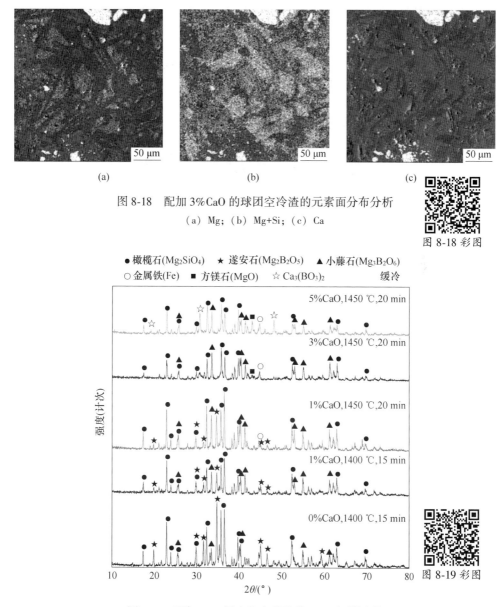

图 8-18 配加 3%CaO 的球团空冷渣的元素面分布分析

（a）Mg；（b）Mg+Si；（c）Ca

图 8-18 彩图

图 8-19 配加 CaO 缓冷的富硼渣的 XRD 衍射图谱

图 8-19 彩图

为主要的含硼晶相，但是总体上来说，含硼晶相呈减少的趋势，当配入 5% 的 CaO 时，渣中出现了含硼钙的晶相（3CaO·B_2O_3），含硼晶相量相比于配入 3% CaO 时有所增加。

配加 3%CaO 的球团于 1450 ℃ 焙烧 20 min 所得缓冷熔分渣的 SEM 微观结构分析和 EDS 能谱分析如图 8-20 所示。从图中可以看出，该渣结晶程度较好，基本物相有小藤石、橄榄石和钙的富集相，此外，在钙的富集相中还存在少量的呈斑状分布的石灰，表明 CaO 的添加量已经过多。

图 8-20 彩图

位置	元素摩尔分数/%								物相
	O	Mg	Al	Si	Ca	Ti	Mn	Fe	
1	59.86	38.96	—	0.83	0.13	—	—	0.22	小藤石
2	53.56	29.60	—	16.66	0.17	—	—	—	橄榄石
3	61.57	10.52	4.23	5.64	16.12	0.08	0.65	1.17	钙富集相
4	59.92	0.43	—	0.20	39.44	—	—	—	石灰

图 8-20　配加 3%CaO 的球团缓冷渣的 SEM 照片和 EDS 分析

进一步采用面分布分析对上述结构进行元素和相分布分析，如图 8-21 所示。

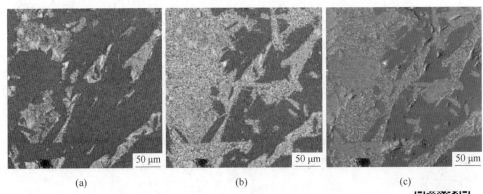

(a)　　　　　　　　　　　(b)　　　　　　　　　　　(c)

图 8-21　配加 3%CaO 的球团缓冷渣的元素面分布分析

(a) Mg；(b) Mg+Si；(c) Ca

图 8-21 彩图

从图 8-21 可以看出，含硼晶相（主要为小藤石）结晶较为完整，其含量由于 CaO 的加入而降低，Mg 元素主要赋存在橄榄石和小藤石中，Ca 与其他众多元素形成一相填充在橄榄石和小藤石的间隙中，在 Ca 的面分布分析中，深颜色区域即为单独存在的 CaO。

CaO 配入量对富硼渣品位、富硼渣活性以及残渣 B_2O_3 含量的影响如图 8-22 所示。虽然，随着 CaO 配入量的增加，富硼渣中 B_2O_3 的品位下降，但是 1450 ℃时富硼渣的活性先降低后升高。原因可能是，从 1%CaO 到 3%CaO 的配入量时，遂安石相消失，含硼晶相减少，所以活性降低，当到 5%CaO 时，由于含钙硼晶相的析出，使得富硼渣中含硼晶相相对增加，所以活性又相应增加，但是总体上富硼渣的活性处于较低水平。配加 1%CaO 的球团在 1400 ℃熔分后所得缓冷富硼渣的活性低于同成分的球团在 1450 ℃熔分的缓冷渣。

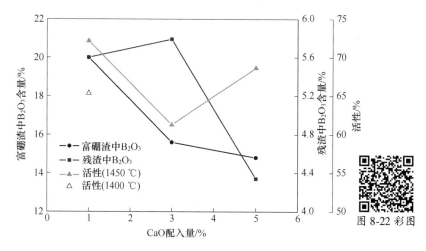

图 8-22 彩图

图 8-22　CaO 对富硼渣品位及浸出的影响

参 考 文 献

[1] 郭培民, 张临峰, 赵沛. 碳气化反应的催化机理研究 [J]. 钢铁, 2008, 43 (2): 26-30.

[2] 谢克昌. 煤的结构与反应性 [M]. 北京: 科学出版社, 2002.

[3] 王辉, 路立娜. 浅析 ITMK3 非高炉炼铁新技术 [J]. 硅谷, 2009 (23): 164.

[4] 卢志文. 铁水预处理脱硫剂选择探讨 [J]. 炼钢, 2001, 17 (1): 35-37.

[5] 王新华. 钢铁冶金: 炼钢学 [M]. 北京: 高等教育出版社, 2005.

[6] 梁英教, 车荫昌. 无机物热力学数据手册 [M]. 沈阳: 东北大学出版社, 1993.

[7] 李杰, 樊占国. 富硼渣钠化法制备硼砂过程中的影响因素 [J]. 东北大学学报, 2009, 30 (12): 1755-1758.

[8] BASUMALLICK A. Influence of CaO and Na_2CO_3 as additive on the reduction of hematite-lignite

mixed pellets［J］. ISIJ International，1989，35（9）：1050-1053.

［9］ VEREIN　DEUTSCHER　EISENHUTTENLEUTE. Slag　atlas　［M］.　2nd　edition. Düsseldorf（Germany）：Verlag Stahleisen GmbH，1995.

［10］ 王筱留 . 钢铁冶金学（炼铁部分）［M］. 2 版 . 北京：冶金工业出版社，2000.

9 富硼渣有价元素浸取分离

在获得高品位、高活性富硼渣的基础上，还需进一步对富硼渣在硼工业中的可用性进行研究。对于高品位的硼矿，我国主要是采用硫酸法制取硼酸，且相关基础研究也比较多。基于此，本章对富硼渣的硫酸浸取特性进行了研究。前述试验结果表明，富硼渣组成复杂，除了含有要提取的硼外，还有镁、硅、铁等，更重要的是还含有放射性元素铀，硫酸湿法浸取过程中，除了硼元素外，其他元素或多或少都会溶出，它们对于硼产品结晶过程和产品质量均有影响。因此，有必要研究硫酸浸取体系中不同浸取条件下各元素的溶出规律，为富硼渣的后续高效利用提供参考。

9.1 富硼渣浸取特性研究

9.1.1 试验方法

酸浸试验以硼铁精矿含碳球团在 1400 ℃ 熔分并缓冷至室温的富硼渣为原料，试验前破碎至一定粒度。采用质量分数为 95% ~ 98% 的浓硫酸和去离子水配制成一定浓度的溶液用于试验。浸出过程是在集热式恒温加热磁力搅拌器（DF-101S）中进行的，加热方式为油浴。根据需要称取一定质量的浓硫酸，加入去离子水中，配制成一定浓度、一定体积的硫酸溶液，将溶液转移至 250 mL 锥形瓶中，然后将锥形瓶放入已到达预定试验温度的搅拌器的油浴中，并开启磁力搅拌，搅拌速度为 800 r/min。经过 20 min 后，使溶液和油浴均达到预定试验温度，称取一定量的富硼渣（10 g），快速加入锥形瓶中并计时，每隔一段时间，用移液管吸取 0.5 mL 溶液转移至 50 mL 容量瓶中并用去离子水定容至 50 mL，将定容后的溶液用 ICP-AES 分析化学成分，并计算浸出率。试验结束后，将锥形瓶中的溶液和残渣进行真空过滤，分离出的残渣经烘干后用于化学分析。

9.1.2 浸出参数对 B 浸出的影响

9.1.2.1 酸量

富硼渣硫酸浸出过程中，发生的主要反应如下：

$$2MgO \cdot B_2O_3 + 2H_2SO_4 + H_2O \Longrightarrow 2H_3BO_3 + 2MgSO_4 \tag{9-1}$$

$$2MgO \cdot SiO_2 + 2H_2SO_4 \Longrightarrow 2MgSO_4 + SiO_2 + 2H_2O \qquad (9\text{-}2)$$

对于一定质量的矿石，当其中的碱性氧化物全部转化为硫酸盐时所消耗的酸量即为理论耗酸量。富硼渣中碱性氧化物基本全部为 MgO，因此本书规定，当 MgO 全部转变为 Mg^{2+} 时所消耗的硫酸量为理论耗酸量。

固定试验条件：搅拌速度 800 r/min、富硼渣粒度 -0.075 mm、温度 30 ℃、时间 60 min、液固比 10∶1，当酸量为 60%、70%、80%、90% 的理论量时对富硼渣中 B 元素浸出率的影响如图 9-1 所示。从图中可以看出，开始阶段，溶液中硫酸的浓度较高，导致 B 元素浸出率增加较快；随着硫酸用量的增加，B 元素浸出率逐渐增加，终点浸出率从 62% 增加到 77%，当硫酸用量从 80% 增加至 90% 时，B 元素浸出率增加不明显。李杰等人采用 B_2O_3 品位为 20% 的模拟富硼渣进行硫酸浸出试验，发现当硫酸用量超过 85% 时，B 元素浸出率变化不明显，并认为适宜的硫酸用量为理论量的 85%[1]。在硼镁石硫酸法生产硼酸的工艺中，用酸量一般为理论酸量的 60%~80%[2]。综上所述，结合本书试验结果，可知适宜的硫酸用量为理论量的 80%。

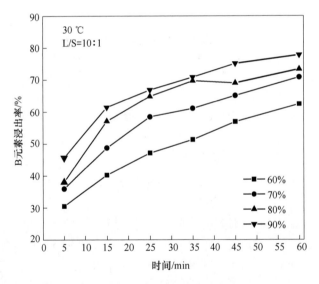

图 9-1　酸量对 B 元素浸出率的影响

9.1.2.2　温度

固定试验条件：搅拌速度 800 r/min、富硼渣粒度 -0.075 mm、80%酸量、时间 60 min、液固比 10∶1，浸出温度对富硼渣中 B 元素浸出率的影响如图 9-2 所示，试验温度分别设定为 30 ℃、40 ℃、50 ℃、60 ℃。从图中可以看出，随着温度的增加，B 元素浸出率逐渐增加；当浸出时间超过 35 min 以后，B 元素浸出率变化不明显。当温度为 60 ℃，料浆的过滤速度明显降低，因此，富硼渣硫酸浸取的温度应控制在 60 ℃以下。在硼镁石硫酸法生产硼酸的工艺中，操作温度一般为 90~95 ℃，B 元素浸出率达到 98%[2]。在上述试验条件下，当浸取温度低于 60 ℃时，富硼渣中 B 元素浸出率均难以达到 98%，因此需要对其他工艺参数进行优化。

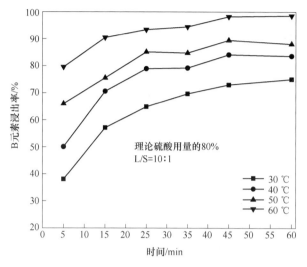

图 9-2　温度对 B 元素浸出率的影响

9.1.2.3　液固比

固定试验条件：搅拌速度 800 r/min、富硼渣粒度−0.075 mm、80%酸量、浸出温度 40 ℃、时间 60 min，液固比对富硼渣中 B 元素浸出率的影响如图 9-3 所示，液固比分别设定为 6∶1、8∶1、10∶1、12∶1。从图中可以看出，随着液固

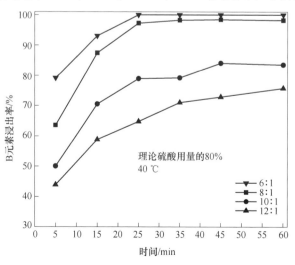

图 9-3　液固比对 B 元素浸出率的影响

比的降低，B 元素浸出率逐渐增加，当液固比从 10：1 降低至 8：1 时，B 元素浸出率显著增加，浸出反应在 30 min 左右就基本结束，几乎全部的硼元素进入液相中。液固比降低，溶液中硫酸浓度增加，B 元素浸出率增加，同时杂质的元素浸出率也会相应增加。液固比的选择主要是考虑矿浆的流动性、反应后矿浆在过滤时的洗水用量以及滤液的蒸发水量。当液固比降低至 6：1 时，矿浆的过滤速度明显降低，可能是过滤过程中硼酸结晶或硫酸镁造成的。继续降低液固比，则矿浆的流动性难以保证。然而，在实际的硼镁石硫酸法生产硼酸的工艺中，液固比为 2：1 时即可保证矿浆的流动性[2]，因此，若采用硫酸法处理富硼渣尚需根据实际的生产条件进一步探究适宜的液固比。

综合考虑各个参数对 B 元素浸出率和料浆状态的影响，可以初步得出含碳球团还原熔分所得缓冷富硼渣硫酸浸出提硼的适宜参数：液固比 8：1、80%酸量、浸出温度 40 ℃、时间 60 min，此时 B 元素浸出率为 98%左右，且料浆的流动性和过滤速度均可满足要求。

9.1.3　杂质元素的浸出行为

固定试验条件：液固比 8：1、80%酸量、浸出温度 40 ℃、时间 60 min、富硼渣粒度-0.075 mm，Mg、Si、MFe、FeO、U 等元素的终点浸出率如图 9-4 所示。从图中可以看出，U 元素的浸出率最大，几乎全部进入溶液，与文献中高炉富硼渣中 U 元素的浸出结果相近[3]；绝大部分金属铁与硫酸反应溶入液相，仅有 19.8%的 FeO 会与酸反应；一半左右的 Si 元素溶入液相，74.7%的 Mg 元素（包括遂安石、小藤石和橄榄石中的 Mg）也溶入液相，即一半左右的橄榄石在酸浸过程中被分解。

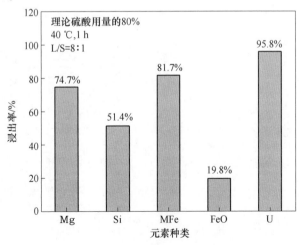

图 9-4　杂质元素的浸出行为

9.1.4 残渣分析

富硼渣（-0.075 mm）与酸浸残渣（80%酸量、40 ℃、1 h、L/S=8∶1）颗粒表面形貌和断面结构如图 9-5 所示，从图中可以看出，酸浸后原渣中的细粒级部分全部被消耗，剩余颗粒较大。残渣单颗粒结构如图 9-6 所示，与原渣相比，残渣结构变得疏松，颗粒之间和颗粒内部出现了较多裂纹。残渣的 XRD 物相分析如图 9-7 所示，主要残余物相是橄榄石、镁铝尖晶石以及金属铁。橄榄石与硫酸的反应性要弱于遂安石，但是在酸浸过程中仍有 50%左右的橄榄石被硫酸分解。镁铝尖晶石在原渣中含量较少，其化学稳定性高，基本不与稀硫酸反应，在酸浸过程中被富集。残留的金属铁主要分布在橄榄石内部，在酸浸过程中硫酸需要克服橄榄石的阻力才能扩散到其表面与之反应，且硫酸优先与细颗粒和粗颗粒的表面发生反应导致溶液中硫酸浓度降低，从而使得橄榄石内部的金属铁部分残留下来。

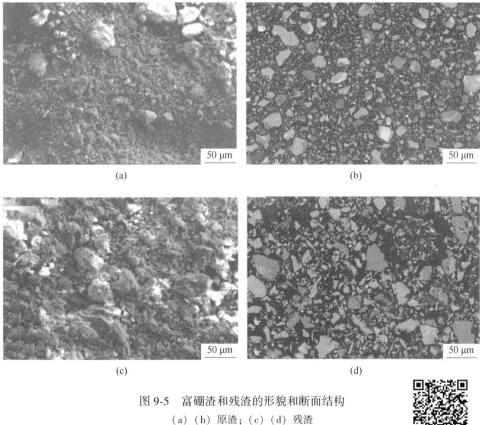

图 9-5 富硼渣和残渣的形貌和断面结构

（a）（b）原渣；（c）（d）残渣

图 9-5 彩图

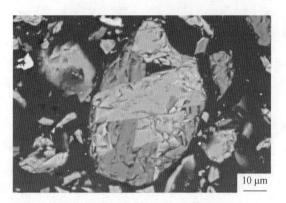

图 9-6 彩图

图 9-6　残渣单颗粒断面结构

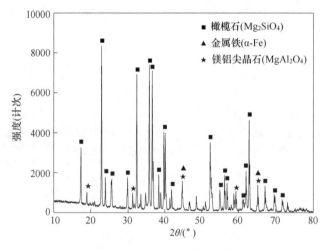

图 9-7　残渣的 XRD 物相分析

9.2　浸出过程动力学分析

含碳球团还原熔分富硼渣中的硼、镁、铁和硅四种元素在硫酸浸出体系中反应的过程都是一个固-液多相反应，浸出反应主要在两相界面进行。固-液反应最常见的动力学模型是未反应核收缩模型。当化学反应是控速步骤时，速率积分表达式如式（9-3）所示。

$$1 - (1 - x)^{1/3} = k_c t \tag{9-3}$$

式中　x——反应分数；

　　　k_c——化学速率常数，s^{-1}；

　　　t——反应时间，s。

如果反应速率是受通过固体层扩散控制，该固体层包含未反应核周围的未溶解颗粒，速率积分表达式如式（9-4）所示。

$$1 - 2/3x - (1 - x)^{2/3} = k_D t \qquad (9-4)$$

式中　　k_D——孔隙扩散速率常数。

根据式（9-3）和式（9-4），当浸出过程是化学反应控速时，$1 - (1 - x)^{1/3}$ 与时间的关系是一条直线，斜率为 k_c。同样的，$1 - 2/3x - (1 - x)^{2/3}$ 与时间的关系也是一条直线，斜率是 k_D。

将不同反应温度下硼的浸出实验数据代入式（9-3）和式（9-4）进行拟合，拟合结果如图 9-8 所示，不同温度下浸出结果的拟合曲线的相关系数 R 的值如表 9-1 所示。由表 9-1 可知，两个控速环节的速率拟合曲线的相关性都不太高，相比之下，固体产物层扩散控速的拟合曲线的相关性较好。因此，将固体产物层扩散控速拟合的直线求得不同温度下的表观反应速率常数，以 $\ln k$ 对 $1/T$ 作图得到一条直线，如图 9-9 所示。通过该直线方程的斜率可以求出富硼渣中遂安石与硫酸反应浸出硼的表观活化能 $E_1 = 30.89$ kJ/mol。20 kJ/mol $< E_1 <$ 40 kJ/mol，所以在实验条件下富硼渣中硼的浸出是化学反应和浸出剂通过固体产物层扩散混合控速。

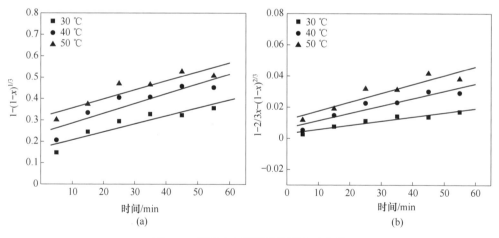

图 9-8　富硼渣中硼元素的浸出动力学

（a）化学反应控速；（b）固体产物层扩散控速

表 9-1　硼元素浸出动力学拟合曲线的相关系数 R

浸出温度/℃	动力学表达式	
	$1 - (1 - x)^{1/3}$	$1 - 2/3x - (1 - x)^{2/3}$
30	0.8486	0.9179
40	0.8177	0.8889
50	0.8449	0.8652

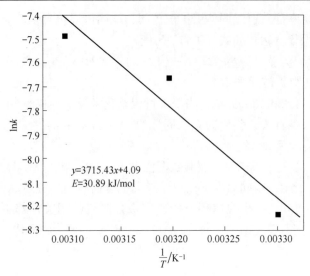

图 9-9　硼浸出的 $\ln k$-$1/T$ 曲线图

（固体产物层扩散控速）

　　同理，将不同反应温度下，镁的浸出实验数据代入式（9-3）和式（9-4）进行拟合，拟合结果如图 9-10 所示，各拟合曲线的相关系数 R 的值如表 9-2 所示。由表 9-2 可知，两个控速环节的速率拟合曲线的相关性都高。因此，分别将化学反应控速和固体产物层扩散控速拟合的直线求得不同温度下的表观反应速率常数，以 $\ln k$ 对 $1/T$ 作图得到一条直线，如图 9-11 所示。从该直线方程中可求出富硼渣硫酸浸出镁元素的表观活化能 E_1 = 20.97 kJ/mol，E_1 < 40 kJ/mol，E_2 = 42.38 kJ/mol，E_2 > 20 kJ/mol，所以在实验条件下富硼渣中镁的浸出是化学反应和浸出剂通过固体产物层扩散混合控速。

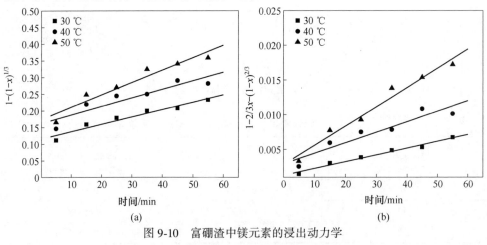

图 9-10　富硼渣中镁元素的浸出动力学

（a）化学反应控速；（b）固体产物层扩散控速

表 9-2 镁元素浸出动力学拟合曲线的相关系数 R

浸出温度/℃	动力学表达式	
	$1 - (1 - x)^{1/3}$	$1 - 2/3x - (1 - x)^{2/3}$
30	0.9434	0.9781
40	0.8411	0.8870
50	0.9272	0.9710

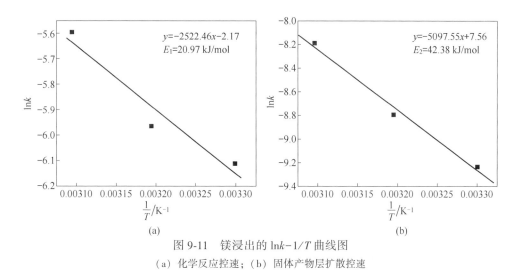

$y = -2522.46x - 2.17$
$E_1 = 20.97$ kJ/mol

$y = -5097.55x + 7.56$
$E_2 = 42.38$ kJ/mol

(a)

(b)

图 9-11 镁浸出的 $\ln k - 1/T$ 曲线图

(a) 化学反应控速；(b) 固体产物层扩散控速

不同反应温度下铁元素的浸出实验数据的拟合结果如图 9-12 所示，各拟合曲线的相关系数 R 的值如表 9-3 所示，两个控速环节的速率拟合曲线的相关性都高。因此，分别将化学反应控速和固体产物层扩散控速拟合的直线求得不同温度下的表观反应速率常数，以 $\ln k$ 对 $1/T$ 作图得到一条直线，如图 9-13 所示。从该直线方程中可求出富硼渣硫酸浸出的表观活化能 $E_1 = 43.88$ kJ/mol，$E_1 >$ 40 kJ/mol，$E_2 = 76.91$ kJ/mol，$E_2 > 20$ kJ/mol，所以在实验条件下富硼渣中铁的浸出是化学反应控速。

表 9-3 铁元素浸出动力学拟合曲线的相关系数 R

浸出温度/℃	动力学表达式	
	$1 - (1 - x)^{1/3}$	$1 - 2/3x - (1 - x)^{2/3}$
30	0.9516	0.9766
40	0.8480	0.9140
50	0.9239	0.7956

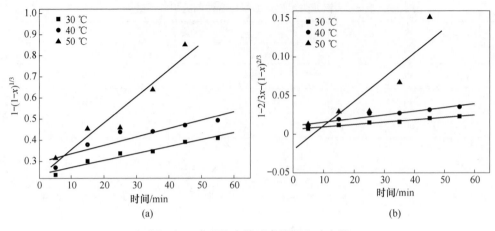

图 9-12　富硼渣中铁元素的浸出动力学

（a）化学反应控速；（b）固体产物层扩散控速

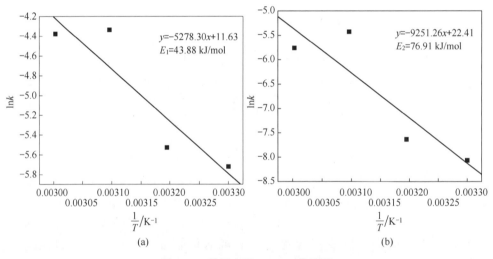

图 9-13　铁浸出的 ln$k$-1/T 曲线图

（a）化学反应控速；（b）固体产物层扩散控速

　　不同反应温度下硅的浸出实验数据的拟合结果如图 9-14 所示，各拟合曲线的相关系数 R 的值如表 9-4 所示，两个控速环节的速率拟合曲线的相关性都高。因此，分别将化学反应控速和固体产物层扩散控速拟合的直线求得不同温度下的表观反应速率常数，以 ln$k$ 对 1/T 作图得到一条直线，如图 9-15 所示。从该直线方程中可求出富硼渣硫酸浸出的表观活化能 E_1 = 29.04 kJ/mol，E_1 < 40 kJ/mol，E_2 = 53.84 kJ/mol，E_2 > 20 kJ/mol，所以在实验条件下富硼渣中硅的浸出也是化学反应和浸出剂通过固体层扩散混合控速。

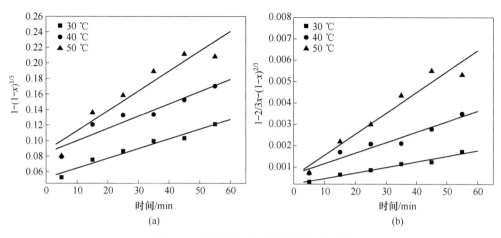

图 9-14 富硼渣中硅元素的浸出动力学

（a）化学反应控速；（b）固体产物层扩散控速

表 9-4 硅元素浸出动力学拟合曲线的相关系数 R

浸出温度/℃	动力学表达式	
	$1 - (1 - x)^{1/3}$	$1 - 2/3x - (1 - x)^{2/3}$
30	0.9642	0.9744
40	0.9062	0.9408
50	0.9063	0.9469

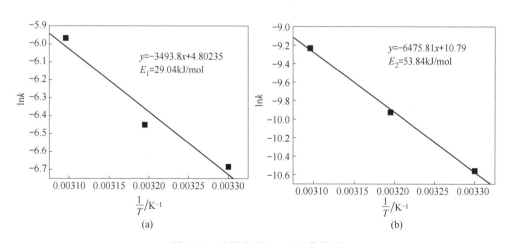

图 9-15 硅浸出的 $\ln k$-$1/T$ 曲线图

（a）化学反应控速；（b）固体产物层扩散控速

9.3 酸解工艺参数对酸解液过滤的影响

球团还原熔分得到的富硼渣在硫酸浸出时，选定合适的酸解工艺参数只是保证渣中尽量多的硼进入酸解液中，这也只是硫酸浸出一步法酸解富硼渣制取硼酸的第一步。高炉火法分离硼铁精矿后得到的富硼渣在酸解过程中存在一些问题，酸解液难过滤的问题直接制约了该工艺在生产上的应用。本书中的富硼渣酸解后的过滤情况不明，为了推进该工艺的工业应用，有必要研究酸解液在不同的酸解工艺参数下的过滤情况。

浸出进行一定时间后，将锥形瓶从加热器中取出，测定酸解液的体积，用SHB ⅢS 循环水式多用真空泵进行抽滤，用秒表测定过滤完成所需的全部时间，取 500 μL 滤液样品，在 50 mL 的容量瓶中进行稀释定容，通过 ICP 检测稀释液中元素的浓度，确定元素的浸出率。

试验结果中得到的平均过滤速率按照式（9-5）进行计算得到。

$$平均过滤速率 = 酸解液体积 / （过滤面积 \times 过滤时间） \tag{9-5}$$

9.3.1 硫酸用量的影响

当液固比为 8∶1，反应温度为 40 ℃时，用 60%、80%、100%三个不同的硫酸用量与富硼渣反应 60 min 后，趁热过滤，表 9-5 是硫酸用量对富硼渣酸解液过滤的影响。硫酸用量为 60%时，平均过滤速率最大，但是由于酸量不足，硼酸盐分解不充分，B_2O_3 的浸出率只有 82.58%。当硫酸用量为 80%时，虽然平均过滤速率减小，但是酸解液中 H_3BO_3 含量增加。当硫酸用量从 80%增加到 100%时，B_2O_3 的浸出率仅从 95.78%提高到 96.43%，而 MgO 的浸出率从 80.36%上升到 85.15%，但是平均过滤速率明显减小。从 MgO 的浸出率变化可以发现，硫酸用量增加提高了浸出体系的酸浓度，这就可能使得渣中杂质浸出增多。因此选定 80%硫酸理论用量为较优的酸解工艺参数，这不但能使渣中的硼酸盐分解充分，而且平均过滤速率适宜。

表 9-5 硫酸用量对富硼渣酸解液过滤的影响

编号	硫酸用量/%	过滤时间/s	平均过滤速率/m·s^{-1}	酸解液中 H_3BO_3 含量/%	酸解液中 $MgSO_4$ 含量/%	B_2O_3 浸出率/%	MgO 浸出率/%
1	60	25	1.0×10^{-3}	3.82	12.03	82.58	62.66
2	80	41	6.0×10^{-4}	4.43	15.43	95.78	80.36
3	100	45	5.0×10^{-4}	4.45	16.31	96.43	85.15

9.3.2 反应温度的影响

当液固比为 8 : 1，80% 硫酸用量，在 30 ℃、40 ℃、50 ℃ 和 60 ℃ 四个温度下，富硼渣硫酸浸出 60 min 后，酸解液过滤情况如表 9-6 所示。从表 9-6 中可以发现，随着反应温度的升高，酸解液平均过滤速率变化较大。反应温度为 50 ℃时，酸解液平均过滤速率最快，酸解液中 H_3BO_3 含量也最高。在上一节中选择的适宜浸出温度 40 ℃时，平均过滤速率为 5.9×10^{-4} m/s。

表 9-6　反应温度对富硼渣酸解液过滤的影响

编号	反应温度 /℃	过滤时间 /s	平均过滤 速率/m·s^{-1}	酸解液中 H_3BO_3 含量/%	酸解液中 $MgSO_4$ 含量/%	B_2O_3 浸出率 /%	MgO 浸出率 /%
1	30	32	7.5×10^{-4}	3.84	12.03	83.59	63.04
2	40	41	5.9×10^{-4}	4.43	15.43	95.78	80.36
3	50	30	8.0×10^{-4}	4.64	16.68	99.95	86.52
4	60	88	2.7×10^{-4}	0.22	0.95	4.85	4.98

当反应温度上升到 60 ℃ 时，酸解液的平均过滤速率显著降低，并且酸解液中 H_3BO_3 含量和 $MgSO_4$ 含量很低，酸解液 pH 值从 50 ℃ 时的 1.65 上升到 3.78。酸解液过滤后的残渣 XRD 衍射图谱如图 9-16 所示。过滤残渣中的主要物质为铁的氢氧化物、硼酸以及未反应的橄榄石和钙铝石。可以推断，主要是铁的氢氧化物的析出和硼酸溶质结晶使平均过滤速率大大降低。溶质结晶对平均过滤速率的影响在实验室内可以通过增大液固比来解决，工业上则通过对过滤过程的保温来实现。

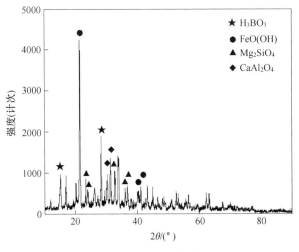

图 9-16　60 ℃ 浸出后残渣的 XRD

当改变浸出液固比为 10∶1 时，将反应温度提高至 70 ℃、80 ℃、90 ℃时，酸解液平均过滤速率也较小，过滤后的浸出液静置一段时间后产生黄色絮状胶体，如图 9-17 所示。过滤后残渣滤饼的宏观形貌如图 9-18 所示。浸出温度为 60 ℃时，过滤后的残渣主要是细小颗粒状。当浸出温度上升到 70 ℃时，浸出试验结束后，酸解料浆流动性变差，过滤后的残渣滤饼呈块状，黏度较大，不易破碎成细小颗粒。因此在一定的浸出条件下，不断地提高反应温度，会使得各类浸出反应进行充分，浸出液的 pH 值升高。当浆液中的酸度不足时，铁的氢氧化物会呈沉淀析出，进而影响过滤。

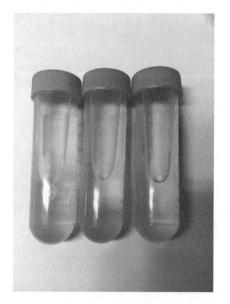

图 9-18 彩图

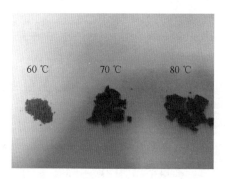

图 9-17   70~90 ℃的浸出液   图 9-18   60~80 ℃浸出残渣形貌

9.3.3 反应时间的影响

当液固比为 8∶1，80%硫酸用量，反应温度为 40 ℃时，富硼渣硫酸浸出 30 min、60 min、90 min 后的酸解液过滤情况如表 9-7 所示。由表 9-7 可知，浸出 90 min 后的酸解液平均过滤速率最快，但是浸出液中硼酸含量低。浸出 30 min 后的酸解液中不仅硼酸含量高，而且过滤快。反应时间从 30 min 延长至 90 min 时，浸出液的 pH 值从 0.87 上升到 1.28。随着反应时间的延长，酸解液中的游离酸容易被杂质全部消耗，镁、铁、硅的浸出率随着反应时间的延长而增长，杂质的溶解使酸解液的酸度降低。酸浸过程中，过分地延长浸出反应时间，会降低设备的处理能力，因此只要能达到一定的元素浸出率，反应时间越短越好。

表 9-7 反应时间对富硼渣酸解液过滤的影响

编号	反应时间 /min	过滤时间 /s	平均过滤速率/m·s^{-1}	酸解液中 H$_3$BO$_3$ 含量/%	酸解液中 MgSO$_4$ 含量/%	B$_2$O$_3$ 浸出率 /%	MgO 浸出率 /%
1	30	37	6.5×10^{-4}	4.44	13.58	96.52	71.09
2	60	41	5.9×10^{-4}	4.43	15.43	95.78	80.36
3	90	33	7.0×10^{-4}	4.32	14.23	93.40	74.14

9.3.4 液固比的影响

当硫酸用量为 80%，反应温度为 40 ℃，反应时间为 60 min，在 6∶1、8∶1、10∶1（mL/g）三个不同液固比下进行富硼渣与硫酸的反应，液固比对富硼渣酸解液过滤的影响如表 9-8 所示。随着液固比的增加，酸解液的平均过滤速率不断增大，但是酸解液中的硼酸含量逐渐降低。当液固比从 8∶1 降低到 6∶1 时，浸出液中硼酸含量从 4.43% 增加到 5.77%，平均过滤速率较慢主要是硼酸溶质结晶引起的。因为降低液固比能提高浸出体系中的硫酸浓度，硫酸浓度的提高使杂质容易溶解于浸出液中。室温 20 ℃时，硼酸在水中的溶解度为 4.8%，同时硼酸的溶解度还随着杂质含量的增加而减小。

表 9-8 液固比对富硼渣酸解液过滤的影响

编号	液固比 /mL·g^{-1}	过滤时间 /s	平均过滤速率/m·s^{-1}	酸解液中 H$_3$BO$_3$ 含量 /%	酸解液中 MgSO$_4$ 含量 /%	B$_2$O$_3$ 浸出率 /%	MgO 浸出率 /%
1	6∶1	41	4.6×10^{-4}	5.77	19.43	93.91	76.23
2	8∶1	41	5.9×10^{-4}	4.43	15.43	95.78	80.36
3	10∶1	32	8.8×10^{-4}	3.54	10.55	96.22	69.11

9.3.5 富硼渣粒度的影响

当硫酸用量为 80%，反应温度为 40 ℃，液固比为 8∶1（mL/g），反应时间为 60 min，用不同粒度的富硼渣与硫酸进行反应后，酸解液的过滤情况如表 9-9 所示。从表 9-9 中可以发现随着富硼渣粒度的增加，平均过滤速率不断减小，酸解液中硼酸含量较接近。当原始富硼渣粒度越大时，浸出后残渣颗粒的粒径差越小，滤饼的孔隙度越小，引起的过滤阻力就越大，酸解液平均过滤速率越小。

表 9-9　富硼渣粒度对富硼渣酸解液过滤的影响

编号	富硼渣粒度 /mm	过滤时间 /s	平均过滤 速率/m·s⁻¹	酸解液中 H_3BO_3 含量/%	酸解液中 $MgSO_4$ 含量/%	B_2O_3 浸出率 /%	MgO 浸出率 /%
1	约 0.6	34	$7.1×10^{-4}$	4.28	13.32	92.27	69.24
2	0.6~1	48	$5.0×10^{-4}$	3.83	11.37	83.43	59.65
3	1.0~2.0	77	$3.1×10^{-4}$	3.90	11.85	83.99	61.43

9.4　富硼渣与天然硼镁石矿的对比

富硼渣作为一种人工制备的硼矿，其可用性如何是必然要关心的问题。本书采用高品位的天然硼镁石矿与富硼渣在完全相同的试验条件下进行酸浸对比研究，以期为富硼渣的高效利用提供参考。试验中，用酸量为理论酸量的 80%（H_2SO_4）、固定液固比为 8∶1、原料粒度为 -0.177 mm、反应时间为 60 min，考察不同温度下（30 ℃、40 ℃、50 ℃、60 ℃）硼镁石矿和富硼渣中 B、Mg、Si 元素浸出率的变化。

试验过程中使用的天然硼镁石矿产自丹东，化学成分如表 9-10 所示，从表 9-10 中可以看出，该矿品质较高，其 B_2O_3、SiO_2 含量与富硼渣基本相同；MgO 含量较低，即耗酸量会减少；S 含量也很低，约为富硼渣的 1/5；此外，硼镁石矿的烧损量较大，扣除烧损，其 B_2O_3 含量会进一步增加至 23.45%。

表 9-10　硼镁石矿化学成分（质量分数）　　　　　　　　　（%）

B_2O_3	MgO	CaO	SiO_2	Al_2O_3	TFe	S	P	LOI
20.75	35.26	4.32	20.06	1.17	3.60	0.025	0.14	11.54

天然硼镁石矿的 XRD 物相分析结果如图 9-19 所示，从图中可以看出，硼镁石矿的主要矿物组成为硼镁石，基于化学成分可知，67.6% 的 MgO 与 B_2O_3 结合成硼镁石矿物，此外，硼镁石矿中还含有一定量的钙镁铁铝硅水合物以及少量的石英、白云石和磁铁矿。

硼镁石矿与富硼渣中 B、Mg、Si 元素浸出率随温度的变化如图 9-20 所示，从图中可以看出，二者的浸出特性有明显差异：B 元素的浸出率随温度的增加而增加，且富硼渣中 B 的浸出率明显高于硼镁石矿，富硼渣中 B 的浸出率在 50 ℃以上就保持稳定，接近 90%，而硼镁石矿中 B 的浸出率在 60 ℃时仅为 50%；Mg 元素的浸出率也随着温度的增加而增加，富硼渣中 Mg 的浸出率明显高于硼镁石；富硼渣中 Si 的浸出率随着温度的增加而增加，硼镁石矿中 Si 的浸出率则维

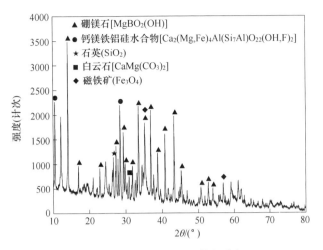

图 9-19 硼镁石矿 XRD 物相分析

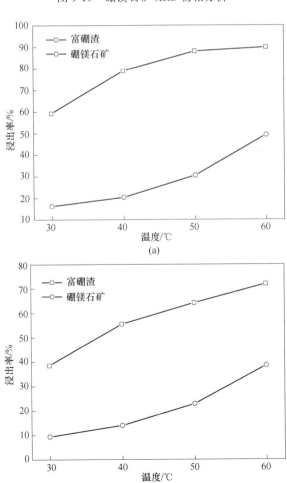

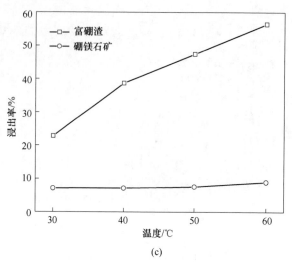

(c)

图 9-20　硼镁石矿与富硼渣主要元素浸出对比

(a) B；(b) Mg；(c) Si

持在 7% 左右，明显低于富硼渣。该结果充分表明，富硼渣中遂安石和橄榄石的浸出性能明显高于硼镁石矿中的硼镁石和脉石矿物，浸出温度可大幅度降低。硼镁石矿与富硼渣浸出过程泥渣率随温度的变化如图 9-21 所示，随着浸出温度的提高，各元素的浸出率增加，导致泥渣量逐渐减少，此外，富硼渣的泥渣率明显低于硼镁石矿，该结果与两种矿石的浸出行为相对应。

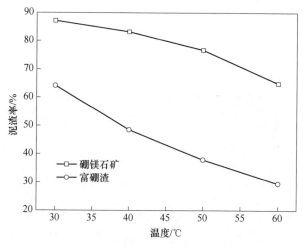

图 9-21　硼镁石矿与富硼渣泥渣率随浸出温度的变化

当浸出温度高于 40 ℃时，富硼渣浸出液长时间静置后会有透明胶体物质析出（如图 9-22 所示），而硼镁石矿浸出液没有发生任何变化。将析出物过滤、洗涤后进行拉曼光谱分析，结果如图 9-23 所示，析出物的谱图中仅有一个明显的、尖锐的峰，经过比对分析可以推断，该峰所对应的物质为含有结晶水的 $MgSO_4$。进一步将析出物烘干、磨细后进行 XRF 成分分析，结果如表 9-11 所示，从表 9-11 中可以看出，析出物中主要成分为 SiO_2，其次为少量的 S 和 MgO，且二者物质的量满足 $MgSO_4$ 化学式，因此可以判断析出物主要为硅胶，同时硅胶吸附了少量有结晶水的 $MgSO_4$ 晶体以及微量的 Fe、Ca、Ti、Al、Mn 等微量元素。硅胶的形成主要原因在于富硼渣浸出过程中较大比例的橄榄石被溶解，导致溶液中 SiO_2 含量较高，当条件合适时即以胶体的形式析出来。硅胶的析出对后续 $MgSO_4 \cdot 7H_2O$ 和 H_3BO_3 结晶均会产生影响，所以当富硼渣用于酸浸提硼时该现象必须要给予考虑。

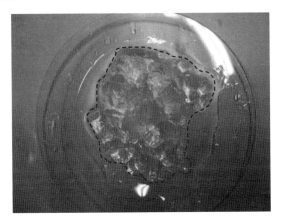

图 9-22 析出物形貌

图 9-22 彩图

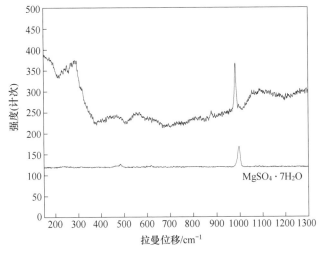

$MgSO_4 \cdot 7H_2O$

图 9-23 彩图

图 9-23 析出物拉曼光谱分析

表 9-11　析出物化学成分（质量分数）　　　　　　　　（%）

SiO$_2$	S	MgO	Fe$_2$O$_3$	CaO	TiO$_2$	Al$_2$O$_3$	MnO
78.31	6.39	4.40	0.60	0.20	0.12	0.11	0.10

参 考 文 献

[1] 郑学家. 硼砂、硼酸及硼肥生产技术 [M]. 北京：化学工业出版社，2013.

[2] 李杰，雷丽，王亮娟，等. 富硼渣硫酸法制备硼酸的研究 [J]. 中国稀土学报，2010，28 (S)：680-684.

[3] 仲剑初. 含铀硼镁铁矿综合利用过程中除铀方法的探讨 [J]. 辽宁化工，1996 (5)：8-11.

10 硼泥做铁矿球团添加剂的探究

硼泥是利用硼镁矿或硼镁铁矿石通过碳碱法生产硼砂或酸法生产硼酸过程中产生的工业固体废弃物[1]。一般情况下，每生产 1 t 硼砂将会产生 4~5 t 硼泥[2]。硼泥主要化学成分为 MgO 和 SiO_2，并含有一定量的 B_2O_3、Fe_2O_3 以及少量的 CaO、Al_2O_3。硼泥主要的矿物组成为菱镁矿、铁橄榄石、蛇纹石、石英、斜长石、钾长石、磁铁矿以及一些非晶质颗粒，硼以微量存在于其他矿物中，不形成独立的含硼矿物[3]。高温煅烧后的硼泥主要矿物组成为橄榄石、方镁石以及少量的铁酸镁[4]。各厂由于生产硼砂的工艺有所不同，产生的硼泥组分也有略微不同。工业产生的硼泥含水量在 35%~40%，呈泥状，干燥后呈块状，但极易破碎和磨细。

按照化工厂使用原料硼矿石的不同，硼泥可分为白硼泥、黑硼泥和褐硼泥。其中褐硼泥的产量最多，颜色为红褐色，国内把褐硼泥称为硼泥，其中 SiO_2 含量较高。白硼泥产量较少，SiO_2 含量较少，MgO 的含量较高，颜色为白色。黑硼泥是用硼镁铁矿为原料生产硼酸、硼砂工艺中产生的渣相物，含铁量较高，MgO 含量较低，产量较少，因其颜色发黑称为黑硼泥[5]。

随着经济的蓬勃发展和社会需求的日益提高，硼砂的需求量呈现显著的增长趋势，这也导致了硼泥的产量急剧上升。据相关报道，一家年产 5000 t 硼砂的工厂，每年将产生约 25000 t 的硼泥。在全国范围内，硼泥的年产出量已接近百万吨，仅辽宁省就积压了高达 2000 多万吨的硼泥亟待有效处理[6]。然而，目前硼泥的处理方式大多采取自然堆积，这种未经任何处理的堆放方式对环境造成了严重的污染。硼泥的大量堆积不仅占用了宝贵的土地资源，而且其中的 MgO、CaO、Na_2O 等碱性物质会破坏土壤结构，使土地变得贫瘠，无法支持植物的正常生长。更为严重的是，经过长时间的渗透和雨水冲刷，硼泥中的有害物质会渗入地下水，进而污染周边地区的饮用水源，对居民的健康构成潜在威胁。此外，由于硼泥颗粒极为细小，一旦风干，硼泥粉尘便会随风飘散，弥漫在空气中，对大气环境造成严重的污染[7]。这种由硼泥带来的环境污染问题已逐渐显现，成为当前亟待解决的一大环境公害。因此，寻找有效的硼泥处理方法，实现其资源化利用，已成为当前硼化工领域的重要课题。

10.1　硼泥基础特性分析

研究所用硼泥为辽宁某硼铁公司酸浸提硼生产过程中产生的硼泥，对硼泥的主要化学成分、粒度分布、主要矿物组成和颗粒形貌进行了分析。

10.1.1　硼泥的化学成分分析

硼泥的主要化学成分如表 10-1 所示。硼泥主要化学成分为 MgO、SiO_2、B_2O_3 和 Fe_2O_3，含量分别为 37.56%、17.06%、5.47% 和 8.44%，此外还含有少量的 CaO、Al_2O_3、K_2O、Na_2O 等，极具综合利用价值。

表 10-1　硼泥主要化学成分（质量分数）　　　　（%）

成分	MgO	SiO_2	B_2O_3	Fe_2O_3	CaO	Al_2O_3	K_2O	Na_2O	P_2O_5	SO_3	LOI
含量	37.56	17.06	5.47	8.44	0.45	1.28	0.33	2.07	0.087	0.45	25.61

10.1.2　硼泥的粒度组成

采用 BT-9300ST 激光粒度分析仪对硼泥的粒度进行了测定，结果如图 10-1 所示。硼泥的体积平均径为 16.38 μm，面积平均径为 2.44 μm，中位径为 7.616 μm。硼泥的粒径分布范围集中在 0.146~215.4 μm，粒径<100 μm 的硼泥颗粒占 98.51%，粒度非常细。

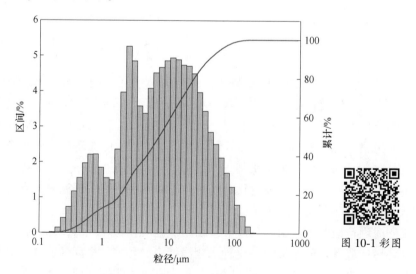

图 10-1 彩图

图 10-1　硼泥的激光粒度组成

10.1.3 硼泥的物相分析

采用 XRD 分析了硼泥的主要矿物组成，结果如图 10-2 所示。硼泥的矿物组成比较复杂，硼泥的主要矿物包括磁铁矿、赤铁矿、菱镁矿、镁橄榄石、石英、蛇纹石。当然硼泥的矿物组成会因提硼工艺不同而有所差别。

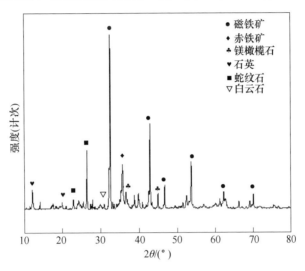

图 10-2　硼泥的主要物相组成

10.1.4 硼泥的表面形貌及结构分析

采用扫描电镜和能谱分析了硼泥的颗粒形貌，结果如图 10-3 和图 10-4 所示。

 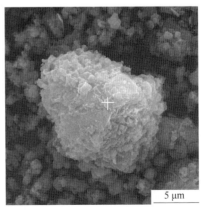

图 10-3 彩图

图 10-3　硼泥的微观形貌

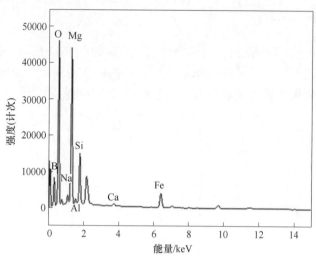

图 10-4   硼泥的能谱分析

由图 10-3 和图 10-4 可知，硼泥颗粒表面较为粗糙，主要为不规则粒状，以及少量长条状，5 μm 左右的微细粒含量较多，同时存在 10~20 μm 的颗粒。根据硼泥颗粒的 EDS 能谱图可知，硼泥中含有 Mg、B、Si、Fe、Ca、Na、Al、O 等元素，各金属元素以氧化物、碳酸盐或硅酸盐的形式存在，与 XRD 分析结果基本吻合。

10.2   硼泥的流变特性

硼泥富含 MgO、B_2O_3 和 SiO_2，粒度细，易破碎磨细，具有一定的黏结性能，可用于铁精矿造块添加剂。流变特性是物料在外力作用下发生的应变与应力之间的定量关系，物料流变特性好坏与其分子量大小和分布有关。硼泥作为添加剂用于铁矿球团，硼泥的流变特性是决定生球强度的关键因素。球团生产中硼泥形成高浓度的硼泥悬浮液，其在造球过程中经物料滚压作用可发生形变和流动而填充于铁精矿颗粒间，可将铁精矿颗粒黏结成球而具有一定的机械强度。硼泥悬浮液在外力作用下发生形变和流动时所表现出来的流变特性很大程度决定了硼泥与铁精矿的黏结性能，最终影响生球的强度。因此，研究硼泥的流变特性，对铁矿球团生产中合理配加硼泥具有一定指导意义。

10.2.1   浓度对硼泥流变特性的影响

在硼泥流变特性试验前，先将硼泥在烘箱里烘干，然后将烘干后的硼泥制样磨碎，使硼泥能在水中更加均匀分布。分别取质量为 90 g、100 g、110 g、120 g、

130 g 和 140 g 的硼泥配加 100 g 水，搅拌均匀制备成不同浓度的硼泥泥浆。在 25 ℃室温下，采用 MCR102 高级流变仪测出其流变曲线，不同浓度硼泥泥浆剪切应力随剪切速率的结果分布如图 10-5 所示。

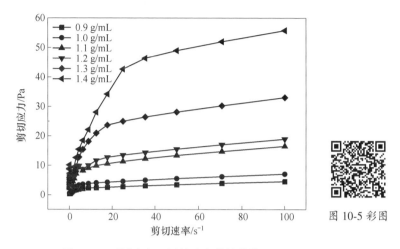

图 10-5 彩图

图 10-5 不同浓度硼泥的流变特性曲线

由图 10-5 可知，随着流变仪剪切速率的增加，硼泥的剪切应力变大，特别是在较低剪切速率下，硼泥的剪切应力大幅度增加。相同的剪切速率下，硼泥浓度越大，硼泥的剪切应力越大，特别是硼泥浓度大于 1.2 g/mL 时，剪切应力明显增大，说明在球团制备中，需要控制硼泥的配加量来调控其在铁精矿造球团过程中的作用。

10.2.2 pH 值对硼泥流变特性的影响

目前铁矿球团主要为酸性球团，但碱性球团是未来铁矿球团的发展方向，不同酸碱环境下，硼泥的流变特性不同。因此，研究中采用 5 mol/L 的 NaOH 溶液和 5 mol/L 的 HCl 溶液调节硼泥 pH 值，分别测定 pH 值为 4、5、6、7、8、9、10、11 和 12 的硼泥泥浆的流变曲线，由于硼泥初始的 pH 值为 9，因此将 pH 值为 4、5、6、7、8 和 9 定义为酸性环境，pH 值为 10、11 和 12 定义为碱性环境，不同酸碱环境下测得的硼泥流变特性结果分别如图 10-6 和图 10-7 所示。

由图 10-6 和图 10-7 得出，相同剪切速率下，酸性环境下测得的硼泥剪切应力明显大于碱性环境。对于碱性环境，随着 pH 值的增大，硼泥的剪切应力有一定程度的增大。对于酸性环境，随着 pH 值的减小，硼泥的剪切应力有一定程度的增大，特别是 pH 值小于 5，硼泥的剪切应力明显增大，并且随着剪切速率的加快，其增大幅度越来越大。研究结果说明，造球物料的 pH 值对硼泥的流变特性影响很大。对于含硼球团的制备，为了获得良好的造球性能，需控制造球物料的 pH 值。

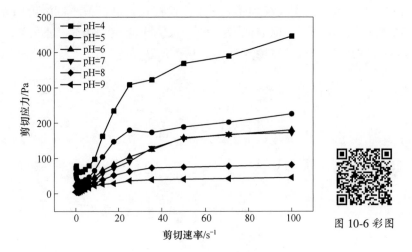

图 10-6 彩图

图 10-6 酸性条件下硼泥的流变曲线

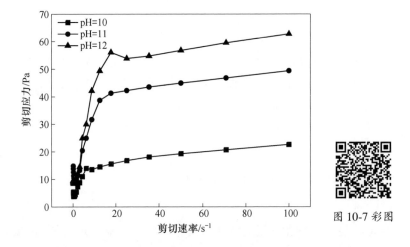

图 10-7 彩图

图 10-7 碱性环境下硼泥的流变曲线

10.3 硼泥作为铁矿球团添加剂

以硼泥为原料制备含硼复合黏结剂，用于钢铁原料造块，能提高造块产品强度，改善产品性能[8-10]。硼泥用作球团添加剂的应用研究始于20世纪70年代末，最初是为了改善凌钢保国铁精矿粉的焙烧性能，提高球团矿冷强度。球团配加一定量的硼泥，可降低球团焙烧温度，提高球团矿质量，在球团焙烧时，B_2O_3 能顺利进入渣相，有效降低渣相的熔点和黏度，进而促进渣相的生成并增加其数量，促进铁酸钙的生成以及赤铁矿晶粒的长大和聚合。硼泥中 MgO 含量占比为 30%~40%，因此能够代替菱镁石粉，作为球团中 MgO 的主要来源，而球团中适量的 MgO 能够提高球团矿的反应分数[9-10]。同时硼泥具有粒度细、比表面积大、可塑性、黏结性和成球性良好的特点，这些特性使得硼泥在球团生产中能够显著提高混合料的成球性，加快成球速度，使生球表面光洁、粒度趋向均匀，强度提高。配加适量的硼泥，还可以显著降低球团矿的焙烧温度，扩大焙烧温度区间，从而利于焙烧操作，提高球团矿质量均匀性。高炉冶炼中添加含硼球团矿，能显著提高产量，降低焦比，改善炉料透气性和炉渣流动性，使炉况更加顺畅，同时提高煤气利用率，从而优化冶炼过程，提升生产效率[5,11-12]。

10.3.1 试验原料与试验方法

研究所用铁精矿来自国内某球团厂，包括 6 种铁精矿、1 种膨润土、1 种复合黏结剂。采用 X 射线荧光光谱法对 6 种铁精矿进行元素定量分析，结果如表 10-2 所示。6 种铁精矿的 TFe 品位较高，均大于 62%。铁精矿 A 的 TFe 含量为 66.52%，其 FeO 含量仅为 0.30%，说明铁精矿 A 为赤铁矿；铁精矿 B 的 FeO 含量为 12.46%，说明其为赤铁矿和磁铁矿的混合铁矿，铁精矿 C、D、E 和 F 的 FeO 含量均大于 20%，说明其为磁铁矿。铁精矿 D 和 F 的 SiO$_2$ 含量达 8%。

表 10-2 球团原料主要化学成分（质量分数）与配比 （%）

铁精矿种类	TFe	FeO	SiO$_2$	CaO	MgO	Al$_2$O$_3$	K$_2$O	Na$_2$O	S	P	LOI	配比
A	66.52	0.30	2.85	0.10	0.027	0.71	0.031	0.050	0.019	0.034	0.96	25
B	63.96	12.46	4.26	0.33	0.88	0.99	0.17	0.058	0.33	0.030	0.45	20
C	64.64	23.24	4.41	0.39	1.00	1.16	0.079	0.18	0.11	0.085	-0.97	20
D	62.18	22.20	8.34	0.50	0.40	1.21	0.14	0.056	0.15	0.088	-1.07	15
E	62.65	25.73	5.95	1.04	0.96	1.19	0.097	0.050	0.76	0.056	-0.87	10
F	64.96	27.22	7.93	0.12	0.44	0.32	0.16	0.14	0.017	0.024	-2.47	10

试验流程包括原料准备、造球物料混匀、生球制备、生球性能检测、球团干燥、预热焙烧、预热和焙烧球团性能检测等。生球制备试验所用铁精矿的配比如表 10-2 所示，造球时间为 12 min，造球水分为 8.0%。造球设备采用圆盘造球机，其主要技术参数为：圆盘直径为 1000 mm、转速为 23 r/min、边高为 150 mm、倾角为 47°。球团预热和焙烧设备采用卧式管炉，其由两个管炉对接而成，铁铬铝丝电阻炉作预热用，硅碳管电阻炉作焙烧用。试验中将干球放在瓷舟中先在预热段进行预热，然后在焙烧段进行焙烧。

生球性能检测过程中，每次选取粒径在 10~12.5 mm 生球，在 0.5 m 高度下进行落下试验，取其平均值作为生球落下强度。分别选取粒径在 10~12.5 mm 的生球、预热球和焙烧球进行球团抗压试验，取其平均值作为生球、预热球和焙烧球的抗压强度。生球破裂温度测定采用动态介质法，取 50 个合格生球装入不锈钢罐内，在炉膛内停留 3 min，然后取出，以生球破裂 2 个所能承受的最高温度作为破裂温度。

本研究采用德国 BRUKER 公司的 D8 ADVANCE 型 X 射线衍射仪对样品物相进行分析。测试条件为：Cu $K\alpha$ 辐射源（$\lambda = 0.154178$ nm），管电压 40 kV，电流 40 mA，扫描范围为 5° ~ 80°，扫描速度为 2°/min。采用光学显微镜 Leica-DM RXE 和扫描电镜对成品球团矿显微结构进行鉴定和分析。

10.3.2　硼泥对球团造球性能的影响

铁矿球团生产中对生球质量提出了严格的要求，优质的生球应具有良好的抗压强度、落下强度和热爆性能。同时，生球的性能直接影响后续的干燥、预热和焙烧工序，决定球团产品的产量和质量。生球制备过程中一般需要配加一定量的膨润土作为黏结剂，合格的生球抗压强度需大于 10 N，落下强度大于 3 次/0.5 m，有些球团企业甚至要求落下强度大于 4 次/0.5 m。为了研究硼泥配加量对生球制备的影响，研究中按照表 10-2 的球团原料和配料结构，不配加膨润土黏结剂，改为配加不同配加量的硼泥来替代膨润土。分析不同配加量的硼泥对造球性能的影响，结果如图 10-8 所示。

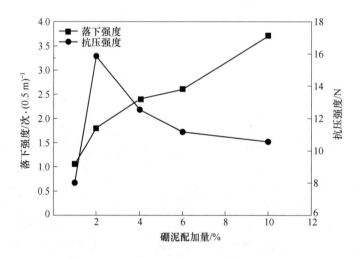

图 10-8　硼泥配加量对造球性能的影响

由图 10-8 可知，随着硼泥配加量由 1% 增加到 10%，生球的落下强度逐渐提高，抗压强度先提高后减少。硼泥配加不低于 2% 时，生球抗压强度均大于 10 N，硼泥配加量为 6% 时，生球落下强度为 2.6 次/0.5 m；硼泥配加量为 10%

时，生球落下强度为 3.7 次/0.5 m，仍小于 4 次/0.5 m。研究结果表明，硼泥具有一定的黏结性，能将铁精矿黏结成球，但其黏结效果远小于膨润土。为了获得满足生产要求的生球，硼泥配加量需不低于 10%，但由于硼泥中镁硅等含量较高，如此高比例硼泥配加，会带入大量脉石成分，影响球团的铁品位，在球团制备中硼泥不能完全替代膨润土。因此，硼泥只能部分替代膨润土等黏结剂，研究中固定硼泥配加量为 4%，配加表 10-3 所示不同的黏结剂方案，研究含硼球团的制备，结果如图 10-9 所示。

表 10-3 球团黏结剂配加方案

黏结剂方案	方案 A	方案 B	方案 C	方案 D
种类及用量	0.2%复合黏结剂 2	0.5%膨润土	0.2%复合黏结剂 1	0.2%膨润土

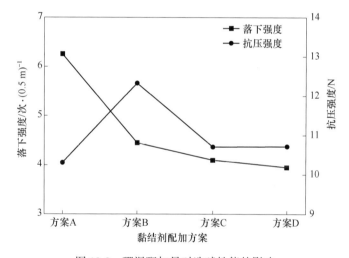

图 10-9 硼泥配加量对造球性能的影响

由图 10-9 可知，采用四种黏结剂方案，生球抗压强度均大于 10 N，黏结剂方案 A、黏结剂方案 B 和黏结剂方案 C 的生球落下强度大于 4 次/0.5 m，其中配加 0.2%复合黏结剂 2 的生球落下强度达到 6.25 次/0.5 m，配加 0.5%膨润土的生球落下强度为 4.45 次/0.5 m，黏结剂方案 D 的生球落下强度为 3.95 次/0.5 m。研究结果表明，配加一定量的硼泥可以部分替代黏结剂，在满足生产要求的前提下大幅度降低膨润土等黏结剂的用量。

10.3.3 硼泥对球团焙烧性能的影响

在预热温度为 1010 ℃，预热时间为 10 min，焙烧温度为 1250 ℃，焙烧时间为 10 min 的热工制度下，分析了分别采用黏结剂方案 A、黏结剂方案 B 和黏结剂方案 C 获得的预热球和焙烧球强度，结果如表 10-4 所示。

表 10-4　不同黏结剂配加方案的球团强度

黏结剂配加方案	预热球抗压强度/N	焙烧球抗压强度/N
方案 A	897	2637
方案 B	1695	4879
方案 C	1469	3461

一般而言，生产对预热球和焙烧球抗压强度要求分别大于 450 N 和 2500 N。由表 10-4 可知，采用黏结剂方案 A、黏结剂方案 B 和黏结剂方案 C 获得的预热球和焙烧球的抗压强度远大于生产要求，特别是黏结剂方案 B 和黏结剂方案 C。黏结剂方案 B 的预热球和焙烧球抗压强度分别为 1695 N 和 4879 N，黏结剂方案 C 的预热球和焙烧球抗压强度分别为 1469 N 和 3461 N。

10.3.4　含硼球团矿物组成与微观结构

对采用黏结剂方案 A、黏结剂方案 B 和黏结剂方案 C 获得的干球、预热球和焙烧球的物相组成进行了分析，结果如图 10-10~图 10-12 所示。

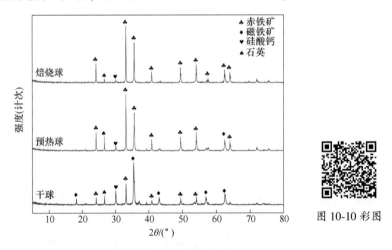

图 10-10 彩图

图 10-10　黏结剂方案 A 球团的物相组成

由图 10-10~图 10-12 可知，三种黏结剂方案制备的干球主要矿物为磁铁矿和赤铁矿，以及少量石英；三种黏结剂方案制备的预热球主要矿物为赤铁矿以及少量的磁铁矿、石英、硅酸钙；三种黏结剂方案制备的焙烧球主要矿物为赤铁矿，以及少量石英和硅酸钙。在干球、预热球和焙烧球的物相中均没有发现硼的物相，这是因为一方面球团中硼的含量很少，另一方面硼常常存在于含镁矿物等物相中。

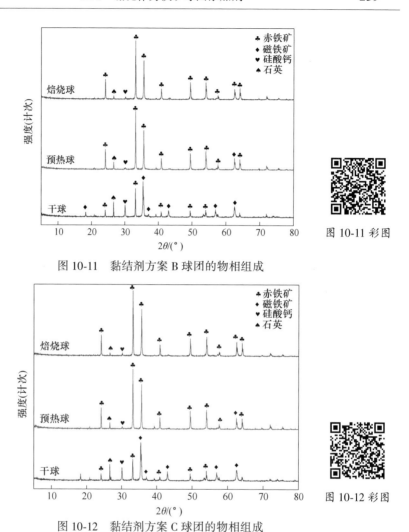

图 10-11　黏结剂方案 B 球团的物相组成

图 10-11 彩图

图 10-12　黏结剂方案 C 球团的物相组成

图 10-12 彩图

根据干球、预热球和焙烧球的主要矿物组成分析，预热阶段主要发生磁铁矿氧化成赤铁矿的反应，焙烧阶段残存的磁铁矿进一步被氧化成赤铁矿，焙烧球团没有磁铁矿物相的存在。进一步查明含硼球团的氧化固结机理，采用显微镜观察了三种黏结剂方案获得的预热球和焙烧球的矿相结构，结果如图 10-13 所示。

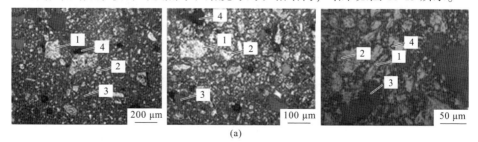

(a)

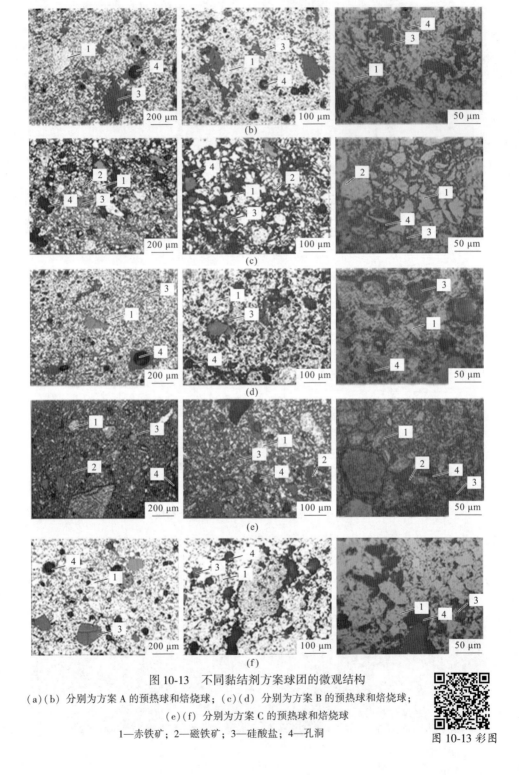

图 10-13　不同黏结剂方案球团的微观结构

（a）（b）分别为方案 A 的预热球和焙烧球；（c）（d）分别为方案 B 的预热球和焙烧球；

（e）（f）分别为方案 C 的预热球和焙烧球

1—赤铁矿；2—磁铁矿；3—硅酸盐；4—孔洞

图 10-13 彩图

由图 10-13 可知，三种黏结剂方案获得的预热球主要矿物为赤铁矿，少量硅酸钙等硅酸盐和磁铁矿，而焙烧球基本没有磁铁矿物相存在，主要矿物为赤铁矿，以及少量硅酸钙等硅酸盐类物质，与 XRD 分析结果相同。研究结果表明，含硼球团的预热焙烧过程主要发生磁铁矿氧化-赤铁矿高温再结晶反应。球团氧化固结分为两个阶段进行，在预热阶段，球团主要发生磁铁矿氧化成赤铁矿的反应；在焙烧阶段，球团内少量残留的磁铁矿进一步氧化成赤铁矿，同时 $\gamma\text{-}Fe_2O_3$ 转变为 $\alpha\text{-}Fe_2O_3$，发生 Fe_2O_3 再结晶反应，Fe_2O_3 晶粒间相互连接作用更强，形成成片的赤铁矿区域，结构紧密均质。

参 考 文 献

[1] 朱建华，魏新明，马淑芬，等. 硼资源及其加工利用技术进展 [J]. 现代化工，2005，(6)：26-29，31.

[2] WANG W, GU H M, ZHAI Y C. Study on extraction of Mg from boron mud [J]. Advanced Materials Research, 2014, 881：671-674.

[3] 孙彤. 硼泥综合利用概况与展望 [J]. 辽宁工学院学报，2004 (4)：45-48.

[4] 薛向欣. 无机非金属资源循环利用 [M]. 北京：冶金工业出版社，2021.

[5] 范广权，燕兆存. 硼泥及其他含硼物料在烧结球团中的应用 [M]. 北京：冶金工业出版社，2011.

[6] 尹玉霞. 硼泥的环境问题及资源化利用 [J]. 中国资源综合利用，2020，38 (2)：72-75.

[7] ABALI Y, YURDUSEV M A, ZEYBEK M S, et al. Using phosphogypsume and boron concentrator wastes in light brick production [J]. Construction and Building Materials, 2007, 21 (1)：52-56.

[8] 付小佼. 低品位硼镁铁共生矿有价组元高效分离及综合利用新工艺基础研究 [D]. 沈阳：东北大学，2022.

[9] YU C, LI Y, XU H, et al. Influence of boron content in iron oxide on performance of Mn-Zn ferrites [J]. Journal of Iron and Steel Research International, 2010, 17 (2)：59-62.

[10] 赵天乐. B_2O_3 对赤铁矿和巴润铁精矿氧化球团稳定性的影响 [D]. 包头：内蒙古科技大学，2023.

[11] ZHAO H X, ZHOU F S, LM A E, et al. A review on the industrial solid waste application in pelletizing additives：composition, mechanism and process characteristics [J]. Journal of Hazardous Materials, 2022, 423：127056.

[12] 王泠力，臧树良，李超. 硼泥的资源化利用与思考 [J]. 四川建材，2022，48 (1)：31-32，36.

11 硼铁精矿全组分利用新流程及技术经济分析

基于转底炉煤基还原熔分工艺提出了硼铁精矿中硼-铁分离的新工艺，进而为硼铁矿的综合利用提供了一个新流程，本章主要对该流程的构成和技术经济指标进行初步分析与探讨。

11.1 新流程的构建

11.1.1 选矿

对于硼铁矿原矿，首先通过选矿实现低品位硼铁矿中硼和铁的初步物理分离，得到硼铁精矿、硼精矿和尾矿，硼精矿经活化焙烧（若生产硼酸可不必焙烧）可以直接作硼化工原料。选矿的主要任务是为下步处理提供成分合适的原料，即硼铁精矿需满足制备含碳球团生产珠铁的要求，硼精矿需满足硼化工生产硼酸的要求 $[w(B_2O_3) > 12\%]$。主要依靠选择合适的选矿流程来实现上述目的。

一个合适的选矿流程要满足三个要求：对原料适应性强、成本低、高效。磁铁矿的比磁化率为 580×10^{-6} m³/kg，属强磁性矿物，蛇纹石、硼镁石的比磁化率分别为 $(1.64 \sim 34) \times 10^{-7}$ m³/kg 和 $(6.6 \sim 6.9) \times 10^{-8}$ m³/kg，前者属弱磁性矿物，后者属非磁性矿物。根据它们的磁性差异，采用弱磁选为主的选矿工艺。磁选时蛇纹石和硼镁石进入尾矿中，但这二者在粒度上有明显差异。硼镁石性脆，易泥化，呈微细粒存在，而蛇纹石呈粗粒或细粒存在。利用它们之间明显的粒度差异，采用旋流分级可将它们分开[1]。根据矿石中主要矿物的嵌布特点和物理性质的差异，采用细碎抛尾—阶段磨矿—阶段磁选—重力分级的磁重选矿流程，经生产实践证明它是可靠的，对贫硼、高硼铁矿均具有较好的分选效果[2]。在原矿成分一定的情况下，通过调节磨矿粒度、磨矿及磁选的级数即可以控制产品的成分，一般情况下，含硼铁精矿中铁的回收率应达到90%以上。转底炉珠铁工艺采用压球法造块，对原料的粒度和品位要求不高，可以降低对选矿工序的要求，从而提高效率、降低能耗。选矿工艺流程如图11-1所示。

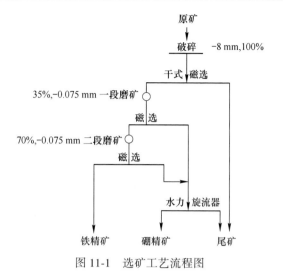

图 11-1 选矿工艺流程图

11.1.2 还原—熔分

对于硼铁精矿，通过制备的含碳球团在转底炉中经选择还原—熔分的方法实现铁-硼二次分离，得到含硼珠铁和富硼渣。含硼珠铁可作为炼钢原料冶炼硼钢，富硼渣经活化后作为硼化工原料。还原—熔分要保证在合适的温度下（1400 ℃）、合适的时间内（15~20 min），实现渣-铁的彻底分离，包括在形貌和成分两个方面。形貌上的彻底分离是指渣与珠铁的形状完整，即长成大的块状，呈哑铃状分布；成分上的彻底分离是指渣中 FeO 含量要低，一般应该控制在 2%以下。上述两点可以保证硼铁精矿中的铁经过还原—熔分能够较易分离并获得较高的回收率，理论上，可以达到 96%以上。转底炉熔分工序的原则流程如图 11-2 所示。

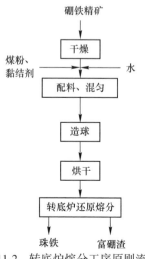

图 11-2 转底炉熔分工序原则流程

目前，转底炉直接还原工艺在我国的工业化应用才刚刚起步，转底炉珠铁工艺（ITmk3 法）仅有美国一家 50 万吨/a 的商业化工厂。此外，该工艺条件下，富硼渣还需缓冷、还原熔分参数还需探索和优化、基础理论还需完善。因此，该工艺尚有大量的研究工作。

11.1.3　酸浸—结晶

对于富硼渣和硼精矿，采用一步硫酸法制备硼酸和一水硫酸镁，同时，酸法处理更有利于硼铁矿中铀的利用，防止其扩散污染环境。富硼渣中的硼主要以遂安石（$2MgO \cdot B_2O_3$）形式存在，硼精矿中的硼主要以硼镁石（$2MgO \cdot B_2O_3 \cdot H_2O$）形式存在，在一定温度下，硫酸浸出富硼渣时，遂安石和硼镁石与硫酸反应生成硼酸和硫酸镁，再根据二者的结晶温度的差别控制结晶温度，低温结晶可回收硼酸，结晶硼酸后的母液通过高温结晶的办法使硫酸镁以一水硫酸镁的形式析出，实现硼酸和硫酸镁的分离。析出一水硫酸镁后的二次母液含有少量的硼酸和硫酸镁，可代替水加入矿粉中，整个过程形成闭合循环，无废液排放[3-4]。该工艺生产设备简单，产品纯度高，且硼酸市场需求较大，因而具有良好的经济效益和环境效益。硼化工厂的原则流程如图 11-3 所示。

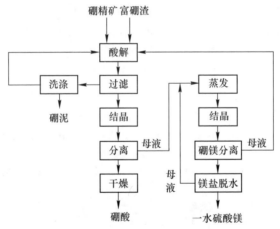

图 11-3　硼化工厂原则流程

当原料中铀含量较大，系统内铀的累积明显时，则调整酸解条件，酸解液进行中和除铀，过滤的滤饼即为铀渣，送往制铀厂生产铀。

11.1.4　残渣生产微晶玻璃

硼泥与铁尾矿、粉煤灰、碱以及其他助剂混合后可熔制建筑装饰用微晶玻璃或低碱含硼技术玻璃[5-6]。微晶玻璃生产原则流程如图 11-4 所示。此外，根据上一章的探究，硼泥也可做铁矿球团的添加剂，成为一种独立的产品。

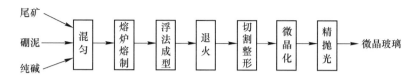

图 11-4　微晶玻璃生产流程

综合以上，整个新工艺的流程如图 11-5 所示。其中，选矿工序较为成熟，并已经工业化生产，硼精矿及富硼渣硫酸一步法生产硼酸经过了半工业试验，硼泥生产微晶玻璃也进行了较多试验研究，证实了其可行性。总体上，上述工序研究的历史长、参与的部门多，较为成熟。所以，新流程的重点在于使实验室的研究结果得到转底炉工业试验的验证，并努力实现硼铁矿这一战略矿产资源全组分的高值化综合利用。

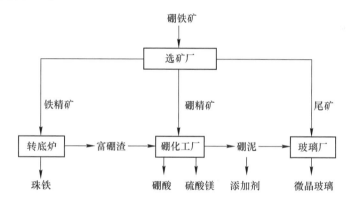

图 11-5　硼铁矿煤基直接还原全量化综合利用新流程

11.2　技术经济对比分析

11.2.1　本流程主要技术指标

为了进一步了解新工艺的可行性，需要对其主要技术指标进行规定，以便对其经济性有个定量的认识。新流程生产过程中的主要技术指标如表 11-1 所示。

表 11-1　新流程主要技术指标

产　品	品位/%		收得率/%	
	TFe	B₂O₃	铁	硼
原矿[1]	27.3	6.35	100	100

产　品	品位/%		收得率/%	
	TFe	B_2O_3	铁	硼
硼铁精矿[1]	49.10	6	89.51	47.03
硼精矿[1]	—	12.34	—	40.41
珠铁	96	—	86.41	—
富硼渣	7.02	约 17.52	—	45.71
硼酸[3]	—	56.33	—	61.15

原矿品位、硼精矿和硼铁精矿的选矿技术指标，以及硼酸的产率均取自文献中的数据，珠铁中铁的收得率、富硼渣中硼的收得率根据本研究的数据计算得到。

整个流程中，铁元素的收得率为 86.41%，硼元素的收得率为 61.15%（以硼产品形式）。此外，硼精矿和富硼渣中 44% 左右的镁元素将以一水硫酸镁形式得到回收，增加经济效益。

11.2.2　各流程技术指标比较

本节主要把目前主流的硼铁矿综合利用流程的技术指标进行归纳分析，并与转底炉珠铁工艺进行对比，分析优劣。

11.2.2.1　选矿流程

不采用硼-铁分离技术回收硼铁精矿中硼元素，将硼铁精矿直接外售作为烧结、球团的添加剂使用，这是最简单的硼铁矿综合利用工艺，并于 2010 年在辽宁凤城首钢硼铁公司得到工业化应用。该流程需要尽量提高铁精矿的 TFe 品位和硼精矿中硼的收得率，需提高磨矿细度、增加磨矿—磁选的段数，从而提高生产成本。根据文献中的数据，尽管硼精矿中 TFe 品位达到 56%、铁的收得率达到 90%，硼精矿中硼的品位（B_2O_3）大于 13%、收得率达到 70%，但是仍有 25% 的硼进入硼铁精矿中无法回收，没有体现硼铁矿综合利用"以硼为主"的核心[7]。

11.2.2.2　"高炉"流程

通过选矿实现硼铁矿原矿中硼与铁的初步物理分离，然后采用高炉冶炼实现硼铁精矿中硼-铁的进一步分离，回收硼铁精矿中的硼。该流程技术设备成熟，硼-铁分离彻底，目前总共进行了 5 次工业试验，并围绕着富硼渣和含硼生铁的综合利用进行了大量基础研究。为了保证高炉顺行以及富硼渣中的 B_2O_3 品位，"高炉法"对入炉冶炼的硼铁精矿的铁、硼品位均有要求。一般要求 TFe 品位在 40%~50%，相应的 B_2O_3 品位为 6.5%~8%，SiO_2 含量小于 10%[2]。若硼铁精矿中硼含量不足，还要兑入一些硼精矿。该流程比"选矿流程"多了硼铁精矿造块、高炉冶炼、富硼渣活化等工序。

入炉原料中 10%~15% 的硼进入生铁中，85%~90% 的硼进入渣中，得到的富硼渣中 $w(TFe)<1\%$，富硼渣中 B_2O_3 品位达到 12%~14%，基本实现了硼-铁分离。冶炼过程焦比高达 1122 kg，生铁中硫含量较高[8]。由于高炉风口温度达到 1800 ℃，在焦炭存在的强还原势下，会造成硼、镁、硅以 B_2O_2、Mg、SiO 形式挥发，通过对布袋除尘灰的成分进行分析（B_2O_3 16%，SiO_2 26%，MgO 29.58%）即可得到证明，这些挥发物若大量生成可能造成高炉悬料[9]。

11.2.2.3　直接还原—电炉熔分流程

该工艺只是将硼铁精矿的选择性还原—渣铁熔态分离过程由在单一"高炉"内完成变成由炉外固相还原—电炉熔化分离联合的工艺，由于电炉冶炼温度高，无需添加熔剂，其产出的富硼渣品位高（含 B_2O_3 16%~20%）、活性高，生产过程操作灵活，但是目前只是处于实验室研究阶段。该流程理论上是可行的，但是矿石品位低，电耗必然较高，而且硼铁精矿的直接还原工艺难以确定：隧道窑产能小、能耗高、技术不先进，而且基本上没有可能实现热装；回转窑符合我国能源结构，在印度、南非等缺少天然气的国家是主导的直接还原工艺，在我国也有工业规模的生产线，但是由于处理的含硼矿石 B_2O_3 的熔点低（445 ℃），非常有可能造成结圈；煤制气—竖炉直接还原技术难度大、流程长、投资大、实施难度大。

综合上述分析，将各个可供选择的硼铁矿综合流程的优点和不足简要总结于表 11-2。

表 11-2　硼铁矿综合利用各流程基本特点

流　程	优　点	不　足
选矿流程	工艺、设备成熟，已用于工业化	硼-铁分离不彻底，没有实现硼的全面回收
高炉流程	工艺、设备成熟，相关实验室研究较多，有工业试验基础	高炉产能低、炉衬侵蚀严重、焦比高、生铁含硫高、富硼渣活性低、生产流程长、投资大
直接还原—电炉熔分流程	富硼渣品位高、活性高，进行了扩大规模的试验	直接还原路线尚不成熟、电耗高、生产流程长、投资大
转底炉珠铁流程	富硼渣品位高、活性高、硼的收得率高、生产时间短、流程短、投资少、操作灵活、以煤为主要能源	实验室研究尚不足，没有大规模试验的基础，转底炉直接还原工艺在我国工业化应用的基础薄弱

实现硼铁精矿中硼与铁分离，最大化综合利用其中的硼资源，并努力实现矿

产资源全组分的综合利用，是硼铁精矿开发的方向。但是目前可供选择的分离工艺均存在技术不成熟、生产流程长、产品质量差等缺点。转底炉珠铁工艺是流程最短、速率最快、硼收得率最高、投资最省的硼-铁分离工艺。基于该工艺的硼铁精矿综合利用流程，不仅在理论上技术最先进，而且具有巨大的成本优势，从资源分布及生产过程优化的角度来看，硼铁精矿综合利用的企业合适的选址为矿山附近，土地资源紧张，应该是以硼铁精矿选矿和硼化工为主的企业，不适合配备钢铁冶炼长流程，因此硼铁精矿硼-铁分离不适合得到液态铁产品，否则会造成能源的巨大浪费和固定资产投资的增加，这又凸显了转底炉珠铁工艺的优势。

参 考 文 献

[1] 连相泉，王常任. 辽宁凤城地区硼铁矿石适宜选矿工艺 [J]. 东北大学学报，1997，18 (3)：238-241.

[2] 连相泉，王常任. 硼铁矿石选矿研究的回顾及最新进展 [J]. 国外金属矿山，1996 (4)：46-49.

[3] 李杰，刘艳丽，刘素兰，等. 低品位硼镁矿制备硼酸及回收硫酸镁的研究 [J]. 矿产综合利用，2009 (1)：3-7.

[4] 刘素兰，陈吉，张显鹏. 富硼渣硫酸浸出试验研究 [J]. 东北大学学报，1996，17 (4)：378-390.

[5] 史培阳，姜茂发，刘承军，等. 用铁尾矿、硼泥和粉煤灰制备微晶玻璃 [J]. 钢铁研究学报，2005，17 (5)：22-26.

[6] 周志豪，朱源泰，章群令，等. 利用硼镁矿残渣熔制玻璃 [J]. 玻璃与搪瓷，1984，12 (2)：12-17.

[7] 赵庆杰，何长清，王常任，等. 硼铁矿磁选分离综合利用新工艺 [J]. 东北大学学报，1996，17 (6)：588-592.

[8] 张显鹏，刘素兰，崔传孟. 硼铁矿高炉铁硼分离工艺试验研究 [J]. 化工矿山技术，1997，26 (4)：20-22.

[9] 崔传孟，刘素兰，张国藩，等. 硼铁矿高炉法提硼研究 [J]. 矿冶，1998，7 (4)：51-53.